U0157105

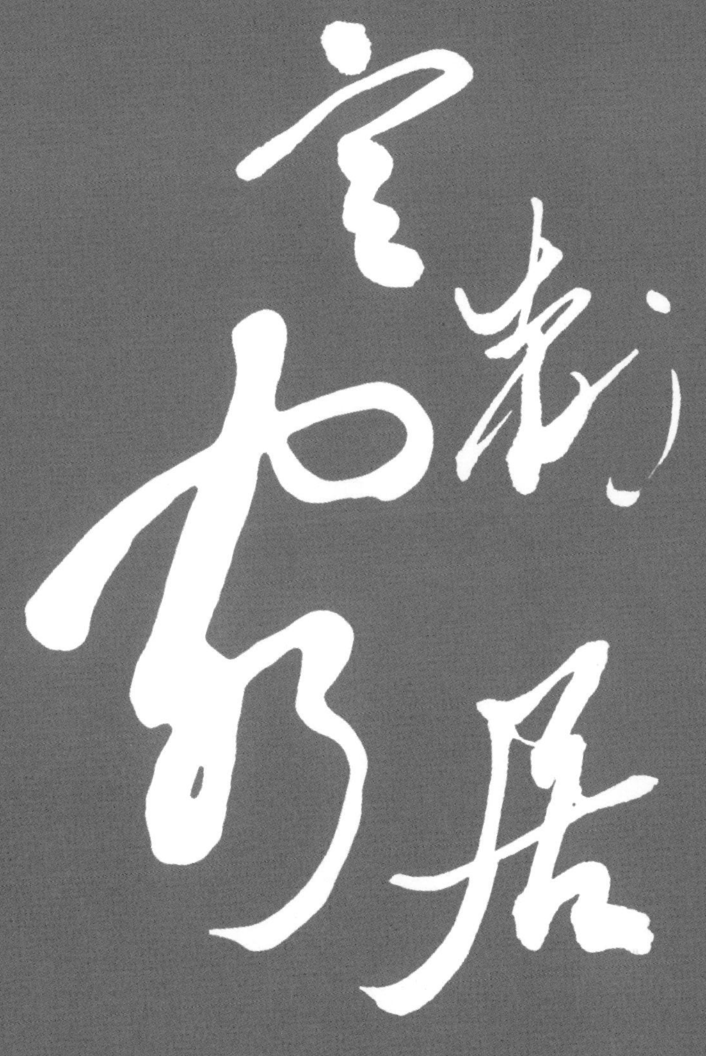

段传敏　柴文静　著

定制家居　中国原创

SPM 南方传媒 | 广东经济出版社
·广州·

图书在版编目（CIP）数据

定制家居：中国原创 / 段传敏，柴文静著. — 广州 ：广东经济出版社，2023.10

ISBN 978-7-5454-8144-0

I. ①定… II. ①段… ②柴… III. ①住宅—室内装饰设计 IV. ① TU241

中国国家版本馆 CIP 数据核字（2023）第 180090 号

项目策划：曾　勇　包晓峰
特约监制：陶英琪
责任编辑：蒋先润
特约编辑：宣佳丽　李　晴　钱晓曦
责任技编：陆俊帆
封面设计：六　元

定制家居：中国原创
DINGZHI JIAJU: ZHONGGUO YUANCHUANG
出版发行：广东经济出版社（广州市水荫路 11 号 11 ～ 12 楼）
印　　刷：杭州钱江彩色印务有限公司
（杭州市滨江区白马湖路 6 号）

开　　本：730 毫米 ×1020 毫米　1/16　　印　　张：22.5
版　　次：2023 年 10 月第 1 版　　印　　次：2023 年 10 月第 1 次
书　　号：ISBN 978-7-5454-8144-0　　字　　数：262 千字
定　　价：128.00 元

发行电话：（020）87393830　　编辑邮箱：286105935@qq.com
广东经济出版社常年法律顾问：胡志海律师　　法务电话：（020）37603025
如发现印装质量问题，请与本社联系，本社负责调换

preamble

序 言

凌风斗雪　无限风光在顶峰

姚良松

欧派家居集团股份有限公司董事长

今年，恰逢中国定制家居行业发展20周年，行业将开启新的历史坐标。值此之际，《定制家居　中国原创》一书即将付梓，特邀我作序。抽笔恐难落墨，但盛情难却，遂潜心拜读，仔细斟酌后，特撰此序，为之敬贺。

历史的最终抉择，往往都经过时代洪流的洗礼。

40多年前，一场前所未有的大变革犹如惊涛拍岸，掀起澎湃浪潮，开启了一个伟大的创造时代。家居行业也在那次变革中，破茧而出。

20多年前，借助时代与市场的东风，定制家居犹如星星之火，在广衮的中国大地上开始急速燃烧蔓延，掀起了一场新的家居革命风暴。

站在时代高峰回望前路，定制家居行业从无到有，从弱到强，在千锤百炼中发展壮大，在探索变革中蓬勃向前，一路书写着新的传奇。

我非常幸运选择了家居行业，在此领域创立“欧派”，并不断创造、思考、总结、进步。回顾数十年的家居行业经历，我感触最深的一点就是，企业存在的理由，就是迎合消费者的需要。我们这一代人小时候都穿过同一种鞋——黄色的军鞋。随着生活水平的提高，市场上鞋子的种类日渐丰富起来，人们选择鞋子已经不再满足于款式和材质，而是追求品牌的个性化风格。所以说，消费者需求是不断变化的，我们一定要努力去“迎合”消费者，这样消费者才会“深爱”你。

1994年，国内尚未有橱柜等定制家居概念时，欧派就敢为人先地将欧洲“整体厨房”概念引入中国，掀起中国“厨房革命”风暴。2014年，欧派率先提出大家居概念，施行全屋定制一家搞定的方案，掀起了行业二次革命。2018年，欧派又率先在行业建立“整装赋能”的商业模式，整装大家居正式崛起。2021年，欧派总市值首度突破1000亿元大关，立下行业里程碑。2022年，欧派从全产业链布局推进大家居战略，进化出商业新模式，成为行业发展的新风向标。

一路走来，欧派凭借大胆改革的思维与敢为人先的气度，用诸多革命性成果引领行业革命，创造了多个行业“第一次”，成为定制家居行业的开拓者、推动者、领军者。

要做“世界的欧派”，成为“百年老店”是欧派孜孜以求的梦想。多年来，我们沿着这一宏伟愿景奋力前行，从优秀走向卓越，从中国走向世界，不断攀登世界卓越家居巅峰。如果用一句话来总结欧派的贡献，我认为那就是“创立了一个世界级品牌、建立了一套新商业模式、缔造了一种企业文化”。

在企业加速成长的同时，我们也很荣幸为行业创造了价值。这些年，欧派积极推动家居产业体系变革，创新孵化新模式，引领和带动行业稳步向前。

过去20多年，我们经历了什么？

对于几经市场洗礼与磨砺的定制家居而言，这是一部跌宕起伏的行业发展史。

20世纪90年代，一系列橱柜龙头企业如德宝西克曼、欧派诞生，定制家居行业由此拉开序幕。21世纪之初，乘着中国加入世界贸易组织（WTO）的东风，入墙壁柜及移动门等进入中国，定制衣柜问世，定制家居逐渐走红，并开始向全国市场进军。2010年，橱衣柜迎来融合高潮，行业开始第一次跨界融合。2014年，大家居概念提出，企业纷纷开始探索大家居模式。2017年，行业迎来上市高潮。2022年，家居、家装行业进入大融合时代。

纵观定制家居行业发展轨迹，早期定制家居行业曾背靠房地产实现快速发展，营收规模一路疾速飙升。后来，房地产逐步放缓，家居行业也进入“冰河时代”。如今，随着存量房市场和二次装修等现象的兴起，定制家居开始逐步摆脱房地产的制约，真正地进入家居市场竞争的“主战场”。未来，行业还将持续进化出新模式、新业态……

那么下一个20年，我们还会好吗？

我的判断是，“虽然依旧艰难，但也有希望的光”。对于整个行业来讲，行业高增长的时代一去不复返，接下来几年也很难有大的增长，这已经成为事实。我们无法改变这些，唯有树立正确认知趋势的态度，思索应对趋势变幻的方法，方能穿越市场大潮，找到新的道路。

定制家居行业能有今天的成绩，得益于越来越多定制企业的共同浇灌。身在其中的每一个企业都应该感到荣耀，同样也值得我们致敬。未来，定制家居企业能做多大、能走多远，背后考验的是掌舵者如何更精准地把握住这个时代的脉搏、如何更高水平地进行战略布局。放眼当下，轻舟已过万重山，正是百舸争流好时节。在新的时间刻度上，唯愿我们定制家居同行，乘风破浪，横渡沧海，以到达理想之彼岸！

定制家居仍然是未来趋势

江淦钧

索菲亚家居股份有限公司董事长

定制家居是根据顾客个性化需求，量身定做的家居产品。这个产品从传统成品衣柜、手工打制衣柜的市场夹缝中诞生，用20多年时间不断迭代成长，最终成为引领中国家居行业变革的一股重要力量。

在行业发展初期，索菲亚家居股份有限公司（以下简称“索菲亚”）参加中国（广州）国际建筑装饰博览会，希望通过展会拓展更多的经销商。但在当时，大家对定制家居到底是做什么的并不了解。通过行业最早的一批从业者们不断地努力，持续地对市场进行培育和引导，六七年之后，消费者开始逐步接受定制家居的消费模式，同时也有更多的品牌加入其中，行业才进入飞速发展阶段。

这个行业之所以能取得成功，是因为商业模式受到了消费者的认同。随着消费者生活水平、消费理念、消费能力的提高，部分消费者希望家庭环境能够更个性化地体现自己的生活方式、表达自己的生活理念。随着这个群体的变大，我们定制家居行业也才能规模化地发展起来。我认为，定制家居目前仍然是消费者认同的一种消费模式，也是家居行业未来发展的一个趋势。索菲亚从创业伊始，就有坚定的信心，做这部分人的生意。

在20多年的发展历程中，定制家居行业经历了从定制衣柜、全屋定制到整家定制的持续迭代。最初我们只提供定制衣柜，后来逐渐扩展到书柜、鞋柜、玄关柜、电视柜等全屋柜类产品，到现在我们可以以全屋柜类为基础，整合更多的成品家具，形成整家定制的交付。从消费者的角度来看，整家定制可以实现同一风格的落地，同时由同一个企业来完成交付也省事很多。从企业的角度来看，规模化的制造带来成本的下降，也会让定制家居普及更多用户。但在这个过程中，跨品类的交付是有挑战的，比如橱柜和衣柜的生产和服务是不同的，成品家具的交付逻辑也有不同。我们持续看好整家定制的发展前景和未来空间，但同时我们的从业者也需要共同努力，进一步把产品和服务做精做细，把整家定制的交付做好。

2023年，我认为是定制家居行业的“希望之年”。新冠疫情结束，消费复苏，楼市回暖，所有的利好都向我们迎面而来；新房市场，局改市场，新兴渠道，所有的市场机会，都在等待我们深度挖掘。2023年是机遇大于挑战的一年，我们应该充满信心。通过个性化设计以及高效运营，为顾客提供美好家居体验，成为值得信赖、全球领先的家居企业，这是中国定制家居企业共同的梦想与愿景！

中国定制家居20年：超越巅峰

沈汉标

广州好莱客创意家居股份有限公司董事长

01 中国定制20载

非常欣喜，看到中国定制家居的产业周期和发展规律被完整地记录下来，也自豪于全程参与和见证了行业的发展历程。

行业的20年，也是广州好莱客创意家居股份有限公司（以下简称“好莱客”）发展的20年。从2002年到2022年，这本书又带我回溯了中国定制家居发展的三大变革时刻：首先是意识理念变革，从“单品定制”走向“生活方式设计”，不断升维消费者对于定制的认知；其次是环保价值变革，从E1到E0[1]、再到EPA和CARB认证[2]，持续推动着行业环保标准到达新的高度；最后是智造能力变革，解决了“个性化需求”与“规

[1] E1和E0是指甲醛释放量等级的标准，E0是目前国际上的最高环保标准，E1是国家强制性的健康标准。

[2] EPA是美国环境保护署（U.S Environmental Protection Agency）的英文缩写，EPA联合州政府和地方政府颁发一系列商业以及工业许可证。CARB是加州空气资源委员会（California Air Resources Board）的英文缩写。2007年4月27日，CARB举行公众听证会，批准“空中传播有毒物质的控制措施”，以减少木制品的甲醛释放量。

模化生产”之间的矛盾，全面释放生产能力，提升整单交付的消费体验。

02　在风口中坚毅前行

行业的发展和优秀企业的崛起，都离不开产业风口的助推。

让我庆幸的是，在定制家居产业的重大变革中，无论是意识理念、环保价值，还是智造能力方面，好莱客都抓住风口提前进行了布局，深度参与了中国定制家居的超级进化。

然而比捕捉风口更难的，是坚持做正确的事情。

早在行业起步期，我们就意识到“环保”的重要性。当时消费者环保意识比较薄弱，市场上也没有成熟的解决方案，但我们没有放弃钻研，终于在2012年推出了好莱客第一块“原态板”。此后10年我们坚持探索和迭代，最终构筑了以“原态生态链”为核心的企业价值基石。

捕捉风口，坚毅前行。这两项品质成就了今天的好莱客，也成就了定制家居行业的百花齐放。

03　看见数智未来

眺望下个20年，我们还有很长的路要走。

未来是数字化的社会，人工智能的发展已经从倍数级进化为指数级，家居产品数字化、智能化，是定制家居发展的大势所趋。我们也将在新技术的加持下不断迭代，打通从前端家居消费到后端品质交付的全链路，让消费者所见即所得，与美好居住理想零距离接触，为中国定制家居产业的长足发展，贡献自己的一分力量。

世界定制看中国，中国定制是未来

张挺

广东省定制家居协会会长、索菲亚总工程师、广州市政协委员

2001年，一艘远洋货轮载着可伸缩式储物柜漂洋过海，从欧洲来到中国，这是索菲亚为中国客户服务的起点。2003年，“非典”肆虐的阴影刚过去，索菲亚位于广州增城的宁西制造基地投产，开启了基于中国本土的定制家居时代。

创业之初，我们也不知道会把索菲亚做成一个什么样的企业。索菲亚的创始人团队可以说是装修的半个“外行人”，我们只是怀着如何将程序多、周期长、靠手工、效果差的装修过程变得更简单一点、更安心一点的初心，开始了创业的冒险之旅。20年后再回顾，正是我们的“外行”基因，让我们无知无畏，没有思维束缚，敢于面对并解决遇到的任何问题。

创业艰难，团队只有十几个人，经销商也顾虑重重，作为非标定制的新行业，定制家居行业能做大吗？我们每天都在这些质疑中寻找企业发展的机会，手把手带着员工成长、努力让经销商挣到钱、不拖欠合作伙伴货款，就这样慢慢地获得了大家的信任，索菲亚也因此走上了快速、良性发展的道路。这一切，都是基于索菲亚“与企业共成长、与社会共赢”的初始经营理念。到今天，索菲亚秉持“客户至上、创新分享、专业高效、诚信进取”的核心价值观，每年为近百万用户提供美好生活解决方案。

定制家居行业是中国原创的产业，其核心价值是为消费者提供个性化的家居解决方案。行业能够在20年时间取得飞速发展，离不开几个核心基因。在技术上，我们借助信息化手段，实现数字化运营，提高运营效率，充分实践两化融合；在制造上，我们发展智能制造，解决了个性化产品大规模制造的世界性难题；在环保方面，我们坚持用绿色环保的生产方式生产绿色环保的产品，实现产业可持续发展；在服务上，我们加大服务投入，延伸和提升价值链，实现了从生产型制造向服务型制造转变，形成现在巨大的现代服务业产业规模体系。

行业的发展也离不开行业组织的凝聚作用。在定制家居行业，2013年广东衣柜行业协会成立、2016年广东省定制家居协会成立，都是行业发展过程中的重要节点。协会组织行业核心资源，广泛开展行业技术研讨、参观交流、标准制定、市场推广、体育公益等专业活动，为行业的正向发展、开放包容建立了组织基础。2019年，我开始以广东省定制家居协会会长的角色开展工作，进一步组织核心资源为行业打造“智能制造大会”“产业链趋势峰会”等年度主题性峰会。2019年12月，在广州市政府的领导和协会团队、核心企业的共同努力下，广州市获得联合国工业发展组织授予的“全球定制之都”的荣誉称号。这是中国定制家居发展20年的高光时刻，也是中国定制家居人的共同荣誉。

序　言

2021年，索菲亚实现营业收入104.07亿元，首次突破百亿大关。与索菲亚同步成长起来的行业核心企业也纷纷取得优秀的成绩，成为这个行业的中流砥柱。从无到有，从0到1，从单品定制到全屋定制再到整家定制，这一切都发生在短短的20年时间里，中国定制家居人创造了一个产业成长的奇迹。人民群众对美好生活的向往，就是我们中国定制家居人的奋斗目标。

有幸见证历史，更待放眼未来

林涛

广东衣柜行业协会会长、科凡家居股份有限公司董事长

相比于改革开放40多年，定制家居行业的出现只有20年。2002—2022年是定制家居行业原创性发展的黄金20年，如今行业已步入成长期，正迎来盛世。当下，定制家居行业呈蓬勃生长之势，我认为是基于以下几个因素综合影响。

首先，得益于国家和这个时代的人口红利。中国改革开放充分地释放了中国人口数量和结构优势，创造了人口红利，使得中国制造业形成了巨大的竞争优势。如今，中国劳动力规模依然庞大。从国家统计局的统计数据来看，2022年年末，我国16岁到59岁的劳动年龄人口是87556万人。日前，国务院总理李强在记者会上表示，中国“人口红利”并没有消失，“人才红利”正在形成，发展动力依旧强劲。

其次，国家搭建了强大的信息化“高速公路”。5G是“国家智能高速公路”。国外的家居行业并没有“定制行业”这一说法，作为中国首创的行业，定制家居在原本无序的“野蛮生长”中反而被倒逼出了一条个性化定制和柔性化生产的制造之路，从一个细分市场中挤出了一条“血路”，成就了互联网经济时代大规模定制的C2B模式[1]，并且领先于世界。

最后，先进的行业服务模式促进服务型先进制造业。当前，发展数字经济已上升为国家战略。虽然定制家居行业属于传统产业的阵营，但它正在打造一个以服务为核心、以用户为中心的服务链条体系。这也意味着企业运营思维方式的转变，要以市场需求为导向、以用户体验为驱动进行经营观念创新。这20年来，我一直身处在其中，发现消费者有三个特点。第一是“绿”，要求材料健康环保，亦关心废物的回收方式；第二是“快”，希望快速了解费用、呈现效果、送货、安装以及售后服务；第三是“美”，大部分年轻消费者是颜值控，在满足“绿”和“快”的前提下，产品还要有设计感、国际范，符合新中产的审美。因此，创新产品要围绕新健康、新美学发力，设计也就成为最重要的生产力之一。

另外，行业围绕着“大设计+智慧产业链”的协同模式。行业凭借互联网技术转型升级，运用行业海量的数据库信息，从构思到落地，提供给客户的不再是一套简单的产品，而是一套为客户量身定做的全屋定制解决方案。尤其，行业十分注重人体工学的设计，并把人体工学与客户的需求相结合发挥到了极致，充分体现了“设计是为人服务”的理念。定制就是设计，大设计才有大未来。定制家居行业要创造更多的“美好”给人类，推动住宅装修的人文化和艺术化发展。中国这片热

[1] C2B（Customer to Business，即消费者到企业），是互联网经济时代新的商业模式。通常情况为消费者根据自身需求定制产品和价格，或主动参与产品设计、生产和定价，产品、价格等彰显消费者的个性化需求，生产企业进行定制化生产。

土，尤其是粤港澳大湾区，是各种资源集聚的“聚宝盘”，既有市场又有工厂。在这样一块肥沃的“试验田”里，我们致力于高效提升全球家居大制造效率、口碑与品质，把“大设计+智慧产业链”的大规模定制成果推广到全国、全球，服务于全世界的每一个家庭。

中国定制家居历经20年发展已形成了巨大的产业优势。在国家信息化工业战略赋能下，互联网、VR、数字化生产、穿戴设备、3D打印等新技术将源源不断地运用到定制行业中。“全球定制看中国，中国定制看广东”。伴随着5G解决方案的全面升级，粤港澳大湾区得天独厚的区位优势、产业优势、制度优势、创新优势，助力广东作为定制行业起源、发展、壮大的产业集中地，并以广州为中心辐射佛（山）、（东）莞、惠（州）、中（山）等多个城市，系统地在全国东西南北中布局5G基地站点，这不仅拉近了行业与用户之间的物理距离，还为客户提供了更高效、更便捷的服务。

20年来，我国定制家居行业发生了翻天覆地的变化，取得了令人瞩目的成就。作为行业发展的见证者，我亲身经历了行业的起源与发展，作为广东衣柜行业协会第二届会长，为行业感到无比自豪。十分有幸邀请到知名财经作家段传敏先生，以财经书籍的方式来记录这一段长达20年的波澜壮阔的历史，更期待与行业内外的企业家们一同放眼更具想象力的未来。中国定制家居领域就像中国高铁一样，打出了品牌，走出了一条创新之路。人工智能时代已开启，未来创新的进程将不断加速，几乎会颠覆每个领域，互联网产业和传统产业将不断被击穿，线上和线下将完全融合，达到你中有我、我中有你的双赢状态，企业方生方死，唯创新不灭。

定制家居行业发展史上的一面镜子

曾勇

广东省定制家居协会秘书长、中国（广州/成都）定制家居展创始人、

博骏传媒创始人

时光荏苒，定制家居行业从萌芽到成长壮大，已经历了20年，作为定制家居行业的资深“服务员”，我非常有幸地见证和参与了行业的蜕变起飞。在行业发展20周年之际，本书的出版将是定制家居行业发展史上的一面镜子，能够帮助更多的人了解行业、读懂行业。

定制家居是中国原创的行业，20年间，从小到大，从无到有，走出了一条颇具特色、异彩纷呈的发展路径。从诞生伊始的移门、壁柜等五花八门的叫法到一统为定制衣柜；从早期的单品衣柜迭代成为全屋定制，乃至当下的整家定制；再从最初的传统半工业化发展到今天的领先世界的智能制造体系，定制家居以用户需求为中心，不断在产业“无人区”迭代的基因，决定了它能够持续适应时代与市场的发展变化。

2011年3月，由我创立的中国（广州）衣柜展开展，成为全球第一个以定制为主题的专业展会；同年4月，索菲亚作为首家定制企业登陆资本市场，成为行业迈入大众视野的标志性事件；2013年8月，凝聚起来的定制家居人集体推动了首个省级行业协会——广东衣柜行业协会——的成立；2016年3月，中国（广州）衣柜展升级为中国（广州）定制家居展，同月广东省定制家居协会成立，“定制元年”成为行业关键节点。基于展览、协会的平台性作用和服务职能，那几年中，我们组织了大量的技术交流、参观学习、标准制定、市场开拓、游学考察、体育公益等活动，凝聚核心企业形成产业中坚力量，共同营造了开放、包容、分享的产业氛围，这也成为这个行业高速发展的底色。也正是有了这样的产业氛围和发展基础，2017年，7家定制家居企业登陆资本市场，定制家居大放异彩；2019年，广州市获得联合国工业发展组织授予的“全球定制之都”的荣誉称号，定制家居星耀全球。

回顾行业20年历程，我认为，以消费者需求为中心，倒逼企业不断迭代是行业成长的产业基因；以信息化、数字化为底层的智能制造创新是行业壮大的基础；以设计、智造、服务为方向的系统性融合是产业高质量发展的保障；以包容、开放、分享的精神营造的产业氛围，是中国定制家居企业和企业家成长的沃土。

这本由段传敏、柴文静主笔的《定制家居　中国原创》，详细地记载了中国定制家居行业20年来的发展历程和成长逻辑，非常值得我们认真品读。我对中国定制家居行业未来的发展充满信心，因为它的发展基础是消费升级趋势奠定的。我相信，中国定制家居产业必将在全球的家居产业中产生重要的影响。

preface

前言

2000年，新世纪的开端。

它被称为千禧之年，因为它刚好是一个世纪结束的年份，度过2000年，就会迎来新的世纪，有着美好的寓意。

刚刚过去的一年，1999年，美国著名媒体《财富》杂志在上海成功举办其全球性的年会，意气风发地讨论主题“中国：未来50年”；中国股市“五一九行情”（持续到2001年6月）和互联网创业浪潮迎风而起，与世界对新经济的乐观情绪遥相呼应；一个长相奇特、叫马云的年轻人竟然奇迹般地登上《福布斯》的封面……

同时，也有雾霾飘在空中搅乱着人们的视线与思绪：亚洲金融危机造成的震撼还未散去，国企改革的阵痛还在继续——总理那句“不管前面是地雷阵还是万丈深渊”言犹在耳；1999年以美国为首的北约轰炸我国驻南斯拉夫大使馆的事件激起全国的抗议，中西方关系再度经历重大考验……

因此，对于千禧年的到来，尽管全世界有诸多的庆祝活动，但在很多国人看起来，这一年与过去没什么不同。日子依旧向前行驶着，有期冀，有犹疑，有乐观，有迷茫……国人的情感是相当复杂的。

不过，当时中国发行量最大的周刊《南方周末》在新年献辞中，展现出异常的激情："总有一种力量它让我们泪流满面，总有一种力量它让我们抖擞精神……"8年后，财经作家吴晓波在他的《激荡三十年（上下册）》中提到2000年时，这样写道："一种巨大的百年感慨让无数中国人心旌荡漾、情不自禁。"

古老的中国已经历史性地打开了改革开放的大门，但依旧半遮半掩、小心翼翼，她还不确定世界将报以怎样的回应。直到2001年12月11日，中国正式加入世界贸易组织，这种回应才似乎明朗起来。

以加入世界贸易组织为标志，2002年，中国的改革开放和世界的技术革命、全球化浪潮正式实现了"三江合流"。中国经济在1978—2002年国内生产总值（GDP）平均增长率9.7%的基础上，再度插上了腾飞的翅膀。

所谓的技术革命，是指20世纪四五十年代发轫、以计算机为核心的第三次科技革命，在20世纪末与互联网接轨之后，力量更为迅猛澎湃；所谓的全球化，则指中国终于去除重大的战略障碍，全身心接入世界市场，为20世纪八九十年代再度掀起的全球化浪潮增添了十几亿人口的中国力量。

具体到国内，尽管2001年经历了全球互联网泡沫破灭带来的恐慌，但中国迅速调整好姿态，以经济上的"三驾马车"作为前进的加速度。这三驾马车分别是：内外部的大举投资、出口贸易、以房地产为支柱的城镇化驱动的消费。

1998年，中国历史性颁布了《国务院关于进一步深化城镇住房制度改革加快住房建设的通知》，即通俗所讲的"房改通知"，不但结束了之前对住房的严厉调控状态，还将其全面推向了市场。以此作为分水岭，中国宣布全面停止福利分房（货币化分房方案启动），住房计划经济时代宣告终结。从此，个人消费成为房地产市场的主体力量，同时大量的中外合资或合作、独资、私营企业开始参与房地产的开发与销售，我国房地产行业不但迅速回温，而且开启了狂飙猛进的造城运动。

这给相关的建材家具行业带来巨大的利好。其中的家具业，经历了20世纪八九十年代的不断发展，旺盛的市场需求推动了企业规模的扩张。1985年全国家具工业产值29亿元，而到了2000年就达到1200亿元，15年增长了40倍。虽然主要企业的规模不能和同期的家电企业相提并论，但像先行的皇朝家居、联邦家私、红苹果、双虎、曲美家居等企业规模已经破亿，有的已经达到数亿元，成为名噪一时的家居品牌。

更重要的是，家具行业在经历了20世纪90年代初的生产规模快速扩张后，生产模式也从最初的零散手工，升级为机械化、规模化的现代制造模式，家具品类逐步丰富，花色品种慢慢发展得比较齐全，板式家具得到很大发展。同时，大量的人才进入这个行业学习与积累，产品质量保证和监督体系建立并逐步完善。而家具行业的兴旺还带动了产业上下游的发展，原辅材料、金属构件配件和木工机械等周边产业都在不断地扩张升级，成为产业的重要支撑。随着产业的扩张和集聚力量的凸显，在珠三角地区、长三角地区都开始慢慢形成家具产业集群。

此时，国人的目光正从20世纪90年代轰轰烈烈的家电、电脑市场，移向日渐火爆的互联网和房地产市场，家具产业和建材五金产业一样随着房地产的兴旺而发达，越来越多的有识之士开始洞察到其间蕴藏的巨大商机，并义无反顾地投身其中。

在家具与家装的市场边缘、几乎无人注目的缝隙，有一种声称可以定制的家具支流开始在全国出现。它一生下来就显得非常奇怪而新颖，既不属于家具业，也不属于家装业，甚至在叫法上人们也各执一词，不甚统一：壁柜、移动门、入墙衣柜、衣帽间、系统家具、整体衣柜……这种声称可以满足个性化需求的可定制家居产品受到不少消费者的欢迎。

在此之前，消费者获取衣柜主要有两种选择：成品衣柜、家装公司木工手工打制。成品衣柜购买方便、尺寸固定，不能很好满足空间利用、功能需求，并且风格选择有限，不符合个性化需求；手工打制衣柜虽可定制，但原辅材料质量、手工品质、工艺水准难以保证。

从2001年开始，一些海外移门（又称为壁门）品牌纷纷进入中国市场：加拿大科曼多、德国富禄等为代表的移门品牌（之前有史丹利等品牌于20世纪90年代初进入）在中国陆续出现，启蒙了入墙衣柜及衣帽间在国内的消费观念。海外移门品牌进入中国，获得消费者欢迎，成为定制家居行业的源头。但当时，没有统一的产品交付标准，没有形成确定的行业边界。

移门当时在中国市场上算是一个全新的外来物种，为了向消费者展示移门的功能和优点，一些移门企业配上了国内打制的柜体，把使用场景直观地展示给消费者。

当时由于柜体要嵌入墙内，消费者无法直观看到，因此移门直接决定了柜子的风格，成为其主要的竞争力，因此，在一些地区，柜体本身并不被看重。这样的开局，也为后来的定制衣柜行业分为移门派和柜体派埋下伏笔。

直到10年之后，这些产品才被统称为“衣柜”（即使仍有整体衣柜和定制衣柜之争），15年后，它们竟然汇流成一个新兴的行业——定制家居。这个在任何现代工业的行业划分中都找不到的名字，竟然在中国“原创”而生，真是令人惊异。

2009年12月，一代人的企业家偶像、海尔集团董事局主席兼首席执行官张瑞敏在接受《商务周刊》采访时明确提出，中国企业必须从大规模制造改变为大规模定制。他当时还考虑到成本问题，认为大规模定制也要实现低成本，这对中国企业来讲是非常大的挑战。他当时还没有看到，在家具这一低关注度、相对落后的产业，一拨来自四面八方的创业者正朝着这个世界前沿课题发起冲锋。

10年后的2019年7月，青岛海尔正式更名为海尔智家。深耕家电业的海尔智家开始超越家电本身，加速智慧家庭生态品牌的引领。家电与家居这两大产业开始历史性地合流，在大规模定制的思想上奇妙地和鸣。

此时，定制家居不但独立创造出一个数千亿规模的行业“流派”，而且日益成为建材家具行业的顶流担当，大有领袖群伦之势，甚至，家居建材界开始流行一个口号：“无定制，不家居。”

如今，创新已经上升为国家战略，它是一个时髦但却日益泛化的词。何谓创新？创新理论的提出者约瑟夫·熊彼特认为“创新是企业家对生产要素的重新组合”，即“建立一种新的生产函数”。他将创新活动划分为五个方面：生产出新的产品或对产品的某些特征进行改进、产品生产方式的改进、开辟新的产品市场、获得新的供应来源、组成新的产业组织结构。对照而论，定制衣柜的出现当属创新的第一种情况——

创新产品。

管理学大师彼得·德鲁克的观点是，“创新是赋予资源一种新的能力，使之能创造财富的活动”，也是“改变来自资源而且被消费者所获取的价值与满足”。他似乎更强调消费者的视角和企业结果的呈现，但具体表现仍然为“对原有产品和服务的改进”。

不过，仔细对照其在《创新与企业家精神》一书中提到的七大创新来源，定制衣柜的出现似乎可以归结为由消费引发的“意外事件”，就像航空快餐的出现一样。

这就触及定制衣柜的典型特点了——它是由消费者需求驱动的，而且迄今一直如此。这是一种巨大的、由思维转变引发的行业革命和工业革命，甚至你可以将之形容为从二维世界向三维世界的进化——原本行业划分是以产品特点为属性的，是企业提供产品与消费者双向互动的二维世界，定制家居的出现则转换为消费者属性，是围绕消费者需求而提供产品和服务的三维空间。

这一特点10年后被湖畔大学教育长、阿里巴巴集团原参谋长曾鸣教授总结为C2B模式。他认为，C2B模式是对传统工业时代B2C（商对客）模式的一次根本性颠覆，是真正客户驱动的商业。他鲜明地提出：“未来智能商业的核心模式一定是C2B，谁能够把握这一趋势，谁就能成为未来的商界领袖。”

曾鸣是基于阿里巴巴集团的实践，以及对互联网、大数据和人工智能的深入思考提出这样的观点的，而且他认为这一模式是互联网时代的新商业模式，应该由互联网巨头们推动，因为，B2C和C2B并不像看起来那样，仅仅是字母顺序的颠倒，这里边实际蕴含着对整个商业逻辑的根本性颠覆，也是商业网络从传统的供应链走向网络协同的一种全新的基本模式和商业范式。

他没想到的是，这一模式竟然在定制家居行业率先实现了。相比之下，互联网巨头们距离C2B还很遥远，不得不用过渡性的S2B2C模式[1]替代。可见，即使是技术领先、实力雄厚、拥有巨量用户的互联网平台，想要建构真正的C2B模式也任重道远。

那么，为什么定制家居能够率先实现C2B模式？很多读者可能也很好奇。这个问题很难一下说清楚，如果你有耐心把这本书读完，穿越一次20年的时空隧道，也许会自己得出清晰的答案。

[1] S2B2C是一种集合供货商赋能于渠道商并共同服务于顾客的全新电子商务营销模式。S2B2C中，S即是大供货商，B是指渠道商，C为顾客。

contents

目 录

中篇 扩张边界 2012—2022　/ 101

下篇 数据智能　/ 255

目　录

上篇

创世纪 2002—2011

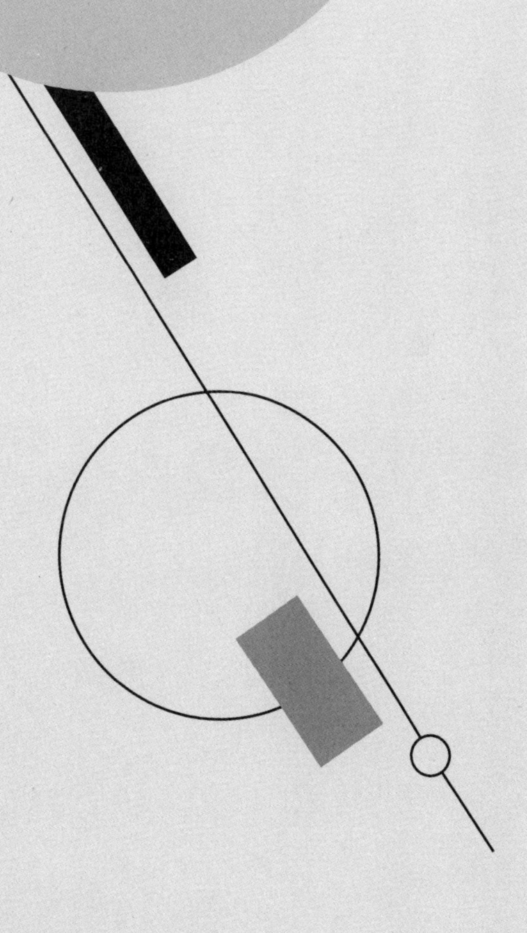

2002 源起

相较而言，2002年前后似乎是定制家居企业密集的“诞生季”。目前活跃于行业的核心品牌集群中，这3年内出现的就有7家——截至2021年年底总计有13家（不包括后来转型定制的家居企业）：欧派、索菲亚、尚品宅配、志邦家居（曾用名：志邦厨柜）、金牌厨柜、好莱客、大信家居（未上市）、皮阿诺、我乐、百得胜、诗尼曼（未上市）、顶固、玛格（未上市）。

目前活跃在行业的主要品牌中，除了橱柜界的代表广州欧派（1994年）、北京科宝·博洛尼（创立于1992年，1999年进入橱柜行业）[1]、合肥志邦家居（1998年）、厦门金牌厨柜（1999年）、郑州大信家居（1999年）等出现在20世纪

[1] 1992年，科宝公司成立；1999年科宝公司开始进入橱柜行业；2001年10月成立中国和意大利合资企业——北京科宝·博洛尼厨卫家具有限公司。科宝·博洛尼拥有钛马赫、博洛尼、科宝入住家装、九朝会等品牌。

90年代外，定制衣柜界的主要代表均诞生于21世纪，其中大部分出现在广东。

百得胜、卡诺亚（之前为卡喏亚，后统一为卡诺亚）、伊仕利等品牌在2001年出现，其余如顶固、好莱客、KD定制（北京）、雅迪斯、史丹利、瑞时、霍尔茨（北京）、适而居等诞生于2002年，索菲亚、维意定制、诗尼曼、亚丹、丹麦风情（现名“冠特”）、福莱威尔等在2003年出现，尚品宅配、玛格（重庆）、劳卡、联邦高登、德夫曼、邦元名匠、多尔贝、诺维家等品牌则在2004年扎堆现身。至于我乐（2005年）、皮阿诺（2005年）、科凡（2006年）、威法（2008年）这些品牌，就属于后来者了……

显然，这并不是偶然的。这些品牌的创始人未必先知先觉，却是目光敏锐、行动迅疾的创业者。无论是偶然或者必然，他们相当准确地踏上时代飞速前进的列车，进入一个空前成长的巨量市场。

想当初，他们在街边或在建材市场勇敢地开出的第一家店面其实并不耀眼，甚至狭小、丑陋得令人难堪，但有心人会发现这种小店散发出的独特魅力和美好“钱途”。

卡诺亚是最早的定制品牌之一，成立于2001年3月。关于卡诺亚的创立有这样一个广为流传的故事：1992年开始从事装修工程及建材五金行业的老板程国标，在行业内摸爬滚打多年，有了相当程度的积累。1999年3月初，他在常年订阅的台湾前沿装修资讯杂志《美化家庭》中，第一次接触到“系统家具”的概念。

系统家具是一个“装修工厂化”的概念，即将整个家居空间作为一个系统来设计，将所需的家居产品交由远离装修现场的信息化工厂进行生产，最后由专业团队提供安装等服务。这样既能满足个性化的定制需求，又能达到更高的质量及环保标准，还能让客户省时、省心、省钱。据说，就是这篇文章，让程国标大受震动，以此为目标创立了卡诺亚。这一年，他37岁。

几乎同时，2001年，经营建材生意的郑景新创立了伊仕利（EASILY）品牌。据媒体报道，1998年，做了15年公务员的郑景新毅然辞职下海，和朋友在广州百康居市场开了一间电器器材专卖店。不久，他注意到侧对面的索菲亚五金店竟然摆了几组柜子出来，后来干脆不做五金卖起了柜子。这让郑景新觉得“是一个市场趋势，必须要抓住了”，于是东拼西凑了30万元筹建伊仕利工厂。

在北方，1997年，北京大学才女、世界500强史丹利中国区首席代表严红，将史丹利的壁柜门带进中国。2002年，她决定自行创业，联合高端推拉门——KD系列的美方合资建立专门生产柜体的工厂，以KD品牌向消费者提供整套衣柜解决方案。最早的“KD”有个略显可爱的中文名叫凯蒂，看起来很像风靡亚洲的没有嘴巴的可爱猫咪。而实际上，虽然创始人严红算是业内少有的女性创业者，但KD的市场风格一直是创新而先锋的：从推拉门到实木衣柜，从板式衣柜到衣帽间，从全屋实木定制到设计大师系列……KD在产品方面一直在追求变化。不过，身为女性的她对设计和美的追求，倒是一直贯彻其中，使KD洋溢着高端的品牌气质。

相较之下，2002年创立好莱客的潮汕人沈汉标算是一位“实力派”。1999年，27岁的他来到广州，与妻子王妙玉一起创立好太太整体橱柜公司，主攻的是一个十分不起眼的细分市场——晾衣架，2000年就请了《还珠格格》中紫薇的扮演者林心如代言，发展迅猛。在中国房地产市场腾飞的大背景下，一个小小的晾衣架支撑起了一个蓝海市场，独到的市场眼光加上有效的运营，好太太品牌来慢慢长成了细分市场里的隐形冠军。

2000—2002年，好太太调研新的投资项目，最后决定进军整体衣柜，沈汉标看中了年仅25岁的助理詹缅阳，大胆任命其为总经理，开创了好莱客。

当然，圆方计算机软件公司的创始人李连柱（尚品宅配董事长）实力也不逊色。作为深耕家居产业装修市场的IT（信息技术）企业，2002年，圆方已经取得了数千万元的销售业绩，行业市场占有率据说高达90%以上。虽然图形设计软件产品陆续进入橱柜、衣柜、卫浴、陶瓷、窗帘等市场，上年推出的行业网站72Home.com（后改成新居网）也“长势喜人”，但“不安分”的他一直渴望为人才找到更大的舞台。

2001年，34岁的林新达已经在北京有车有房，成为北京五金行业里最大的批发零售商。当时的五金市场，几乎是德国品牌一统天下，虽然收益不错，但林新达始终有为他人作嫁衣的不甘。

7月13日晚上，电视机里播放着北京申奥成功的消息，背景处一片沸腾。那时候，林新达走到窗前，望着盛夏的北京夜晚的灯火通明，心中忽然闪过一个念头：中国有那么多好的产品，为什么没有出现国际化的五金品牌？为什么我们不可以创建属于自己的民族品牌？于是，他做出了一个影响他一生的重要决定：用10年时间打造一个中国自己的五金品牌。

下定决心的他带了两名员工在五金制造重镇的广东中山“猫”了下来，创立中山市顶固金属制品有限公司（以下简称“顶固”）。他并没有随波逐流取个洋名字，而是将公司命名为“顶固”，取自“顶中国企业之脊梁，固世界华人之尊严”。7年后，已做成全国五金三强的他难拒做大做强的诱惑，将产品线扩展到推拉门，继而延伸到衣柜、全屋定制。数次创业数次成功的他注定不是一个平凡的角色。

相比之下，20世纪90年代就率先起跑的橱柜企业情形就好多了。相比弱小的衣柜企业，部分橱柜企业已是“大佬”的角色。

2002年，创立8年之久的欧派橱柜一年前销售刚刚过亿元，成为让不少后来者生畏的存在。北方跨界3年的科宝·博洛尼橱柜（成立于更早的1992年）则展现出其强烈的文艺张力，竟然引起拍了《霸王别姬》（1993年）的陈凯歌的关注——甚至为之改变拍摄场地（《和你在一起》），令人称奇。

这一年，4年前靠6万元创立的志邦家居将厂房从最早的300平方米小作坊搬到5000平方米的“第三代”工厂。诞生2年多时间的金牌厨柜则忙于发起成立厦门市橱柜行业公会（次年当选为首届会长单位）。不过，相对于当时主流的成品家具，它们还只是些不太重要的角色。

此时的橱柜和衣柜是没有交叉的两条支流，没有人知道它们将在10年后汇成定制家居的大江大河，并在20年后以整装、家装工业化的名称奔向广阔大海。

其中，橱柜的“支流”更为绵长而宽阔，但它跨境而来，更像一个舶来品。早期橱柜的叫法是“整体橱柜”，并没有明确地提出“定制”的概念。“橱柜”这一叫法也挺新鲜，因为中式厨房里当时鲜见木制的柜子，《广州日报》还曾专门刊登了关于“厨”与“橱”定义的文章。现在，两者终于统一成了“橱柜”。

欧派早期的传记《欧派之道》中这样写道：当时欧派的创始人姚良

松和家人一起去看番禺丽江花园的样板房。那时的丽江花园由我国香港地区公司装修，完全用了香港的精装修房的模式，姚良松妹妹无意中的一句话启发了他："这厨房的柜子真漂亮，我们家要有一套就好了！"于是，姚良松模仿打造了类似的柜子。

香港的橱柜显然来自欧美。现在的橱柜均如是介绍起源："整体橱柜起源于欧美，于20世纪80年代末、90年代初经由我国香港地区传入广东、上海、北京等地，并逐步向内地其他省市渗透发展……"

进入中国内地的整体橱柜遇到了深受香港影响的房地产开发热潮，因此强调嵌入式的它具有天然与房地产"结合"的特征。比如，现任科凡家居董事长的林涛当时就是香港知名橱柜企业的"高级打工仔"，主攻房地产业务；成立早期的欧派也曾进入房地产楼盘配套橱柜市场，以厨房与装修一站式服务承接来自地产商的工程订单，但似乎很快就基本放弃了这一看起来很美的工程路线。

相较之下，另一"支流"——21世纪初诞生的定制衣柜则是中国的"原创"。以索菲亚为代表的早期创业者巧妙将国外的移动门（滑门）与中国的手工打制柜体相结合，推出可定制的入墙衣柜或整体衣柜，没想到竟然成了手工打制家具的革命者，继而成为成品家具和全屋家居的颠覆者。

网上一篇题为《中国整体衣柜发展史》的文章比较了两者的区别："成品衣柜是流水化生产、风格一致，但随着人们生活和消费水平的提高，也会被人认为千篇一律，容易造成空间布局的不合理，带来种种不便；相比之下，彼时出现的整体衣柜既可以工业化生产，又可以量身定做，加之设计时尚，很符合年轻一代的审美情趣。而且，经过多种标准件的组合，整体衣柜可以搭配出不同尺寸和变化，对特殊情况可以采用非标准方式灵活处理……因此，它一扫传统衣柜的诸多弊端，为现代家具提供了全新概念。”

整体衣柜在国外相当普及，但它不提供量身定制服务，只是提供一些模块化的个性选择。随着移门衣柜向定制方面的不断演进，非标渐成主流，定制衣柜（家居）作为一个细分的品才类得以确立，因此它属于完全中国独有的创造。

对于2002年前后诞生的这些带有定制特色的家具企业而言，这些并不重要。此时的它们并不关心未来，只觉得这个商业模式很好——先付款后交货，数着消费者热情递过来的钞票，努力为他们提供满意的个性化产品和服务。

事实上，仅仅这一点当时都很难做到。因为从到家量尺到设计，再到根据设计组织生产，直到配送到家安装的流程实在太长了，而且每一家的柜子尺寸、花色等要求都不一样，中间一个地方发生错误，就会导致一次“质量事故”的发生。

好在消费者虽然会有抱怨，但大多能原谅和包容这些瑕疵（当然，企业最终要解决问题）。

此时的创业者们普遍体量弱小，他们从各个行业跨界而来，甚至大多数没有学过木匠这门手艺，竟然就投身其中，开起了店，办起了工厂。在接下来的近10年中，他们在踉踉跄跄中前进，凭着服务消费者的信念在雾中穿行。他们大多没有制定未来的发展战略，但消费者却从各个角度为他们指明前进的方向——正如有从业者开玩笑地说：“从某种程度上讲，我们是被消费者推着长大的，是被骂大的，是所受的委屈撑大的。”

【年度定制人物】
KD定制家居董事长严红：定制家居行业发展的见证者

在整个定制家居行业里，严红都绝对是一个闪闪夺目的异类存在。不仅是因为在这个以男性为主的行业里，她是少有的女性掌门人。更重要的是，在这样听起来贴近传统制造的“低端”行业里，她的背景和经历看起来更像是降维打击。她有着绝对令投资者瞩目的黄金简历：一手缔造了史丹利移门在中国市场的知名度，改写了中国人关于衣柜的生活方式，就此开启了中国定制家居行业的序幕；同时，她钟情定制家居20年，在这一领域不懈努力，持续释放着自己的个性。

2003 危中寻机

2003年，一场突如其来的疫情袭来——一种名叫SARS（由于其发病症状类似肺炎，因此也被称为非典型肺炎，简称“非典”）的未知病毒入侵。一时间，抗击“非典”成了全社会的头等大事。部分企业和社区按下了暂停键，人们的正常生活被打乱了，商业活动也就此停摆，很多企业都在焦虑和不安中煎熬。

正如“危机”一词的玄妙，有“危”才有“机”。正是一场“非典”危机，促成了中国电商领域里两个巨头的诞生——京东和淘宝。

“非典”之前，京东已经颇具规模，靠着代销光盘、刻录机等光磁产品为主起家，当时北京的京东连锁店已经发展到了12家，年销售额超过6000万元。之后，刘强东破釜沉舟，砍掉线下业务彻底转向线上。2004年元旦，“京东多媒体网站”正式上线，尽管粗糙得不过是一个网页版的电子产品目录，可以选择的商品也只有100多种，这却是未来中国第二大电商平台最初的模样。

巧合的是，正是“非典”这一年，中国电商另一大巨头——淘宝也在疫情中跌跌撞撞地诞生了。当年的阿里巴巴由于有名员工参加广交会后被确诊“非典”，全公司500多人都被隔离。淘宝的筹备团队由于被秘密安排在阿里巴巴诞生的福地湖畔花园得以避免被隔离，但此时离马云规定的淘宝上线时间已经不到10天。

淘宝的成立来自跨国巨头的倒逼。早在前一年，全球最大的在线交易网站eBay以总价1.8亿美元全资收购了当时中国市场里的C2C（客对客）模仿者易趣，这让当时耕耘B2B（商对商）市场的阿里巴巴感到了隐忧，于是高调宣布投入1亿元进军C2C，这就有了淘宝。但这样的投入，和eBay庞大的体量依然不成正比，与之竞争更像是以卵击石。

在2016年出版的《阿里巴巴：马云和他的102年梦想》一书中，作者邓肯·克拉克这样写道，“‘非典’证实了数字移动技术和互联网的有效性，因此成为使互联网在中国崛起为真正的大众平台的转折点”。

这段评价放在历经新型冠状病毒感染疫情的今日看，依然具有现实意义。经历2003年那场“非典”时，马云和刘强东或许无法想象，20年后的阿里巴巴和京东会长成什么样子。“非典”疫情之下，中国电商两大巨头诞生了，这是10年之后定制企业尝试电商渠道时都无法避开的存在（早期，强调非成品、服务的定制产品一度被认为不适合做电商，10多年后的O2O[1]时代，定制产品却被发现天然具备形成线上线下闭环的

[1]　O2O，Online to Offline 的缩写，即在线离线／线上到线下的商业模式，是指将线下的商务机会与互联网结合，让互联网成为线下交易的平台。

特点，众企业纷纷入局）。

互联网经济重回井喷时代。这一年10月，网易股价从2年前的不足1美元低谷升至每股70美元，仅比年初就上涨了6倍多。其创始人、32岁的丁磊一跃成为“中国首富”。这距离他以50万元创业仅过去6年。

这样的场景在20年后的今天看来，宛若情景重现。2020年，当新型冠状病毒感染疫情更猛烈地袭来，原本依赖于线下实体场景的定制品牌要绝地反击，不得不更多地拥抱新兴的传播和销售渠道。于是，直播电商等轰天而起，疫情的长期持续更令企业的运营基因发生了突变。这是后话。

在中国，企业的成长、行业的发育与技术的进步、国家的变迁联系得如此紧密，也因此企业的发展规律变得神秘莫测。传统的观念和规则都在打破、变化，一切都是在摸着石头过河。幸运的是，大多数企业都与一个波澜壮阔发展的伟大时代相遇了。

回到21世纪初，尽管个性化消费开始成为话题，但距离消费者的接受还有相当长的距离，因此，尽管在旺盛的房地产市场带动下，家具市场每年均以20%的速度增长，但当时的家具“定制”更像一种细分卖点，并不是家具行业的主流。

这时的定制衣柜，门是主要的销售组件，也是利润的核心来源。配套的柜体则仍由传统的（手工）制作方式生产，设计也没有想象中那么重要——有的企业甚至一度采用手工绘制方式。这是不少企业仍将自家产品叫作壁门、移动门的原因所在。

它们的服务流程大致相同：到客户家里量尺寸，然后再生产制作家具产品，最后提供上门安装服务。

随着销售的增长，生产变得越来越重要。完全的手工作坊生产适应不了规模的需求，OEM（原始设备制造商）模式还是大型跨国公司的“专利”——国内企业不但信用无法支撑，就是定制家居这种一户一样的模式就足以让绝大多数企业头疼。

偏偏有人对之情有独钟。2003年7月，为了满足消费者的各种需求，39岁的江淦钧和柯建生决定从贸易商变为制造商，注册了索菲亚商标，广州市宁基装饰实业有限公司（索菲亚的前身）厂房正式在广州增城落成并投产，开始了自有品牌的创业征程。

成立初期，索菲亚就推出入墙衣柜、柜门、衣帽间、趟门衣柜等产品，产品一经面世就获得市场巨大反响，许多成了畅销品、经典款，尤其是按需定制，满足了消费者对家中不同空间的自由想象，满足了以前成品家具做不到的空间尺寸定制需求。

国企出身的江淦钧、柯建生对产品品质有着坚定的追求，他们的理念是：做企业不能只是一味拼产量、拼终端、拼价格，要将产品品质做上去、把生产配套系统做扎实，不然遭殃的不只是企业和品牌，还有整个行业。这使出生不久的索菲亚不但气质独特，而且发展相当稳健。

泛家居圈创始人、定制行业观察家周忠曾撰文评价：“江淦钧领导的索菲亚，凭借量身定做的定制衣柜和壁柜门相结合的崭新产品概念……主导了壁柜移门行业向定制衣柜行业的根本转变，一举改变了行业竞争格局。”

在索菲亚、KD的南北示范下，越来越多的商人开始跨界涉足移门及衣柜行业，区域市场不断涌现。它们从一个点扩展成行业的一个面：深圳、北京、成都、上海、广州……显露出当下定制家居区域性发展的雏形。各个区域特色分明，例如以珠三角为中心延伸为广东定制、以北京为中心形成华北定制、以川渝为中心形成西南定制，带着各自区域的文化特点，形成不同风格的产业集群带。其中，广东企业和品牌最多，渐渐成为中国定制家居行业的主要基地。北京在很长时间里，似乎严守着移门的“正统”，形成富有特色的“移门”部落。这种因循也成了其发展滞后于广东的重要原因。

2003年，定制行业的另一个品牌诗尼曼成立，主攻当时备受追捧的入墙衣柜。从此，家具行业来了位“学历最高的木匠”，因为其创始人辛福民是山东大学古籍整理研究所的硕士研究生，还曾在广州师范学院（现广州大学）做了3年老师。

事实上，他还不能冠此称号，因为如果和成品家具企业的创始人多出身木匠、是早早闯荡社会的辍学青年相比尚可说道，但在定制江湖中，拥有大学学历的创始人不在少数。比如第一梯队的头部三强中，欧派的老板姚良松本科毕业于北京航空航天大学；索菲亚另一个联合创始人柯建生毕业于华南理工大学无线电专业；而尚品宅配的两位创始人李连柱和周淑毅都是研究生毕业，也都做过华南理工大学的老师。

推而广之便有更惊人的发现：截至2022年年底，超过10亿元规模的定制家居企业大概有13家。而在这13家（企业）当中，无一例外，它的创始人或者联合创始人当中都有一名大学生，形成独特的“高学历创业军团”。

志邦家居创始人孙志勇虽然没有大学毕业，但他的拍档许帮顺是合肥工业大学本科毕业；金牌厨柜的董事长温建怀是大专毕业，他的合伙人潘孝贞是上海同济大学本科毕业；好莱客创始人沈汉标大专毕业，同时找到个联合创始人、总经理詹缅阳——是华南农业大学毕业的；河南大信家居的董事长庞学元是河南大学企业管理专业的研究生。

皮阿诺董事长马礼斌原先是江西师范学校毕业的，后获得北京大学工商管理硕士（MBA）研究生学位；我乐董事长缪妍缇在南京大学毕业后进入伊利诺伊大学厄巴纳-香槟分校获得博士学位，总裁汪春俊也是中国人民大学毕业；百得胜张健毕业于重庆文理学院；玛格的创始人唐斌也是大学本科毕业。

“高学历创业军团”的脱颖而出显然不是偶然的。尽管定制家居行业看似进入的门槛很低，但定制的C2B模式决定了这一行业的几大特色：第一，与信息化技术的关联度到了生死攸关的程度，这决定了技术的先进性特点；第二，以消费者为中心，决定了其产品的定制化、场景化、生活方式化等特点，这决定了企业与行业的开放性；第三，围绕需求的持续变化升级，这决定了行业的持续迭代和变革特色。企业要想不断开拓、持续变革和掌握核心技术，领导人的视野和知识储备显然至关重要。

说回到辛福民，主修汉语言文学专业的他对古诗词深有研究，因此他为企业品牌起的名字“诗尼曼”中有一个“诗”字。他身上有着对新事物的敏感和对创新的热爱。他常说，“选择正确的方向，路才越走越宽”。只是，那时的生意场上从来不看重学历，也不关心浪漫。诗尼曼能走多远，谁也没底。辛福民后来小结：“2007年后，衣柜这一行业才能正式称为‘行业’，此前都只能算尝试。”

一个行业都是如此，何况在其中穿行的企业呢？

诗尼曼的创业故事是这样的：1997年从学校辞职的辛福民先是一直在社会上打转，在网络公司做过推广，在房地产公司做过策划。2002年他支持太太丁淑娟开了一间纱窗店面。眼看一间10多平方米的小店铺，一月的营业额只有6000元左右。，辛福民就对妻子说“让我试试吧”。他敏锐地捕捉到了刚刚兴起的网络力量，在BBS（网络论坛）广泛发帖，而且用了一个超前的模式——网络团购进行营销。这种超前的网络营销效果惊人，小店订单暴增。辛福民接手的第二个月营业额便涨到了6万元，第四个月则增加到了18万元。

就在家人们感到高兴时，2003年，辛福民却将纱窗生意赚来的第一桶金——22万元果断投入衣柜行业，创建了诗尼曼，原因是他察觉到社会需求在悄然发生改变，“对产品已经由单纯地强调功能性作用，转向强调精神享受”。事实上，他盯上了颇受市场欢迎的入墙衣柜。相比纱窗，后者的市场显然更大。

据媒体报道：诗尼曼初创时的“厂房面积有375平方米，辛福民与妻子以及其他4名员工把一个50平方米档口当作办公室”，生产则是一人一台机器生产衣柜的小作坊。为了省钱，他没有主动找经销商，继续发挥在网络营销方面的长处，在网络投放小额搜索广告。慢慢地，许多经销商竟也自己找上门来。

同年，另一个衣柜行业的重要参与者、一个绝对的跨界搅局者——维意定制也在佛山成立了。这一品牌的出现源于两个不安分的创业者和一种大胆的跨界实验。

这两个创业者是李连柱和他的搭档周淑毅。此时的他们正经营着一个叫圆方的计算机软件公司，主攻室内装饰设计。如果以当时的标准，这两位已经算是绝对的成功创业者。圆方不但是国内较早的垂类IT企业，而且经营成绩斐然：经过近10年的发展，2003年时员工就有100多人。圆方不但将产品扩展，先后进入家具、橱柜、衣柜、卫浴、建材、陶瓷、窗帘布艺等家居产业，而且营收高达3000万元，成为中国软件行业的优秀代表。

李连柱的专业是机械制造，负责公司经营；周淑毅的专长是计算机，负责产品开发和日常管理（他们还有一个合伙人——一直隐身幕后的技术天才彭劲雄，负责技术）。李连柱的特点是思维开阔、活跃，总想着与众不同和创新实验；周淑毅负责一旦确立决策，将之执行到位。两人相处的时间比和自己太太们的时间还要多，而且持续至今，堪称创业合作的一个传奇。

这时候，萦绕在李连柱心里的是一种叫“意难平”的东西：他们辛辛苦苦开发出的软件，卖一两万元企业都觉得贵，而且，所谓的高科技企业总要面临盗版猖獗的严峻现实。

尽管10年后的IT行业如日中天，但在21世纪之初，最火的还是制造企业。那时候身处家居建材行业的李连柱，眼见着周围很多老板租个厂房、雇几个工人开始做家具，靠着中国房地产的爆发期，迅速积累了上亿元身家。自己的员工被他们挖走，立即可以获得高出许多的薪水。

这让圆方感受到强烈的危机感，还有不服气。

最初的维意定制，可以说是圆方孵化的一家成果展示店面。李连柱和周淑毅当时的想法是，成立一个家具企业专门使用自己的圆方软件，给行业做个示范，让家具商们清晰地看到，软件是如何提升家具行业的销量的，是如何真真正正地做到个性化定制家居的。

“项庄舞剑，意在沛公”，由于初衷是展示、推销自己的软件，因此他们想出推陈出新的营销招数：免费给消费者提供设计方案。当时的“潜规则”是，大多数店面会收取一定的设计押金，消费者如果选用其柜子才会退回。维意定制的免费设计无疑打破了行业“潜规则”，带给消费者与众不同的消费体验，因此引起了关注。

“机遇就像一把梯子，很多人不注意从旁边走开了，但有准备的人会发现梯子上有一束光，会爬到梯子上去捕捉那束光。幸运的是，我们知道定制家居是一个机遇，而且努力把握住了这个机遇。”李连柱在接受媒体采访时曾这样说，“许多人是被环境逼着思考问题的，而我们正相反。”

因此，维意定制天然带有圆方的IT基因，热衷于拥抱新技术、信息化、数字化，解决问题的方式是典型的信息化思维。这就让维意定制从诞生开始就显得与众不同。正如很多年后互联网跨界改造所有行业一样，维意定制作为圆方的逆流实验场，反而变成了一个面向未来的跨界“打劫”者。

当时还是圆方软件销售经理的欧阳熙受命担任维意定制总经理，他回忆：“当时我们判断（定制衣柜）这个市场会越来越大，可能是第二个橱柜市场。”

由于拥有堪称当时“最为先进”的设计系统，维意定制在为客户设计衣柜时显得相当“豪奢”，即使客户只买一个衣柜，它依然会提供整个房间的效果图，让客户可以在购买、装修之前就看到未来的居家效果。这种“沉浸式的体验”不但令人眼前一亮，而且埋下了后来维意定制率先切入全屋定制的种子。跨界而来的维意定制，虽然没有家具行业的沉淀和滋养，但也因此没有行业惯性的桎梏。它像个闯入家具行业的“混世魔王”，左冲右突、拳拳迷踪，惹得同行目瞪口呆，但细细品味，这些招数似乎招招有理、直指核心，因此反而常常能将定制家居行业带向一个新境界、新阶段。

比如，它率先将最富知识价值的设计环节免费提供，看似不循常理、破坏“行规”，也无视自身核心能力的价值，却一举点中初级阶段定制模式的要穴，将设计奠基作为定制模式的入口。20年后，这一点不但重要性日益增加，而且入口效应更为放大——甚至成为全屋整装或者泛家居行业的重要入口。

再比如，除欧派较早切入衣柜外，其他诸如志邦、金牌等橱柜企业严守着自己的品类边界，一度提出坚决不进入衣柜市场的观点。可见它们存在传统的行业思维、强烈的品类界线。但在维意定制（包括后来的尚品宅配）眼里，这些边界很快就消弭于无形。事实上，在第二年，维意定制就将业务触角伸向了橱柜，显然在它眼里没有所谓的橱柜、衣柜“门户之见”，只有不断完善的家居场景和随之力所能及的产品和服务。

所以，在定制家居头部三巨头中，维意定制（包括2004年创立的尚品宅配，两者后来统一装入广州尚品宅配家居股份有限公司，统称“尚品宅配”）的地位是相当“尴尬”的。2005年，在全国工商联家具装饰业商会发起组织橱柜专业委员会的时候，它因为不是出身于橱柜而被一度忘记；2012年，广东衣柜行业协会发起成立的时候，它因早已是全屋定制而置身事外。

【年度定制人物】
诗尼曼家居董事长辛福民：
“学历最高的木匠”

知识究竟有没有用？当然有用！20多年前拥有研究生学历意味着可以稳端铁饭碗，但知识也会令一个人内心不安分、抱持勇敢。很快，辛福民踏足商海，走上了创业之途。知识与商业亦敌亦友，因为商业排斥想太多、行动太少，但知识令商业有了理想、敢于创新、充满包容。诗尼曼在创新模式、产品和品类上敢于探索，敢于领先，归根结底，源于辛福民丰富的内心世界和对价值经营的不懈追求。

2004 广东效应

2004年，一心追赶的中国努力向世界伸展着自己的触角：1月，世界首条商业运行的磁悬浮——上海磁悬浮列车正式投入运行；7月28日，中国在北极的第一个科学考察站——黄河站建成；8月，随着雅典奥运会落下帷幕，北京奥运会的相关筹备工作开始提速（2001年成功申办）、紧锣密鼓地展开；12月，中国第一条跨海铁路——粤海铁路客运正式开通……

在商业界，几项更具颠覆性的跨国并购让世人开始关注“中国力量”：这一年的4月和7月，致力于做世界级企业的TCL集团发起了两项并购，分别将法国阿尔卡特的手机业务和法国汤姆逊的彩电业务揽入怀中，总耗资高达40多亿元，引发一片惊呼。

紧接着，12月，更令人目瞪口呆的事件传来，创立20年的联想集团竟然上演了一出“蛇吞象”的传奇故事，自身规模只有30亿美元的它以12.5亿美元（约合人民币90.8亿元）收购了当时神一般存在的世界500强公司IBM的全部个人电脑（PC）业务（全球销售规模高达90亿美元），一举将自己变身为全球PC排名第三的世界企业——在此之前，联想尽管在国内占据20%的市场占有率，但海外业务只有大约3%。

TCL成立于1982年，联想成立于1984年，仅仅20年左右的时间，中国创立的企业就开始向世界500强发起冲锋，成为引人注目的国际化经营公司，令人慨叹市场变化之快、中国企业成长之速。中国与世界的距离，看来并没有想象的那么遥远。

无论失败还是成功，这些领先一步的中国企业以自己的勇气、能力和实践树立了标杆，大大激励了国人和无数的企业家。也许是这些企业的奋发进取，2005年5月，著名的美国《财富》杂志全球论坛年会再度在中国举办。这是自1995年以来该杂志的第九届年会。该杂志1999年在上海、2001年在香港举办论坛年会后，第三次将论坛地点选择在中国。

2004年，成立8年的恒大仅仅是在广州取得一个楼盘成功的小企业，正准备奔赴全国攻城略地；成立10年的碧桂园在广州大获成功之后，选择在珠三角地区开始扩张；成立20年的万科销售额虽然增长迅猛——91.6亿元，却与当时的制造业杰出代表海尔（销售额突破千亿元）、TCL（销售额408亿元）、美的（销售额320亿元）、联想（销售额近250亿元）相距甚远。

这些房地产企业将在接下来的10多年大出风头，令所有制造企业汗颜。这虽然得益于创始人顺应时代的努力，但背后无疑是时代和政策赐予的超级力量。

至于紧跟其后伴生发展的建材家居企业，大多成立时间更晚，且属于小、脏、乱、差的不起眼的存在，但它们却像野草一样乘风生长。而且，尽管看起来发展相对缓慢，但假以时日，它们也将迎来真正属于自己的时代。

奋发前进的中国，改革开放由浅入深，呈梯次型、结构化特征；产业板块的繁荣也呈周期轮动特点，各领风骚三五年。置身大变局之中，先进与落后，规则与混乱，激情与野蛮，光明与肮脏……席卷而来，常令人百感交集甚至迷失方向。

不必担心，市场经济有其固有的方向和运作规律：企业是其中的主体，它需要将自己的产品或服务卖给需求方。换言之，市场经济关注的是合法情形下金钱的流向。它的先进性在于此，物质特点也在于此。

2004年也是一个定制家居企业密集诞生的年份，尤其在广东。显然，更多的企业家敏锐地嗅到市场之中强烈的金钱味道——专业地讲，这叫市场嗅觉或产业洞察。10多年后，广州成为全球定制之都，广东也成为全国定制家居的产业重镇，这里聚集了全国定制家居行业近半的企业和主要品牌。

4月，尚品宅配在广州成立。这是圆方孵化的又一个实验品牌。彼时，多品牌是家居行业普遍采用的策略，主要是可以用来招商、加快发展（新品牌可以在区域重复招商）。不过，尚品宅配的不同在于，它没有复制维意定制的道路，而是与之区别开来，选择了橱柜作为切入口。由此可见尚品宅配与众不同的基因——不走寻常路。

这一年，52岁的新加坡人林怡学带着他创立32年的家私品牌——高登国际来到广东佛山，与当时有着家具行业航母之称的“联邦家私”合资，成立中外合资联邦高登家私有限公司（以下简称“联邦高登”），试图以高品质的家具产品开辟全新战场。

林怡学回忆，创业初期，恰值中国内地家具市场飞速增长的年代，市场里的成品衣柜大概占70%的市场份额，定制类产品则刚刚起步。尽管早期市场培育艰难，很多企业并不重视质量，有的产品用几个月就坏了，但联邦高登从来没有放弃过对品质的追求。这位在新加坡经历过市场风雨的企业家希望，自己做的产品能让消费者满意，能一直用下去。

无独有偶，同年在广州花都创办了广东劳卡家具有限公司（以下简称“劳卡”）的吴建荣也持有同样的质量信念。这位1998年广东南华工商职业学院工业与民用建筑专业毕业的大学生，有着超出同龄人的梦想与坚持。

年底时，一位广东湛江的经销商因劳卡的产品质量问题投诉到工厂，吴建荣同意对产品全部进行更换重做。当运货车将问题产品拉回到劳卡工厂门口，他召集所有员工在工厂门口列队集合等候。他让每个员工依次上前检查产品的问题，并将问题一一记录下来，然后领着员工，拿起长锤子，砸向一个一个柜子。正所谓不破不立，挥向问题产品的锤子砸掉了劳卡过去对品质的疏忽，也在员工心里播种了对产品质量坚守的匠心，建立起“产品即人品，质量就是我们的面子，质量就是我们的自尊”的信念。

在广州市白云区竹料镇，广州市诺家装饰材料有限公司创始人周伟明携旗下的“LOVICA诺维家”品牌来到这里办厂，从原来的家居装饰设计市场进入壁柜市场。为了吸引消费者，他打出了“意大利·诺维家”的宣传口号，声称是源自意大利风格的家居品牌。

那是个向西方拼命学习的年代，也是消费者以洋为美的时代。许多的房地产项目、建材家居品牌纷纷披上了洋装，甚至直接起洋名字。这在20年后的年轻人觉得不可思议，但被当时的大多数人视为时髦与潮流。你不能怪当事企业浅薄，因为消费者喜欢这样。企业永远不能与消费者为敌。

在远在西南的重庆，29岁的商人唐斌也创立了一个颇为洋气的品牌——玛格（英文名叫MARK，后改为MACIO），主攻的也是壁柜方向。此前，唐斌在经营着自有品牌“现代家”的橱柜，生意也算红火，后来做壁柜的客户比做橱柜的多，他敏感地意识到这是个机会。

这位中专毕业、曾经的公务员有着与其年龄并不相称的沉稳与洞察：“一个家庭只需要一套橱柜，壁柜、衣柜和其他各种柜子数量更多。而且放眼全国，大家的起点都差不多。”（据戴蓓文章《唐斌：归零，站在更高的山峰脚下》）为此，他不惜砍掉了自己的橱柜、地板生意，以壁柜作为开端，慢慢延伸到衣帽间、衣柜，甚至书柜。

不过，数年后，一次意外的遭遇令他意识到广东产业聚集效应的价值，果断在佛山投资建厂，并将运营总部搬至广州。再数年后，他庆幸并骄傲于这个英明的决策，因为在广东这片市场经济的汪洋中，他不但遇到很好的营商环境，而且与不少定制家居的同行成了肝胆相照的朋友和兄弟——后者给了他很多无价的资源、思路和支持，这对一直在大西南孤独探索非标定制的他来说弥足珍贵。

人生，其实就是一个选择题。不同的选择带来不同的命运，而且有时差异巨大。

【年度定制人物】
玛格家居董事长唐斌：
定制信息化探索者

他思想敏锐，明明做代理商时卖的是橱柜，转身创业时却做起了衣柜；他关注用户需要，这使他的玛格成为较早进入全屋柜类（橱柜除外）的品牌之一；他锐意攀登，不但闯入实木定制，还冒着生死危机锐意解决设计与制造的信息化难题；他果断转身，在创业的第五年的一次经历后果断决定，将经营总部和工厂搬至广东；同时，他更是行业难得的思考者之一，认为定制的未来方向将是家装工业化。唐斌显然是定制行业值得一提的探索者之一，在中国定制家居史中，应该有他的一席之地。

2005 人生定向

21世纪初，几乎世界上所有的跨国公司都在关注、热议中国，纷纷前往中国寻求商机，以免错过这个全球最大的新兴市场。在这里，很多商界精英感受到中国的经济活力和巨大潜力。

2005年5月，《财富》全球论坛在北京盛大举办。彼时，这个世界闻名的传媒集团美国时代华纳集团下属的财经杂志对中国的偏爱跃然纸上。

毫无疑问，这次论坛是开办以来规模最大的一次，取得了空前的成功。时任国家主席胡锦涛出席开幕式并发表重要演讲，全球27位政府高官，76家世界500强企业（如通用汽车、丰田汽车、安联风投、花旗集团、家乐福、壳牌、索尼、汇丰银行等）董事长、总裁、首席执行官，847名中外嘉宾和600余名中外记者出席了此次盛会。

这一年中国公司也开始了走出去的全球化进击。其中8

月发生了两件大事：

一件事是百度在美国纳斯达克挂牌上市，开盘当日股价从27美元狂飙至122.54美元，涨幅达到了疯狂的353.85%，创下了美国股市5年来新上市公司首日涨幅之最。这件事开启了一个互联网的中国时代。当年，中国网民数量已经超过1亿，虽然还比不上美国的2亿多网民总数，但中国网民数量只占总人数的8%，而美国的数据已经超过70%，接近饱和，所以互联网的未来当然在中国。

另一件事是中国互联网历史上诞生了最大的一宗并购案——阿里巴巴正式宣布收购雅虎中国所有业务，包括门户网站、搜索业务、即时通信业务及拍卖业务等，同时还获得雅虎10亿美元投资。这场交易让年仅6岁的阿里巴巴声名大噪。

中国互联网是与资本拥抱最紧密的行业，资本支撑了这个行业的持续创新、快速扩张、上市融资与并购整合；相比之下，家具行业则是资本市场乏人关注的存在，尽管它的增长速度也不低，市场需求旺盛，但在大众认知中，它的光芒都被房地产、互联网企业遮蔽了。

正如一个人选择不了出身一样，创业者的选择相当有限，但他们可以选择努力改变命运。作为家具市场中生长出来的新品类，定制家居企业在喷涌的市场之流中肆意地生长着，因其机遇也迎来更多的参与者。他们以各自的擅长阐释着对定制市场的理解，也力求以差异化的定位来获取竞争优势。

当时的定制企业还处于普遍依赖手工操作的阶段，挣扎在生存边缘。很多创始者甚至还没清晰认识到，依托互联网技术的信息化会成为定制行业发展的命门；他们根本不敢想象，12年后的2017年，这个稚嫩、不规范甚至名称都不统一的“行业”竟同时有6家企业密集上市！

人永远无法赚认知以外的钱？这句话其实并不准确。许多时候，世上本没有路，走的人多了就成了路；也有很多人根本没敢想有朝一日能攀登珠峰，但每天迈进一小步，走着走着却突然发现，山顶竟然就在眼前！

2005年，在姚良松的亲自参与策划下，欧派推出“有家，有爱，有欧派”的品牌主张，同时加入成品家具企业的明星代言热潮，聘请蒋雯丽为企业形象代言人，开创了橱柜行业的先河。这一大胆出色的策略、押韵顺口的广告语，以及蒋雯丽知性温婉的形象助力，瞬间让欧派脱颖而出，品牌知名度可谓传遍大江南北。

当年，欧派荣获“广东省著名商标”“广东省名牌产品”，并成为新成立的全国工商联家具装饰业商会橱柜专业委员会执行会长单位，姚良松当选为会长。此时不但欧派规模数亿元、一马当先，而且橱柜这一业态开始备受业界关注，许多如日中天的家电企业如华帝、方太、帅康等纷纷推出橱柜业务。

10多年前，大学毕业后不安分的姚良松曾因餐馆生意失败濒临绝境，为了躲债甚至一度“连住的地方都没有”。1990年他回到广东干起了促销工作，2年后再度不安分起来，再次创业成立一家医疗器械公司，这一次他终于成功赚到了第一桶金。1994年创立欧派是他人生的第三次创业。时光不负有心人，这一次创业将引领他走到人生的巅峰。10多年后，姚良松将登顶成为家居行业的首富。

相比之下，姚良松的师弟、同样毕业于北京航空航天大学的蔡明虽然晚了5年杀入橱柜行业，但好玩喜新、偏爱时尚的他整出的动静也不小。2005年，他开始涉猎整体家装，在北京建立了8000平方米科宝·博洛尼家居体验馆，以“七间宅八总店”的形式，突破性地创造了一种全新的体验式消费，全球首创“家居生活方式体验概念，以设计装修为入口，带动建材、家具以及后期配饰产品销售”的独特模式。

此时的蔡明像个艺术型的企业家，想要全国复制这套“高（端）大（气）上（档次）全（屋装修）”模式。虽然他是最早提出全屋家居体验馆的人，但似乎偏离了规模定制，进入了家装行业。

顺便介绍一下比姚良松小4岁的蔡明。他青年时就像个文艺分子：痴迷过摇滚乐，与20世纪90年代名噪一时的作家石康是高中同学，一起玩过诗歌，还曾是北京航空航天大学一代霹雳舞王……这些经历显然奠定了他1992年创立科宝公司（卖自己创新的拖把、油烟机、排烟柜）、1999年进入橱柜行业后更加不安分的因子：心思敏感的他热爱艺术、设计和创新，也喜欢时尚，对未知充满好奇……这些特点让他在北京很快脱颖而出，但也让他在商业上充满动荡。

这一年，毕业于中国人民大学的汪春俊终于确定了在家具业的奋斗方向，开创了我乐品牌。据说，他对橱柜的兴趣是大学毕业后到广东的4年打工生涯中建立的。1996年，他到香港出差，偶然看到当地橱柜专卖店中展出的时尚产品，一下子被“种草”了，后来辞职在南京创办了“柏家”橱柜。据《扬子晚报》报道，因善于宣传推广，他赚取了人生第一桶金。

创立我乐算是他的“二进宫”。确立了这一事业方向，汪春俊开始做起了减法。他先后把自己原来经营的电子和油漆产业卖掉，关掉家装公司；同时，他在营销打法上更为娴熟和果敢，迅速在南京和华东区域打开了市场。2006年，因其在家具行业中出色表现，他成为江苏省年度“海外（境外）青年来苏创业”典型。2007年，他已在全国拥有200多家专卖店。按《扬子晚报》的报道：“汪春俊旗下的我乐橱柜用了短短不到2年的工夫，市场在南京迅猛扩张，并名列行业前茅。这样‘火箭式’的发展，在南京橱柜界堪称奇迹，引起社会各界广泛关注。”

在当时的汪春俊看来，橱柜行业看起来发展了10多年，但从工业角度讲还很初级：“一些小作坊都能做出相似于欧洲级别的产品，但是行业的工业模式还处于相当落后的境地。”——投20万到50万元的设备就能开个有一定规模的工厂；同时，作为个性化的橱柜，它更像是一个小工程而非一个产品，因为产品附带的信息量非常大，起码几百个信息才能把消费者的厨房描述出来，其中一个信息出错，产品到了消费者家就拼接不出来。

因此他认为，橱柜行业存在从初级工业形式向高级工业形式转化的困扰。这个行业必须工业化，但在此过程中一定要提升综合能力，而非笼统的核心竞争力。（陈勇民：《汪春俊：从加法、减法到乘法》，《扬子晚报》2007年5月31日）

2005年6月，由马礼斌与其合伙人创立的皮阿诺（当时名为中山市新山川实业有限公司，是皮阿诺的前身）在广东中山成立。12年后它幸运地成为“橱柜第一股”，比同年上市的欧派早了18天，比金牌厨柜和志邦家居都早两三个月。

其实，皮阿诺的品牌早在2002年就已出现。当时，由于公司的主业是从事展览展示类业务，橱柜业务只是其想要开辟的第二“副业”，因此早期发展并不顺利，亏损非常严重。马礼斌回忆：“那时候我就是大家谈笑中的‘一个被欠款的大股东’。”

马礼斌1970年生于江西一个贫困农家，师范大学毕业后成为一名教师，后辞职下海，做过翻译以及办公用品代理等各种类型各个领域的工作。1996年他与朋友合伙做了广告设计类公司——主营货架、堆头、POP（焦点广告）等，8年后营收已达七八千万元，赚取了人生第一桶金。

由于进一步发展遇到了瓶颈，加之利润率不高、业务不能复制、客户常常欠款等原因，马礼斌一直在思考突破之道。2002年，他接触到了橱柜领域，认为这是个好产业：一方面从展览展示到橱柜属于从难到易，生产并不复杂，另一方面又有提前收款、可以复制、利润率可观等优势。于是，他和3个从华帝出来的朋友一起投资创立了橱柜品牌“皮阿诺”。之后，因为赴北京大学读MBA，皮阿诺交由其他3个合伙人负责日常经营。

2005年，为了扭亏，马礼斌决定亲自下场，专门做皮阿诺橱柜项目。当时的皮阿诺不过是拥有200万元启动资金、2000平方米厂房和100多人的小工厂。在当时的中山它虽然并不起眼，但在定制家居领域已是规模可观的存在了——当时许多企业甚至还没有建厂呢。

成立于2002年的广州唐龙营销策划机构在2005年成为皮阿诺的全案策划服务商。据总经理包晓峰回忆，当时皮阿诺号称是一个“有法国背景的品牌”，为了快速打开市场，它跟当时的消毒碗柜大王康宝合作，以皮阿诺·康宝品牌拓展市场。

在公司创立后的前5年，皮阿诺是在一片质疑声中成长起来的。马礼斌回忆："我们其实是被骂大的。因为早期的定制是没有国标的，企业也是在不断探索。定制是一块块板件拼接组成的，我们首先从消费者那儿拿图纸，量好尺寸之后再生产，整个过程在初期都不是很规范，加上定制的流程比较长，涉及的材料比较多，所以只要任何一个订单的任何一块板件出问题，就会影响整个交付。甚至少一个螺丝，消费者都会打电话投诉。创业初期，几乎每天要不停地处理各种售后补单问题，情绪压抑。"（张良：《皮阿诺董事长马礼斌：让小空间成就大模样》，《上海证券报》2019年5月14日）

2005年，在地处内陆地区的河南郑州，创业6年、42岁的大信家居董事长庞学元下定决心，要自行攻克摆在整体橱柜定制路线上的信息化难题——其中的两大重点分别是设计系统和制造系统。这是他筹备已久、思虑最深的重大工程。

在他看来，没有伟大的企业，只有时代的企业。做企业一定要走在时代的前沿，要怎么做呢？唯有创新。

此时，创立6年的大信家居已经收集10万个家庭数据，归类出6000多种国人喜欢的经典套型。他将此梳理归纳、交叉对比和分项合并，归类生成了无数个原始标准化模块。其间，他不仅要研究人体工程学，研究器皿——比如放在柜子里的所有物品的大小、形状、高度等，还要研究房子和家具的关系、国人的生活习惯和生活方式，最后甚至要研究考古生活的历史……庞学元似乎把大信家居当成了一个研究所，而非仅仅是一门生意。

功夫不负有心人。年底，大信家居的设计软件和ERP（企业资源计划）系统第一版成形。这项研究的副产品成果更丰——多年后，这里竟然诞生了5个“大信”冠名的博物馆：郑州大信厨房博物馆、郑州大信明月家居艺术博物馆、大信华彩博物馆、大信启源非洲木雕艺术博物馆、大信当代艺术博物馆，形成了一个国内罕见的博物馆聚落。

此时，在重庆创业的唐斌很快就不安分于只做衣柜了，顺应消费者的需求，2005年他将业务延伸至书柜、壁柜和整体家具。一心要寻求差异化经营的他选择了“非标定制”这条较难的赛道，后来又瞄上了实木家具这一更细分的品类。

此时的唐斌和大信家居庞学元、我乐汪春俊等创业者一样强烈地感受到，要做好定制必须建立信息化系统，很快他也踏上了技术攻关之旅。

一直在厦门迅速发展的金牌厨柜，此时也意识到信息化是定制家居的必然选择。根据媒体报道：“从2005年开始，金牌厨柜迈向了‘信息驱动’的进程，企业ERP系统率先采用银行系统做法，工厂管理采用超市二维码管理模式，打通订单流、现金流和信息流，这一系列举措奠定了金牌厨柜的互联网基因。”

两位创始人温建怀和潘孝贞是初中同学、高中同桌。工作之后，一个从事房地产，一个做金融。据媒体报道，商机是业余时间玩建材生意的潘孝贞发现的，他认为：“随着住宅集团化发展，定制化的橱柜行业前景看好。”于是就拉在厦门建行工作、已是中层干部的同学温建怀探讨。两人对创业一拍即合，先从兼职代理一家本土橱柜品牌开始，几个月后两人辞职“下海”，利用自有积蓄加上多方拆借筹措来的总计二三十万元资金创立了金牌厨柜。

金牌厨柜的“厨”和一般橱柜行业的“橱”是不一样的，少了个“木”字旁。显然，它的目标是要做整个厨房领域的领先者。

尽管定制模式看起来很美——先收款后供货，但置身其中的创业者很快就会发现，前行的道路既险且阻，要想达到快乐的彼岸，首先必须经历血与火的考验，这里面的最大困难不是建渠道卖产品，不是服务链条的复杂和艰苦，而是打通信息化、数字化以及智能化的漫长苦旅。

彼时，定制的工业化一直是个世界难题，因为它是从根本上“反工业化”的——历史上它是纯手工定做，因此无法解决规模问题；西方虽然有所探索，但主要思路在于用局部模块化、手工化解决部分个性化消费问题。

相比之下，定制家居的复杂程度就急剧增高了。它面临几大特点：尺寸不同（甚至还有异形）、花色（主要指面板）不同、配件不同，这些特点意味着每户家庭购买的产品均不一样。这种根本的不同在企业规模不大的时候还可以勉强靠人工支撑（相当于手工打制家具，彼时的人工成本也较低），一旦达到一两个亿的规模，没有信息化的支撑，根本无法完成生产和交付。

对于建材家居行业的大部分企业而言，信息化只是重要而不紧急的战略工具；对于定制家居企业而言，信息化则是它们生存和发展的必须，也成为其早期成长的最大瓶颈，很多企业因此陷入增长徘徊和前途迷茫，只有少数先知先行且成功者脱颖而出。

奇妙的是，这可能是这个行业迅速后来居上、对其他家居行业形成“碾压”的关键所在。

【年度定制人物】博洛尼董事长蔡明：企业艺术家

马云曾问他："你是商业艺术家还是具有艺术情结的商人？"于丹说他是"先锋与怀古并行、极度混搭的鬼才"。相比企业、家具和成功，他更爱艺术、设计和创新。这让他很早就名声大噪，与国内外文化艺术名流结缘，但也让他商业之途坎坷，成为一名"孤独的追光者"。尽管在规模上他创办的科宝·博洛尼有些落后，但这一品牌在高端品牌领域绝对是一面亮眼的旗帜。作为一个企业家，蔡明不能算特别出众，但作为一个企业艺术家，他几乎抵达巅峰。无论如何，这是一位性格鲜明、追求极致、敢破敢立的定制创新人物。

2006 展会营销

20世纪末，住房商品化的改革迅速催生了建筑装饰装修业，为之服务的建材家居市场也进入发展的快车道。据不完全统计，1999年，全国成规模的建材家居市场（面积在1万平方米以上的）迅速增加到300多家，比1995年的几十家增长数倍。

与此同时，欧美的建材超市模式纷纷抢滩中国。1999年，世界知名的建材家居巨头——英国的百安居、德国的欧倍德率先进驻。21世纪初，伴随着房地产和建材家居步入黄金年代，瑞典的宜家（2002年）、法国的乐华梅兰（2004年）、美国的家得宝（2006年）鱼贯而入。它们不但带来大量的资金、先进的经营管理思想和现代化的技术，还打通了进入国际市场的通道，加速了国内建材流通体系的繁荣和发展。

值得一提的是，国内企业也在积极参与市场发展和竞争。1999年3月，全国华联商厦联合有限责任公司、北京中天基业投资管理有限公司等33位股东共同投资设立的大型国有控股股份制企业——北京居然之家投资控股集团有限公司成立，注册资本8100万元。它将目标瞄准日益红火的家居建材市场，建成融家装设计中心、家具建材品牌专卖店、建材超市、家居商场等多种业态为一体的大型家居建材主题购物中心。10多年后，它和之前成立的月星集团（1988年成立于江苏常州）、2007年成立的上海红星美凯龙竟以自己的家居卖场模式，成功地取代本土的批发市场和国际建材超市模式，成为赢家。

进入新世纪，中国城市商业地产也日渐兴旺起来。从2002年开始，中国购物中心每年新增100余家，增势比较平稳。2006年，中国购物中心进入蓬勃发展期，一线城市为主的购物中心已提早步入发展的细分期，主题型、一站式、娱乐化的购物中心大量涌现，购物中心开始从市中心核心商圈向城郊地区非成熟的新兴商圈扩散；“发展中”的二线城市的购物中心也开始冉冉升起、崭露头角。谁也不会想到，数年后，定制家居的个别企业成功将专卖店开进了这些购物中心。

楼市旺销带来的对建材家居市场的旺盛需求，带动着越来越多的人进入这一行业成为商家。他们往往加盟一个品牌，很快就在本土成为人生赢家，引来更多拥有发财梦的效仿者。他们奔赴引领改革开放之先的广东，因为这里不但是建材家居企业的集中地，而且是展会经济较为发达的地方，毕竟，参加展会是寻找合作品牌的成本最低、效果最佳的方式，对企业何尝又不是如此呢？所以越是成长早期、不够发达的市场，对展会的渴求越大，展会的效果也越好。

如今已是世界上建筑装饰领域展览面积最大的展览会——中国（广

州）国际建筑装饰博览会［以下简称“中国建博会（广州）”］于1999年诞生于广州。它由国家商务部下属中国对外贸易中心（集团）旗下的全资子公司中国对外贸易广州展览总公司承办，是会展行业中的“国家队”。当年它在广州越秀区流花展馆破土而出的时候，展馆面积只有1万平方米（现超过了41万平方米），仅仅辐射华南区域市场，仍吸引了数百家家居建材行业大咖前来参展。

当时还在橱柜行业打工，后来创办科凡的林涛回忆：“早期的建博会几乎（都）是广东企业，大家讲粤语。”

重要的是，它恰好迎着时代和产业的风口，用主办单位中国对外贸易广州展览总公司总经理刘晓敏的话说，是“生逢一个伟大的时代”“扎根一个蓬勃发展的产业”。1999—2004年，中国建博会（广州）不断扩充产品品类和行业，2004年搬迁至广交会展馆，到2010年已发展成为权威性的建材家居盛会。

无论如何，2006年前后是展会效应迅速发酵的时间节点，原因有三：第一，伴随着商业地产、专业卖场的发展和繁荣，原来的五金建材批发市场开始没落，基于卖场的专卖店模式取代原来的批发模式，逐渐成为家居建材产品主要的流通渠道；第二，主流的定制家居品牌基本上都已经出现（科凡当年诞生于广东佛山顺德）并完成初期积累，它们迫切需要“跑马圈地”，面向全国招商和扩张；第三，参会的品牌收获甚丰。比如2005年参展的尚品宅配就成功签约了30家加盟店，科凡在2007年首次参展就招了63家加盟商。这显然大大刺激了企业的参展热情。

2007年7月，成立3年的玛格第一次亮相中国建博会（广州）这样的全国大型展会，公司全员乘大巴车从重庆到广州，虽然经验不足、挑战颇大，但收获更大。唐斌声称：参展对品牌影响力、团队能力等多维的提升远超预期。这也是玛格后来连续10多年参展中国建博会（广州）的原因之一。

据说，在更早期的中国建博会（广州）上，弱小的定制家居企业基本不受待见。诗尼曼董事长辛福民曾回忆："我还记得诗尼曼第一次参加行业展会的情景，定制家居企业只能依附在五金展里一个约30平方米的小展位进行，甚至有的定制家居企业展位还处于展馆负一层很不显眼的位置。过去，消费者不知道定制家居是什么，展会组织方也不愿意提供固定的展览位置。定制家居的发展十分窘迫。"

索菲亚创始人江淦钧在回忆与中国建博会（广州）渊源时说道："刚开始参加的时候是我们一家，参加展会的人不知道我们这个行业是做什么的，那个时候想通过中国建博会（广州）招商、找客户也不太现实，因为这个行业还没有形成。后来慢慢到了2007年、2008年的时候，比较多的品牌出来，来中国建博会（广州）参展的也多了，招商的过程变得比较容易。大家都认识了这个行业，觉得这是一个新的、有发展的行业，所以2007年、2008年是定制行业开始起飞的阶段。"（《索菲亚江淦钧：坚定全屋定制发展方向，从未怀疑过自己的选择》，新浪家居2018年7月4日）

即便到了江淦钧所说的"起飞"阶段，作为柜体派的代表企业之一，劳卡首次参加中国建博会（广州）时，也不过只有9平方米的展位。但这样的条件已经让他们兴奋不已。毕竟参展也是需要实力的——从租馆、装修再到人员的各项开支加起来，一次要花费数十万元，像9平方米这种“简陋”的也需数万元。

2006年值得提及的有几件大事。一是国家层面的：1月，中共中央、国务院作出《关于实施科技规划纲要增强自主创新能力的决定》，提出努力建设“创新型国家”的口号。尽管它似乎距离企业遥远，却反映出国家层面战略思考。

二是行业层面的：欧派成立了集成家居公司，宣布正式进军整体衣柜行业（有说法是欧派衣柜项目2005年立项，2009年正式推向市场参与衣柜竞争。在此之前，欧派和索菲亚甚至存在一定的合作关系，互相介绍客户）。此时的欧派是营收接近10亿元的中型企业，它的加入非但没有让衣柜业感到恐慌，反而大大提升了后者的影响力和地位，反证了衣柜市场的强大潜力；同时，这也标志着橱柜和衣柜两个定制“水系”开始合流。

2007年第一次参加中国建博会（广州）的玛格对此印象深刻，董事长唐斌回忆：“最初参展的时候，我们这个行业还跟橱柜在一个馆。”

所以，定制家居衣柜企业几乎是跟着中国建博会（广州）一起成长起来的，行业从寂寂无闻到崭露头角再到现在的百花齐放，中国建博会（广州）慢慢地变成定制家居企业最重要的品牌展示和营销平台之一。

就在欧派尝试进入定制衣柜市场之际，一直在橱柜行业打拼的林涛也选择了创业，在家具重镇顺德创立了科凡。

由于在橱柜行业丰富的经历，科凡创建之初，林涛最初的想法是做橱柜门板。在与业界交人士流过程中，橱柜界一位“教父”级人物、雅嘉橱柜董事长李保童点醒了他：不要再做橱柜了，你对橱柜已经走火入魔了。橱柜界现在都在思考怎么做衣柜……橱柜市场无论规模还是优势都已经很成熟，从零开始并不是那么容易追赶上的，而此时的衣柜市场却是正在兴起的蓝海。

当年，科凡还在中国最权威的行业媒体《中国橱柜报》上发布了一则广告："中国第一位家居整体化、家具橱柜化倡导者——科凡。"随后，它迅速调头切入了衣柜赛道，直到2015年才重新杀回橱柜市场。

命运的选择往往很奇妙，有的人不熟不做，有的人善于把握先机；有的人蓄谋多年，在战斗开始前突然转向；有的人兜兜转转，经年之后仍回到起点。所谓生意，原本就不是赚钱那么简单，它富含着人生的意义。哪怕是风驰电掣的一瞬间，都饱含着对企业的创新和再造。

2006年，在广东中山，很快，马礼斌提出了雄心勃勃的"41618计划"，即"4年做到1000个专卖店，6年成为行业的第一集团军，做到8个亿的产值"。他把皮阿诺当作自己的品牌梦，全力以赴，不知疲倦，也因此被人称是"一根筋"。对此，马礼斌却不以为意，反而觉得一根筋是好事。他把一根筋的执拗坚持了下去，延续到皮阿诺的产品研发、服务等各个环节，他说："只要是消费者有需求的，我们就一根筋做到底。"

他顽强坚持了下来，沉下心将重心转向研发。2017年，当皮阿诺在深交所上市，当年同期中山家具行业差不多规模的工厂很多已经湮没在时代的潮流中。马礼斌感慨地说："感谢自己、感谢皮阿诺家人（指员工和经销商），感谢我们坚持的'一根筋'，才有了今天的皮阿诺。"

【年度定制人物】
皮阿诺董事长马礼斌：
成功只需“一根筋”

成功靠什么？马礼斌以自己的经历证明，“风口”的选择可能会经历失败，唯有承担与勇敢才能将机遇拉至正途；梦想看似宏大遥远，执着的脚步总能历经岁月丈量完成。他紧紧抓住产品是消费者满意的根本，向着自己的梦想王国攀登：要“让男人爱上厨房”，要让家居既科学又富有艺术，要在浮躁的市场环境中寻求“简单”。这便是他的“一根筋”哲学：言必信，行必果，已诺必诚。

2007 潜流融合

据财经作家吴晓波的观察，在改革开放的历程中，宏观调控——20世纪90年代之前称为治理整顿——是一个具有鲜明中国特色的名词，“它几乎每隔3~5年就会出现一次，而且历次宏观调控只宣布开始，不通知结束”。

宏观调控的主要目的之一是管控经济过热造成的能源或资源紧张。人们没有想到的是，尽管2003年遭遇了SARS这样的疫情冲击，当年的经济增长不但丝毫没有受到影响，而且达到两位数——10.0%。

到2006年年底，新一轮始于2004年春夏的宏观调控似乎基本结束。尽管调控对部分企业带来巨大的冲击，让名噪一时的德隆集团轰然倒塌，让铁本这样的民企意外身亡，让中国股市遭遇历史的冰点，但丝毫不影响经济的继续加速：2004—2006年中国GDP的增速分别是10.1%，11.4%，12.7%。

到2007年这一年，这一数字达到阶段性的高峰——14.2%！

尽管人们心酸于中国制造的廉价——销售10亿双袜子才能购买一台国外客机，大多产品甚至没有自己的品牌，但这些商品如洪水一样涌向全球市场，令各国恐慌，反倾销行为此起彼伏。曾经西方盛行的“中国崩溃论”渐渐消失，取而代之的则是“中国崛起论”。2006年，随着《大国崛起》系列纪录片在央视播出，与当年詹姆斯·金奇的畅销书*China Shakes the World*（《中国震撼世界》）遥相呼应，这一话题达到高潮。美国《新闻周刊》用确定的语气说：“中国崛起不再是一个预言，它已经是一个事实。”

这一年，中国的GDP不出意外地超过德国，成为美国、日本之后的全球第三大经济体。其间，股市上演了自1999年以来的“全民狂欢”——一度突破6000点；房地产行业的造富传奇更令人瞠目。

仅仅这一年，很多城市的房价涨了一倍，甚至2~3倍。赚钱赚到手软甚至有些“不好意思”的地产商们接替互联网企业家成为财富榜的新贵。最典型的是美国《福布斯》中文版的“中国富豪榜”，当年榜单的前4位均为大地产商，分别是碧桂园的杨惠妍、世茂集团的许荣茂、复星国际的郭广昌和富力集团的张力。其中，接替父亲杨国强管理碧桂园、26岁的杨惠妍成了新上榜中国首富。此时的她仅仅加入碧桂园工作2年。

如前所述，碧桂园2004年才从佛山和广州出发，开启珠三角地区和全国化的进军步伐。也就是说，仅用了3年时间，碧桂园就完成了从区域开发商向中国知名房企的跨越。房地产带来的暴利既令人羡慕，也发酵出制造业的不满和社会有识之士的担忧。

很快，人们就被年底阿里巴巴上市所引发的抢购风潮和创始人马云的传奇故事吸引了。

在这个高歌猛进、传奇涌现的时代，空前的经济活力和严重的环境污染并存，加速的城镇化被房地产洪流裹挟，创富热情和投机心态催生出传奇故事，也引发了膨胀的公司市值和经济泡沫……但这一切距离定制家居业十分遥远。

不用着急。这是因为，属于它们的时代要在10年之后才能来临。

随着市场需求的旺盛、企业销售网点的快速增加，强调个性定制、服务贴心的家具企业获得了消费者的欢迎，销售规模快速增加。然而，当规模到达一定程度，企业生产和服务开始遭遇致命难题：大量的错误出现，导致货品根本无法发出，企业陷入瘫痪。

《尚品宅配凭什么？》曾记录了一件典型的生产危机的故事：随着某信息化技改项目的启动，仓库大乱，工人们找不到相应的部件，仓库根本发不出去货，生产的新品又进不去仓库。后来他们干脆停止生产，采用最笨的办法，全体员工齐上阵，将货件一一扫描分类、搬运至新仓库。这场危机持续了20多天才算平息。

繁多的非标单量、庞大的数据处理需求，让原始的人工量尺、人工设计、人工拆单、半人工生产等服务和制造方式力不从心，解决信息化难题，尤其是设计端和制造端的信息化成为定制家居行业成长的关键议题。因此，解决后端问题，突破规模化瓶颈，成为决定定制家居行业是否能够有更广阔发展空间的关键点。

2006—2007年，定制家居的几个企业不约而同进入“练内功”阶段——把目光瞄上了信息化。玛格的唐斌干脆直接与软件公司的人员一起熬夜，公司几度濒临散伙，终于推出自己的设计软件；欧派也“进行了制造系统初步信息化改造”——虽然具体内容不详，媒体也没有相关报道。

尚品宅配很快发现，国外流行的OEM模式根本无法适应定制模式，于是它放弃了一度秉持的“轻公司”模式，2006年起依托自己的软件能力，建设自己的定制家居工厂，同步进行信息化升级改造。2007年它已开始建立拥有全国数千楼盘、数万房型数据的房型库，再将之拓展到“产品库”和“空间解决方案”。显然，尚品宅配瞄准的不是设计软件，而是更高效的个性化设计和更长远的“尚品云”——设计师不需要费心设计，靠系统就可以轻松搞定。

也是在2007年，索菲亚通过引进先进的生产设备、以及创新地采用“标准件+非标件”相结合的模式，实现了“柔性化生产”，声称“解决了个性化定制需求和规模化生产之间的矛盾”。尽管看起来它的技术不如尚品宅配、但因为创始人的开放分享，它带给行业的震撼与影响超越了后者，成为很多企业的前进范式。

这一年，橱柜行业的老大欧派销售额历史性地突破10亿元大关，而衣柜行业的老大索菲亚还不足2亿元（也有报道说“不足1亿元”，可见生产制约之痛）。

由于信息化与生产系统应用的推进，制约定制家居企业快速成长的瓶颈得到一定程度的缓解，行业的发展进入高速增长期。其中，衣柜行业终于迎来了自己的黄金时代。仅以索菲亚为例，销售额从2008年的2.02亿元到2011年的10.4亿元，已接近欧派的一半——其营收在4年间就增长了4倍！

值得一提的是，一名叫王飚的年轻人加入了索菲亚。在后来的10年里，他担任营销中心总经理，基本上一直主管营销系统，陪伴索菲亚经历了从销售额一两个亿到70多亿元的辉煌历程。这段经历也让他后来成为定制家居行业的明星经理人。这是一个企业和经理人互相成就的佳话，咱们以后再讲。

信息化应用带来的生产力效应如此巨大，促使索菲亚、尚品宅配、大信家居、玛格等在内的企业不断加大投入，从而真正将定制家居行业带向中国原创的新高度，让其展现出前所未有的魅力和特质，吸引了包括成品家具、五金、家电等在内的行业以及社会的目光。2年后的2009年，时任广东省委书记的汪洋在参观完尚品宅配后感慨地说："如果说我在东莞看到的是曙光，那么在这里看到的就是朝阳。"彼时，成立仅有5年的尚品宅配一跃成为广东省经济转型升级的典型之一。

尽管早有先行者如玛格、维意定制积极地探索衣柜之外的柜类定制，但随着欧派杀入衣柜市场，橱柜、衣柜之间的品类界别正迅速变得模糊。其中，最积极推动橱柜、衣柜融合的是维意定制和尚品宅配。2007年，一直锐意创新的欧阳熙宣布进军"全屋家私定制"，将橱柜业务率先纳入产品序列，实现了维意定制体系内的橱柜、衣柜品类合流，"让维意定制实现了从衣柜品牌到定制品牌的跃迁"（据连讯社自媒体文章《维意定制欧阳熙18年追光路——以心为意，向光而行》）；尚品宅配则在当年7月将"3室2厅大生意"首次亮相中国建博会（广州）展馆，打出"3房2厅家具全定制"的口号。现场，消费者常用的家具——大至橱柜、衣柜、厅柜，小至鞋柜、床头柜、电视柜等——都可以在尚品宅配的主题展厅中看到实景，都可以实现定制。

事实上，维意定制和尚品宅配也是率先提出全屋定制的品牌——它们也的的确确很早就做到了“抛却门户之见”。此时的欧派衣柜还是其微不足道的小型事业部，在橱柜之外单独运作；距离索菲亚通过引进法国司米橱柜进入这一市场还有7年；好莱客2018年才正式进入橱柜业务，当年营收仅2470.43万元；到2021年，玛格衣柜营收占比仍高达九成……可见，尽管全屋定制在2007年发轫、2012年就成为行业流行的口号，但直到2016年才成为行业共识。在此之前，事实上橱柜、衣柜之间的分野一直相当明显，其实质性融合经营的过程仍是先锋企业的探索。

业内人士、玛格董事长唐斌曾在接受媒体采访时将定制家居的发展划分五个阶段：“从2000年到2005年的‘定制衣柜阶段’，那个时候大家都做衣柜单品；从2005年到2010年的‘定制家居阶段’，开始从衣柜扩充到书柜、玄关柜等品类；随后从2010年到2015年的门、墙、柜一体化的‘全屋定制阶段’；接下来是从2015年到2020年的‘大家居集成定制阶段’，以空间为产品给用户一个完整的全屋空间定制解决方案；最后则是家装工业化及智能家居阶段。”

如果以此论之，那么在2010—2015年，行业的所谓“全屋定制”风潮基本上要剔除橱柜一项，更像个“伪全屋”的概念——至少在尚品宅配（维意定制）看来就是如此。但考虑到从衣柜一项扩展至厨房以外的所有全屋柜类定制（有的还包括门、墙），这种提法亦是情有可原（所谓的全屋定制大多由定制衣柜企业跟进、鼓噪而来），毕竟，相对于更为保守、很晚进入衣柜市场的橱柜企业而言（欧派除外），定制衣柜企业的扩张冲动更为明显，整合创新力度更为强劲。

此时，衣柜企业俨然已与橱柜企业并驾齐驱，成为行业变革的重要推手，数年后甚至成为定制家居这一行业流派的核心力量。

如果以这样的标尺评价尚品宅配（维意定制），其几乎是唯一真正实现橱柜、衣柜全面整合的定制家居企业，在技术上领先同行近10年。这是它能够跻身定制三巨头的强大优势所在。不过，它在规模上一度与欧派、索菲亚的差距仅在一步之遥，但终究没能实现赶超，反而与欧派的距离越拉越大，可见技术并非经营成功的决定力量。

在市场敏感度和经营扩张能力上，欧派绝对是“雄心勃勃”。早在2003年它就进入了卫浴行业，以定制浴室柜、定制淋浴房为主要产品，探索全卫定制，比卫浴企业提早了10多年；2006年，它又宣称推出整体衣柜产品。2009年衣柜正式上样销售，到2015年这一数字猛增到13.37亿元，6年增长了6倍多（不过索菲亚这段时间增长更快，2015年达31.96亿元，增长了近10倍）。

不过，相对于尚品宅配（维意定制）的全屋定制集成专卖店模式——橱柜衣柜一齐上，欧派是典型的产品事业部形式，衣柜以集成家居事业部的名义单独存在，而且在市场上也是单独开店；索菲亚的品类扩张比较审慎，在经营模式上与欧派类似。这体现了尚品宅配在技术上的先进性——2015年欧派力推大家居模式一度陷入困顿就是与此有关。但是，欧派模式反而有利于实现渠道的精细化覆盖，有效调动经销商的潜力，从而在市场销售上实现领先（尚品宅配模式则对经销商提出了太高的要求，因而相当数量的店面必须走自营模式）。

2007年，定制家居领域又来了位跨界品牌。它就是顶固。自2005年顶固五金跻身行业三强后，虽然业绩还在上升，但林新达深感家居行业产品单一化的规模瓶颈。这时，他的视野已经从原来的五金急速扩大至家居，后者的市场足够庞大，而自己已经掌握了定制衣柜的核心部件——五金和滑动门，杀入似乎顺理成章，只是时间问题。

即便如此，他的想法也在公司成员和家人中间遭遇了强烈的反对。最终企业家的精神力量占据了上风，2007年，顶固正式进入定制家居（衣柜）市场。

尽管看起来市场很美、模式很好，投身其中的林新达很快便发现，定制衣柜的实际门槛要比想象的高出很多，远远高于他所熟悉的建材批发和五金生意。一个具体的指标是，10年后的2017年，顶固的定制衣柜及配套家居实现销售收入4.7亿元，这个数字几乎相当于刚刚度过行业的“从0到1”阶段。

此时，中国的改革开放已有30个年头。其带来的成果国人也许觉得理所当然，却巨大到世界难以置信：GDP已由1978年的3645亿元迅速跃升至2007年的265810亿元，增长了71倍多，在世界主要国家中的排名由1978年的第10位上升到第4位，仅次于美国、日本和德国。人均国民总收入由1978年的190美元上升至2007年的2360美元，也增长了11倍。2007年，我国的进出口贸易总额21737亿美元，相比1978年增长104倍，在世界贸易中的位次由改革开放初期的第32位上升到2004年以来的第3位。外汇储备已经从1978年的1.67亿美元扩大到2007年的15282亿美元，稳居世界第1位。

接下来的一年应该是隆重庆祝的时刻。不过，埋头前进的中国似乎没有这份炫耀的心情。倒是财经作家吴晓波，以饱含诗意又不乏客观深刻的深情、纵横捭阖又不乏细致入微的笔触，出版了洋洋洒洒的史诗般著作《激荡三十年：中国企业1978—2008》。

【年度定制人物】
顶固创始人林新达：人生是一场自我竞赛

林新达有着超强的能力，无论经商、做五金、转型定制，他认准的事情都能很快达至成功。这种迭代能力不能简单归结为运气或勤奋，还要有足够的智慧、决心和率领团队“战之能胜”的能力。同时，这更是人生的一场自我竞赛。在竞赛中，我们看到林新达的创新能力，看到他的企业品牌使命，同时也能看到他燃烧的勃勃雄心。

2008 定制共识

2008年，大悲大喜交加。

春节前，罕见的暴风雪袭击了中国南方，严重的低温雨雪冰冻灾害令高铁、公路等交通一度陷入中断。后来，又发生“5・12”汶川大地震，举国上下陷入悲痛和哀伤。

再加上环境污染带来的严重雾霾，一度让中国第一次举办的奥运会蒙上诸多担忧和阴影。美国驻华大使馆从这一年开始自行发布PM2.5指数揶揄中国；8月抵达北京的4位美国运动员戴着口罩，让热情好客的国人心凉……

但是，诸多的天灾和令人不爽的插曲依旧没能掩盖北京奥运会的耀眼光芒。精彩绝伦的奥运开幕式惊爆了世界的目光，打破43项世界纪录和132项奥运纪录的体育比赛、数万志愿者周到的服务和开心的微笑、细节精心的创意和安排……这场“无与伦比”的奥运会向世界尽情展示华夏五千年的文明和13亿人口的当代中国，赢得了世界人民的广泛关注与赞誉。

奥运会对中国的意义绝不只是文化体育上的。它也给中国经济带来巨大的推动，奥运红利持续发挥影响。自此之后，“大国崛起”不再是一个话题，而演变成一种共识。

然而，即便置身于这个巨大的上升通道中、历史性的国家崛起中，每个人的感受都是具体而微的、受各种因素波及的。喜悦和悲伤常常交织，成就和失败一起并行，大千世界构成的复杂和无常时时会遮蔽世人的眼睛，喜悦和乐观的情绪往往不能持续太久，悲伤和悲观却常常久萦于怀。

这是少有的如此跌宕起伏的年份，简直如过山车般惊险刺激。即使如此，2008年的GDP增速依然达到了9.7%，整个国家在轰隆隆不断前进。

诗尼曼所在的广东省是建材家居制造大省，亦是受金融危机影响最大的省份之一。在董事长辛福民的眼里，国家对大中城市房地产行业的宏观调控没有波及自己，相反，“2008年金融危机，我们厂房扩张7倍，当年销售增长80%多，那是唯一一次增长率超过80%的一年”。这背后的重要原因是，从2003年创立开始到2008年的5年时间里，诗尼曼始终把重心放在生产建设上，努力修炼内功，有力释放了产能，造就了其在2008年的厚积薄发。

如前所述，由于对企业柔性制造的要求，定制家居行业成为家具这种传统制造业中最早拥抱信息技术的细分领域。尚品宅配在佛山南海的工厂改造虽然还在继续，但已经初露峥嵘，引来不少参观学习者。这一年，尚品宅配对生产线进行了信息化改造，通过拆单、“让机器指挥人”、混合排产等措施，做到了“生产100个不同柜子的成本，可以和生产100个相同的柜子没有区别，甚至更低”。

尚品宅配又开发了能满足消费者全屋家具需求的第一套“元产品”系统。该系统由4000多种“元产品”组成，形成了丰富的“元产品”库。这样一来，消费者像“试衣服”一样挑家具，系统则可以快速制定设计方案；同时，敏感而又执行力超强的尚品宅配忙于上线新居网，率先进军线上渠道展开O2O营销，竟很快成为C2B+O2O模式的先行者……

李连柱说：“我们从来没想过自己做的事有多伟大，只是心里一直都装满了顾客，一直在思考如何去满足他们。就这样坚持走着走着，忽然有一天‘奇迹’就发生了。”（段传敏、徐军：《尚品宅配凭什么？》，浙江大学出版社，2013年6月版）

2008年，他们还在黎明前的黑夜里埋头探索，为这样那样的事情殚精竭虑。经历了一年股票市场的大涨大跌、大喜大悲，中小企业融资难的问题再度浮现，创业板呼之欲出但远水难解近渴。虽然定制家居企业并不缺钱，但想要发展，花钱是必须的，尤其是要解决令人困扰的产能矛盾、不断增加的信息化渴求……动用的资金并非小数，仅靠原始积累总有捉襟见肘之困。

公开资料显示，2012年，尚品宅配的营收达到7.42亿元。按媒体公开报道，“自创立以来平均每年增长50%”，那么倒推下来，2008年的尚品宅配营收应该在1.5亿元上下（比索菲亚的2.02亿元少了数千万元）。按照10%左右的净利润率，此时的尚品宅配虽然“长势喜人”，但是赚钱能力不如圆方（事实上，此时的圆方营收已达6000万~8000万元，利润率绝对不低于尚品宅配。周淑毅此时还基本坐镇圆方，同时兼任尚品宅配的技术总监和工厂信息化的总负责人）。谁又能想到，仅在1年之后，它就名声大噪，成为广东省转型升级的标杆企业呢！

在橱柜行业，欧派3月在珠海高调召开欧派2008年营销年会，参加会议的包括直营和加盟连锁系统的1000余名经销商代表。会上欧派首次对外公布了震撼整个家居产业的“新巅峰计划”，包括“蝶变2008”“飞飚2009”“炫动2010”，“力争再一次以3年年增长率超过50%的强行军，再登新的巅峰——总产销达到30亿元”。此时的姚良松已经关注到前进路上的种种困难，他的策略是迎难而上——继续发起“冲锋与反冲锋、挤压与反挤压、突破与反突破”的强力争夺；具体策略则是加大营销力度，年初宣布的预算资金投资比去年增长1倍。

网上流传的一篇文章记载：“2008年金融危机期间，不少经销商撑不下去，就连上海最大的经销商都要撂挑子。说时迟，那时快，姚良松振臂一呼，马上发出紧急召集令，3000名经销商齐聚欧派会议室，姚良松现场宣布‘拿出1.5亿现金搞促销’。”这种面对困难、危中寻机和坚决追求胜利的态度在欧派的历史中频频出现，成为欧派一直高速成长的精神力量。

这一年，孙志勇和许帮顺联合创办的志邦家居迎来了10岁生日。从“志邦”的名字可以看出，这是一对黄金搭档的传奇故事。奇妙的是，他俩都是1972年出生，且都有在合肥彩虹装饰工程公司就职的经历，两人凭借同事的缘分于1998年创立志邦家居，2003年开始走出南京开辟更广阔的市场；2004年，志邦家居在国内首创“写真厨房”；2006年，志邦家居橱柜产品“爱琴海”“米兰印象”获当年中国橱柜设计金奖；

2007年，志邦家居橱柜跻身中国橱柜行业10强，并在当年实现销量过亿元的突破……在10年的创业征程中，两人分工协同，合作渐入佳境，迎来企业发展的高潮。

2008年，合肥志邦家居获得中国环境安全认证协会授予的中国环境标志产品认证（十环认证），成为橱柜行业首批获得该认证的企业。这时的孙志勇在推进一个更大胆的战略计划——3年10亿、10年100亿。面对金融危机造成的经济低迷，他非但没有退缩，反而认为志邦家居的机会来了。

在东南部的厦门，此时的金牌厨柜似乎大事连连：它骄傲于6项外观设计专利和7项实用新型技术专利，成为获得国家专利最多的橱柜品牌，一期产业基地——占地50亩、建筑面积近40000平方米的同安新工厂落成投产（其中橱柜集成车间的单体面积达20000平方米，号称中国橱柜行业最大的橱柜集成车间），正式亮相央视CCTV-2经济频道两档强势栏目《经济信息联播》和《交换空间》，以此为契机，开启全国性的品牌推广运作之路……

这一年，定制行业又迎来一位实力雄厚的跨界者——中国音响界的教父级人物杨炼。他1989年毕业于重庆大学无线电系专业，担任过丽声CAV、爱浪、美加等知名音响品牌的总经理。2008年创办广东威法定制家居股份有限公司（以下简称“威法”）是他第三次创业。此时的杨炼瞄准了定制橱柜这一广阔市场，立志余生再度打造一个高端品牌——这在当时几乎是乏人进入的领域，竞争者寥寥。

相比橱柜行业的成熟稳健，此时的衣柜行业一直像个杂牌军，不但军容不整，而且旗号不一，甚至在“定制”还是“订制”上各执一词。不过，进入2008年，部分企业开始在一个重要的名号上达成共识——定制。这一年，玛格提出了“定制家居”的概念，尚品宅配提出“全屋家私数码定制”、雅迪斯提出“全房家具定制”……定制开始从之前终端的促销噱头（特色）、营销模式，上升为重要的品类。

说起来，定制是个古老的概念。在中国的农业社会，很早就在手工业中存在简朴的定制形式：如服装行业的量体裁衣、皇家宫廷的贡品用物、达官贵人所用的鼻烟壶之类，是初级的定制经济。英文的定制一词（bespoke）来自英国伦敦中央梅费尔（Mayfair）的萨维尔街，意思是为个别客户量身剪裁。这里被称为“西装裁缝业的黄金道”，因为传统的定制男装（bespoke tailoring）而闻名。

进入工业化社会后的一两百年里，大规模的工业化生产以及其带来的海量的标准化的商品、消费品使得定制经济悄然消失了。人们只能被动接受呆板面孔的商品，陷入标准化带来的快速发展的经济社会进程中，定制成为被遗忘的而且是奢侈的梦想。

随着时代的发展、生活的富裕和个性的强化，定制重新出现，意义也更加丰富起来。DIY（我自己的东西自己动手做，或为自己设计）的兴起，使得大众最常将“定制”与“DIY”一词混合在一起。毕竟“定制”的词意中含有“为自己量身定做”的意思。它显现了消费者介入产品生产的强烈愿望。

有学者曾言，工业化大生产为企业带来空前的繁荣，却扼杀了人类作为消费主体的根本宗旨。随着其负面影响日益明显，商品极大丰富，供大于求现象普遍严重，寻求差异化竞争被迫成为企业生存发展的潮流。再加上网络技术的高度发展，全球化经济持续深化，定制经济不但重新回归，而且开始登堂入室，作为最具人性化的新经济模式备受世人推崇。有媒体（《时代周刊》）将之视为互联网经济中最具影响力的商业模式，而2010年美国学界预测的“改变未来的十大科技”中，“个性定制”被排在首位。

《中国质量报》曾载文分析：“定制经济的复活与兴盛需要四个条件：一是生产力相对发达，社会产品相对丰富，产品同质化现象普遍；二是信息化产业发达，可以提供需求方和供应方在线交流与零距离协商；三是人类自由消费意识觉醒，崇尚个性化；四是物流配送、银行支付、商业信用等体系完备。”显然，随着2008年中国超越德国成为世界第三大经济体，以及以互联网为代表的信息产业的快速崛起（2012年以后移动互联网开始普及，移动支付更为便捷），羽翼已丰的定制家居恰好遇到了最好的环境、最好的时代。

“定制”这一名号的确定，此时看起来只是旗帜上的略微不同，却宣示定制正上升为一种企业战略，并标志着一个崭新的品类已经聚沙成塔。一股未来深度影响泛家居的革命性力量正在迅速长大。

其实，橱柜企业的历史更早，实力更为雄厚，且有定制化的特征；定制衣柜作为一个品类或细分行业的出现，则更多是定制衣柜企业群星捧月的“原创”成果。这一点在2013年广东衣柜行业协会和2016年以此为基础成立的广东省定制家居协会得到更有力地展现。

定制家居的出现，标志着一群企业正坚持从过去的以产品为中心迈向以客户为中心的战略，标志着从传统的制造工业迈向以客户和场景为中心的服务工业——其背后是信息工业和数字工业。这样的共识也让定制企业厘清了自身的核心能力——定制能力，因此也就顺其自然地向更多品类、更多场景延伸：全屋定制、大家居、整装、整家……

自此，这一行业开始不断扩张在家居场景中的“地盘”（成功引诱橱柜企业与之合流，互相渗透），不断在建材家居行业扩大影响力，不断创新进取、蜕变成长，令人刮目相看，继而被它深度驱动……

【年度定制人物】威法董事长杨炼：高举高端定制大旗

这位“音响教父”的杀入给定制家居带来了“高端化”的专业风，它（威法）敢于比当时国产最贵的科宝·博洛尼更贵，而且借鉴了南派工业化定制的风格。威法一改之前定制派纷纷往大众赛道上拥挤的路线，不但回到定制的高端本源，更致力于解决工业化复制问题。这让威法具有了两大特色：第一，它是立足于工业化的定制，而不是像其他品牌那样立足于个性化；第二，它是立足于专业化品牌运营的，不是像其他品牌那样立足于个性化设计和家装。这两大特质使威法很快成为高端定制的一面旗帜。

2009 初露峥嵘

进入2009年，世界还在堪比1929年经济大萧条的金融危机震荡中惶恐不安，中国政府则在上年底推出“四万亿计划”后，迅速审议并通过了钢铁、汽车、船舶、石化、纺织、轻工、有色金属、装备制造业、电子信息，以及物流业十个重点产业的调整和振兴规划，称为“十大产业振兴规划”。

同时，作为国家扩内需、保增长政策的重要内容，家电、汽车、建材下乡运动也在这一年开始启动。家电下乡实施一年，带动消费1000亿元。汽车下乡给汽车产业发展带来重大影响。也就是这一年，中国的汽车产销量分别达到1379.10万辆和1364.48万辆，首次成为全球第一，震撼了西方世界。

“在过去一百年的现代工业史上，这可是从来没有发生过的事件。”财经作家吴晓波评论说。这一年，一直被国内汽车业视为笑话的企业家李书福再次上演了“中国故事”。

营收不足百亿元的吉利竟然成功将全球营收147亿美元的豪华轿车品牌沃尔沃揽入怀中。

汽车被称为“工业中的工业”，它制造链涉及70多个行业，是产业配套要求最高、同时也是对制造及消费经济拉动最大的产业。当然，堪与之匹敌的就是房地产。这一年，受“四万亿计划”和宽松政策的刺激，原本还受调控的房地产再如脱缰的野马，恒大这个原本濒临绝境的“倒霉鬼”成功登陆香港股市，老板许家印转眼间成为当年的中国首富!

这种传奇的故事一再上演，一方面显示中国经济的巨大张力，另一方面证明企业命运的诡谲多变。无论如何，这些都是中国奇迹的一部分。

经历了2008年寒风的突袭，许多企业家对被称为“真正冬天”的2009年持两种看法，一种是认为宜用守势——收缩战线，降低消耗；另一种是认为宜用“反周期”的攻势——逆势而上，低谷扩张。比如当时已是中国规模最大的家居连锁卖场之一的月星集团董事局主席丁佐宏就属后者。他认为，危机即良机，当前恰恰是“寻猎廉价资产、谋求战略转型、试水低谷扩张”的战略机遇期。这一年，月星集团进驻银川，开启了西北的战略布局；次年更提出全国“百店计划”，并成为上海世博会赞助商……

与他持同样看法的还有志邦家居的孙志勇。“他坚定地认为，橱柜行业的发展还处于初级阶段，未来的需求量是巨大的，于是在许多企业都按兵不动、静观行业变化的时候，逆流而上，开始大刀阔斧地建立自己的销售渠道和营销团队，当年营业额增长了67%”（《用心铸就的传奇橱柜人生——志邦厨柜董事长孙志勇》，橱柜网，2013年4月11日）。这是因为，房地产价格和建材家居市场迅速重拾上升态势——既然已是救市，那么之前防止经济过热的所谓宏观调控措施自然就消失了。

根据《中国人造板》杂志的调查，2009年，国内定制衣柜的市场容量在70亿~80亿元（以企业生产产值计算），但在未来5年之内，有望达到200亿元，市场复合增长率不低于30%。

当时，即使是行业领先品牌市场份额依然很小，例如，《中国人造板》杂志的市场占有率调查数据表明，居于领先的索菲亚市场份额也仅有5.9%，紧随其后的欧派和好莱客2.1%，而尚品宅配约为1.4%，顶固、史丹利大约是1.1%。可见当时定制衣柜行业足够分散，市场空间依然很大，而且未来的增长势头迅猛，还有无限想象。

这一年，一直倡导专业化橱柜品牌的皮阿诺成为全国工商联家具装饰业商会橱柜专业委员会副会长单位，同时宣布进军整体衣柜市场（据说早在2005年，它已研发成功），凭借“高雅、时尚、浪漫”的设计给衣柜行业带来一股时尚风，次年就获得“卓越品质奖”“设计金奖”“环保示范品牌奖”……

2009年通常被视为定制行业由初创期向快速成长期迈进的转折年，因为正是从这一年开始，作为泛家居最大的展会，中国建博会（广州）开始针对定制家居行业参展商推出“整体家居馆”。之前由于规模和知名度都相对较小，定制家居品牌只能作为橱柜行业的一部分参展。而这次中国建博会（广州）为定制家居品牌设立专馆，是一个具有划时代意义的标志事件。这充分说明，在“定制”一词成为定制行业的共识后，定制（衣柜）行业本身也受到了大家居行业的认可。

2010年，索菲亚衣柜总经理王飚在搜狐举办的讨论会上回忆："2009年那次中国建博会（广州），衣柜企业参展的数量和规模让我们觉得有一点点惊讶……让我感觉行业已经成形了。"

从时间的维度来看，产业的兴衰、市场的更迭、巨头的轮换，不过是历史的瞬间。但这样的跌宕起伏之于产业中每个参与者来说，都是选择与努力的结果。

在过去数年中，挟好太太成功之势杀入整体衣柜的沈汉标一反常态，将大部分精力放在产品研究上。2003年研制"航天铝合金边框""滑轮减震专利技术"及"三指弹簧顶轮技术"；2005年推出《产品保修卡》和《产品使用说明书》，"提前在规定颁布前将有害限量物质进行明确标示"；2008年原创性开发出"仿古雕"系列产品，号称具有划时代意义……

2009年，好莱客在"仿古雕"系列的"金檀""紫檀"两款版色基础上，又相继推出时尚尊贵的"至尊红"、清新淡雅的"雅士白"及"简黑""简白"4种花色，进一步丰富了"仿古雕"衣柜产品线，同时独创研发出"明风清木"简约中式系列产品，以独有的工艺、浅浮雕效果和复古雕琢式通花搭配，一扫当时弥漫在行业内的欧美奢靡之风，彰显中华古风之韵。此外，针对小户型的原创新品"玲珑衣柜"、行业首创的"TB超薄三轨衣柜"也令人印象深刻。

通过多年努力，好莱客已经成为行业领军品牌之一。年初，该公司启动大广告、大店面、大品牌的三大战略，在中央电视台启动整体衣柜的行业性品牌宣传，与央视CCTV-2的《对话》《交换空间》、CCTV-3

的《欢乐中国行》等王牌栏目长期合作，试图引领行业的发展规范和变革升级，成为整体衣柜领跑者。

不过，这一年最耀眼的品牌可能非尚品宅配莫属了，因为它成了时任中共中央政治局委员、广东省委书记汪洋亲自“代言”的转型升级样板企业，后者不但于4月陪同时任国务院总理的温家宝一起听取包括尚品宅配在内的企业汇报，8月还专程参观尚品宅配的生产基地，并在广东省的许多会议上提及尚品宅配。有地方和部门官员开玩笑——“现在汪书记都成了你们的宣传员了”。2010年10月28日，在时任国家工业和信息化部副部长苗圩的带领下，时任中共中央政治局委员、国务院副总理的张德江来到尚品宅配，汪洋书记陪同甚至主动当起了讲解员。

发生在尚品宅配身上的另一件大事是，8月19日，在接待汪洋书记考察的当天下午，李连柱和周淑毅顾不上吃顿庆贺宴，直接赶赴深圳，与深圳达晨创业投资有限公司（以下简称“达晨创投”）签约，将后者的7000万元投资收入囊中。

消息传出，整个家居业界为之震惊，许多企业开始认真研究并准备杀入增长很快、潜力巨大的定制家居市场。虽然这一年6月，索菲亚成立了股份有限公司，11月也吸引了国际战略投资者，但都是在悄无声息中进行的——事实上，直到2011年成功上市的那一刻，许多同业人士都对它的突然领先感到惊讶。

这一年，欧派正式更名为广东欧派集团（2013年更名为欧派家居集团），而且率先获得了“中国驰名商标”称号，产品覆盖整体橱柜、整体衣柜、整体卫浴、现代木门、墙饰壁纸、厨房电器等，成为综合型的现代整体家居一体化服务供应商，隐然有未来“大家居”战略的雏形——5月1日，一个面积达3500平方米的旗舰店在北京亮相，里面包括了欧派全线产品。

不过，此时的整体衣柜还是依附在欧派橱柜下的小弟弟，直到2010年才成立单独的事业部。

值得一提的是，2008年，一位家电行业的著名经理人姚吉庆加盟欧派担任营销总裁一职。在他的策划推动下，2009年4月23日，国内家居行业的六大领军品牌大自然地板、欧派橱柜、东鹏陶瓷、雷士照明、红苹果家具、美的中央空调在北京人民大会堂盛大宣布组建“冠军联盟”，姚良松担任联盟首任会长。要知道，当时的这几大品牌均为细分领域的冠军，其中欧派的体量只有10多亿元，堪称最小，却一举成为首个泛家居领导品牌联盟的企业领袖！

2009年，两个橱柜品牌以奋勇挺进的姿态迎来了它们的10周岁“生日”：金牌厨柜正沿着4年前确定的中高端品牌路线，在全国一流大城市开展一系列高尔夫活动；在研发上，它主持研究的《木竹制品模数化定制敏捷制造技术》课题获国家863计划重大课题资助；同时，它即将上马近200亩、总投资3亿元的二期产业基地项目。郑州大信家居上年也参与了整体厨房的国家标准制定，行业地位日益凸显；品牌专卖店突破500家、推出自有品牌厨电的它为了应对品牌市场不断扩大的需求，不断奋进，开始建设二期生产基地（现经开区新安路工业园）；同时，历经多年筹划建设的中国首家厨房文化博物馆正进入关键阶段……

可以看出，这些企业多年后成为行业领军品牌，并不是偶然的。所谓“十年磨一剑”，一方面是它们自身不断追求和努力的结果，另一方面，也是行业因此不断健康发展和扩容增长带来的群体效应。

至少在2009年，人们听到了“整体家居”（实际上还没有脱离定制家居）这一新兴品类的集体呐喊，体会到了其集体亮相带来的强烈视觉与心理冲击。

很长时间内，家具中最主要的污染物是甲醛——被世界卫生组织列为一类致癌物。如果长期处于含甲醛的环境当中，患白血病、癌症的概率将会大幅提升，而家庭成员中最脆弱的儿童、孕妇和老人对甲醛更为敏感。

曾经在很长时间内，甲醛是生产板材的主要原料。据测算，生产1立方米密度板，需要含甲醛的脲醛树脂胶粘剂200~250公斤——一些无良商家制造或使用的不合格板材使用量更大，将会对家庭造成明显伤害。因此，每隔一段时间，就有这样的个案传出，让所有的家具企业遭受一波寒流袭击。甲醛问题几乎成了困扰板式家具的顽疾。

如今已是一家全球化运营的化工新材料公司的万华化学，早在1974年就引进了聚氨酯（MDI）合成革生产装置，20世纪末，万华化学终于掌握了能达到国际先进水平的MDI核心技术——光气化学技术，从而打破国际垄断，使中国成为继德、美、日之后，第四个掌握MDI制造技术的国家。

这种黏合剂颠覆了“无醛不成胶”的行规，它不释放甲醛，环保性能也得到美国环境保护署和加州空气资源委员会的双重NAF（无醛豁免）认证——这是全球最为严苛的环保认证标准。

2009年万华化学研发的“万华禾香板”正式投入市场，尽管这种板既新且贵，它仍“俘获”了认同其理念并与之战略合作的定制家居企业：2011年诗尼曼和万华化学成立的禾香生态科技股份有限公司正式签约合作。

尽管环保色彩浓厚，禾香板的应用却是一波三折，其中最为要命的是其物理性能存在的问题——由于采用农作物秸秆作为主要原材料，其硬度高，易开裂，容易受潮发霉……这些局限大大限制了它的应用。

不过，万华化学的MDI胶倒是因此在业内声名大噪，不少主力厂家纷纷跟进应用。10多年之后的2022年，以MDI胶为主的无醛添加板材已然成为行业的标配。

【年度定制人物】志邦家居董事长孙志勇：追求高段位竞争

他睿智果敢，特立独行；他重视团队，激发潜能；他主动营销，拥抱陌生；他危中寻机，不惧逆风。他重人大于重事，分享分权追求共赢；他推崇创业奋斗，敢于向无人区冲锋；他认为开疆拓土不只是为了增加营收，更是追求高段位竞争；他推崇决策是领导力的核心，群策群力效率略低却可远征。

远观之下，志邦家居中规中矩，并无特长；近看细想，原来内功深湛，大象无形。人常说贫瘠的土地难有收获，为何地处内陆的志邦家居却成风景？人常说考不上大学就一辈子没有出息，初中毕业的他怎么成了人中龙凤？可见，眼睛常被蒙蔽，常理皆可打破，俗世皆无定论，重要的是，有志且勇，有才且容，有梦必行！

2010 建立组织

2009年，G2（“中美共治”）话题曾一度在美国舆论界引发热烈讨论，显示美国对中国实力和中美关系走向的一种看法。中国的回应是埋头做好自己的事务。这是一个已经在世界上举足轻重的国家——2010年GDP超越了日本居世界第二，但它像一个勤奋努力但尚缺乏自信的青年。彼时，国内舆论热议最多的是成就背后的隐忧：

比如，能耗巨大而效率不高。2009年，我国GDP占全球总量的8%，但消耗了世界能源消耗量的18%、钢铁的44%、水泥的53%。比如，科技含量低。我国是世界第一汽车生产大国，但几乎不掌握任何核心技术。又比如，号称“世界工厂”，却缺少世界知名品牌……

2010年，中国再度迎来两大国际盛会：一是5—10月在上海举行的第41届世界博览会（简称“世博会”）。世博会被视为“经济、科技、文化领域内的奥林匹克盛会”，本届世博会以“创新”和“融合”为主旋律，首次以“城市”为主题。城市化和工业化在带给人类丰富现代文明成果的同时，也伴随着前所未有的挑战。本届世博会为了解决人类共同面临的难题，进行了开创性的对话、交流与探索。这对正在加速城市化和工业化的中国而言，无疑更具现实和未来意义。

二是8月在广州举行的亚运会。虽然是“二进宫”，但它刚好迎着中国—东盟自由贸易区年初全面启动的契机。此时，东盟和中国的贸易已经占到世界贸易的13%，该自贸区成为一个涵盖11个国家、19亿人口、GDP达6万亿美元的巨大经济体，是发展中国家间最大、世界第三大（仅次于欧盟和北美自由贸易区）的自贸区。不知不觉间，中国已经成为贸易全球化和区域经济一体化的重要推手。

彼时的广东省GDP为4.59万亿元（其中广州10748.30亿元，佛山、东莞和汕尾加起来也过万亿元），连续21年居全国首位。虽然难比20年前举全国之力举办的北京亚运会，但广州市主办，汕尾市、佛山市、东莞市协办的本届亚运会依然创造了多项“历史之最”：比赛项目最多的亚运会、赞助金额最多的亚运会、规模最大的亚运会（截至2010年），并为广州这座城市带来了跨越式的发展和重大改变。

在本届亚运会的火炬手中，出现了2位定制家居的代表：一位是欧派董事长姚良松，另一位则是尚品宅配的技术总监周淑毅，占全部8位广东建材家居界的2位，显示定制企业的实力小容小觑。值得一提的是，5月1日，周淑毅刚刚被评为“全国劳动模范”，这个称号绝非指其辛苦地工作，而是肯定了他在家居信息化领域的贡献。

这一年索菲亚也祭出大动作。它年初就官宣聘请国际影星舒淇担任形象代言人，年底借助舒淇主演的贺岁电影《非诚勿扰2》，一举将衣柜行业明星代言引向高潮（之前已有适而居签约郭可盈，之后有潘粤明、董洁夫妇牵手伊百丽，陈建斌、蒋勤勤夫妇代言卡喏亚）：1年以后，不甘示弱的尚品宅配与影视巨星周迅成功签约；2013年，维意定制签约影视明星李冰冰为代言人；2015年，诗尼曼携手“国民媳妇”海清；2016年，好莱客换掉了一直以来的国外设计师形象，迎来了知名艺人Angelababy（杨颖）……

率先走出危机阴影的中国经济再度出现过热的现象，最典型的表现就是再度飙涨的房价与各地涌现的“地王”。这引发国家多个部委密集出台调控措施，楼市调控进入常态化。不过，无论如何调控，都是为了“镇热降温”，经济增长依旧强劲，定制家居依旧高速发展，就像有业内人士骄傲地感叹：“那几年，发展如果低于30%就会觉得不好意思。”

早在2005年，一位叫曾勇的媒体人就关注到这一行业——虽然彼时名称不一、南北有别（北方着重销售移门、南方则注重衣柜），但发展迅速。他当时就建议其所就职公司予以关注。当时他就职的亚太传媒算是最大的建材家居行业传媒机构，旗下已有《中国门窗报》《中国橱柜报》《中国地板报》《中国卫浴报》《中国楼梯报》《亚太家居报》《中国天花板报》等细分媒体。领导回复他说“等等看”。时光一晃进入2009年，眼看已有一直跟随自己的对手即将抢先，曾勇再次对领导说“不能再等了”。他立下了军令状，担任执行主编，2010年1月策划出版了《中国衣柜报》（亚太衣柜网）。

他迄今清晰记得第一期报纸的3个客户：邦元名匠创始人兼执行总

裁肖冬梅、华洲木业董事长张凤岚、劳卡金理伟（时任总裁），他们为公司带来了20万元的广告收入。

在此之前，全国工商联家具装饰业商会是我国唯一涵盖整个家居产业链的全国性行业组织，管理着我国家居流通市场、家具、橱柜、衣柜、楼梯、钢木门、卫浴、人造石、天花板等各类家居企业，在广东相当活跃。

2010年，在曾勇的策划下，亚太传媒和已成立橱柜专业委员会的全国工商联家具装饰业商会一拍即合，决定依托后者的全国权威平台，发起一个行业组织，这个行业的名称统一称为衣柜："大家觉得行业那个时候还偏小，如果名称不统一，就很难形成品牌，所以经过争论，就把各种产品简化为衣柜——取最大公约数。"由于大众的普遍认知以及定制衣柜一词对行业的高度概括性，所以"定制衣柜"仍然被用作行业主要称谓。

他将很大部分精力投入筹备工作，甚至连企业入会的表格资料都是他一个个填上去的。6月衣柜专业委员会在北京举行了隆重的筹备会议，选举出索菲亚为会长单位（江淦钧为首任会长），好莱客为执行会长单位（沈汉标为首席执行会长兼中国衣柜品牌企业联盟主席），维尚、劳卡、冠特、玛格、诗尼曼等几乎所有的定制家居头部企业都加入了衣柜专委会。

7月8日，在中国建博会（广州）上，全国工商联家具装饰业商会衣柜专业委员会正式宣告成立，并隆重举办了"中国衣柜行业发展论坛"。也就在此次会议上，亚太传媒高层宣布，由全国工商联家具装饰业商会与亚太传媒联合主办，全国工商联家具装饰业商会衣柜专委会、

《中国衣柜报》、亚太家居网共同打造的首届中国（广州）衣柜展览会，于2011年3月18—20日举行（见图1）。

有了组织的定制衣柜业立即展现出强大的爆发力和持久的推动力。专委会成立以来，大力推进会员发展工作，更加地注重会员组成的结构、会员的质量以及会员的地区代表性，对行业内大的知名企业及具有发展潜力的企业，专委会积极地吸收。同时，专委会为会员企业与上下游企业之间的交流，搭建了共赢平台。

11月27日，衣柜专委会首次会长办公会在长沙胜利召开。会议着重研究了定制衣柜标准制定的相关事宜，并就专委会工作计划、专委会组

图1　2011年3月18日，首届中国（广州）衣柜展览会在广州锦汉展览中心隆重举行

织建设及大家共同关心的话题深入交换了意见。同时，会议对《衣柜行业人才竞争机制公约》（讨论稿）进行了广泛而深入的审议，并向各会员单位发出《关于规范衣柜行业人才竞争机制的倡议》。人才公约的制定与实施，对规范衣柜行业人才竞争秩序和衣柜行业的健康发展起到积极的推动作用。

在2010年协助成立衣柜专委会后，曾勇就一直在行业内服务、串联、耕耘，并作为第一运营人筹备2011年3月的首届中国（广州）衣柜展览会。在服务企业、筹备展会的过程中，他推动建立企业与当时主流企业和企业家的广泛联结，获得了大家的认可。

2011年3月，首届中国（广州）衣柜展览会异常火爆；4月，索菲亚震撼上市，一连串事件产生了强大的辐射效应。据说，正是有了这次衣柜展，当年7月举行的中国（广州）建博会认识到了衣柜行业的潜力，在原有成熟整体家居题材的基础上，隆重推出子题材展——中国（广州）建博会·衣柜展。然后著名卖场红星美凯龙、居然之家才开始设置衣柜专区，尽管位置依然偏僻。

后来，因为不能满足本地企业的需求，2013年8月，由部分广东企业发起、独立注册的广东衣柜行业协会（以下简称“广东衣柜协会”）成立（见图2）。此时已担任索菲亚家居股份有限公司副总经理的王飚被推选为协会会长，曾勇被推选为秘书长。

与众多半官方或民间建立的协会不同的是，广东衣柜协会完全由企业自主发起，头部企业积极参与，理事会一起制定规则。而且，正在高速成长的企业对推动定制衣柜的普及、提升行业规范和对消费者的影响力有着共同的强烈愿望，因而参与度极高。这使得该组织的运作充满了

图2　2013年8月16日，广东衣柜行业协会成立大会合照

理想主义色彩。

比如，协会章程要求，所有理事会及监事会成员淡化企业身份，会长、理事、监事、成员企业均只授予无差别的“成员单位”牌匾，“不得利用协会身份进行商业宣传”。广东衣柜协会要打破社会上的各种乱象，不颁奖、不致力于追求商业变现，所有费用收取仅以维持协会日常运转为目的。为了帮助协会制定运作机制和游戏规则，协会成员选举来自新加坡的联邦高登董事长林怡学担任监事，以吸收国外行业协会的信息和经验。

协会准备解决的第一个问题是定制衣柜的普及问题。王飚认为，协会的基础在于“共同向消费者传达定制衣柜的价值”，“要加强行业与消费者之间的沟通，这不是任何一个企业凭一己之力可以完成的”。协会成立后，立即开展大量行业推广工作：推动工厂开放参观、组织“后端决胜前端”的系列技术交流会、举办各种内部专业分享活动、参加意大利米兰国际家具展等出国游学活动等，取得了良好口碑。

2016年3月，广东省定制家居协会成立（见图3），王飚再次担任了第一届会长。这一年，中国（广州）衣柜展览会也首次被升级为中国（广州）定制家居展览会，定制家居实现了行业性的组织命名（尽管名称未加“行业”二字）。

行业组织的成立意味着定制衣柜正式行业化，也更加抱团和自律，从此，以衣柜为主的定制家居正式成为家居建材行业的重要一员，在市场中的声量和影响力更大了。

图3　2016年3月25日，广东省定制家居协会成立

自2010年以来，在曾勇的积极推动下，衣柜专委会以及后来的协会组织了内容丰富的系列交流活动：组织参观成员企业工厂、召开协会技术委员会会议、组织内部交流会、组织欧洲考察之旅（见图4）、组织日本考察之旅（见图5）……一系列活动引导着行业的前行，行业开放、和谐、共进的氛围也在其间形成，“随便哪个工厂，（只要）同行去，（工厂）全开放给你看，还会主动邀请。当每一个企业都这么开放时，你会发现对行业的发展促进作用很大”。

图4　2019年4月，广东省定制家居协会组织米兰考察之旅

图5　2019年7月，广东省定制家居协会组织日本考察之旅

2013年9月下旬，曾勇组织20多家广东衣柜协会会员企业负责人前往索菲亚参观——这开创了行业先例——以前衣柜企业参观工厂都要身份证的（见图6）。当时，江淦均董事长和柯建生总经理不但亲自接待，而且坦诚以对，分享了自己的诸多做法和思考，甚至包括痛苦。这不但起到了很好的带头示范作用，而且给与会的企业家带来很大的震撼和思考。

曾勇曾经这样感慨：“索菲亚开放工厂的行为意义深远，为行业起到了很好的示范作用，也为行业开放交流、互促互进好风气的营造开了个好头，显示了大哥风范。”

关于此行，诺维家董事长周伟明曾深有感触地说：“现在才明白索菲亚为什么能上市，它不做大天理难容。”他说，很多像他这样的企业

图6　2013年9月25日，索菲亚工厂开放给会员企业参观

家不知道未来方向在哪里，赚了钱都会有所保留地继续投资，索菲亚两位老板却是在全力以赴，赚的钱全部投资出去，怎么能不成功？此时的周伟明有几年时间将公司交给一位职业经理来打理，大部分时间在美国。参观完之后他下了一个很大的决心，要沉下心来搞好自己的工厂，彻底解决困扰自身发展的信息化和制造难题。

羊群走路靠头羊。索菲亚是衣柜行业老大，又热心于分享、维护行业规范和健康发展，因此起到了核心的"带头大哥"作用。在它的率先垂范下，在会员企业的共同努力下，良好的行业秩序开始建立，互相攻讦的事情罕有发生。

当然，其中曾勇的角色也十分重要。一直以来，他全情投入、忘我付出、热情组织、勤勉工作，尤其是2013年成立广东衣柜协会后仅4天，就组织了一场“说走就走的旅行”，带着广东衣柜协会的企业家们远赴呼伦贝尔大草原，做了第一场团建活动。在一个星期时间里，由于手机没有信号，大家完全放飞了自我，大口喝酒吃肉、看风吹草原、畅谈人生……结果回来后，这些战场上的竞争对手都以兄弟相称了。“几天过后，大家对彼此都有了一个重新的认识，从同行、朋友变成了兄弟关系。”

“当时大家统一了认识，就觉得要一起齐心协力把行业做大，把蛋糕做大，把行业独有的模式探索出来，而不是考虑各自利益，大家才能成为最大的受益者。”曾勇回忆起当时的情景，至今神采飞扬、激动万分。

因此，很多人感叹，定制家居的企业家很善良、很奇怪，白天可以打仗昏天暗地，晚上可以围坐把酒言欢。这种亲密互动的氛围，简直羡煞很多行业。其中良好氛围的养成，既有组织建设的功劳，也有王飚、曾勇等一帮人积极参与、热心组织的贡献。

多年后的2021年，索菲亚历史性地营收突破百亿元，而此时诗尼曼、玛格、百得胜、科凡等一批10亿规模上下的企业也出现了。曾勇又组织了一场既带有回顾又带有展望性质的饭局。大家感慨万分，对往后的百亿、千亿又有了新的憧憬。

2010年，已经决定将重心移至广东的玛格董事长唐斌也成为行业组织的热心发起者。9月，广东玛格家居有限公司成立，在广东佛山兴建全新工厂（次年正式投产）的过程中，他得到了包括曾勇在内的许多广东朋友、业内企业家的无私帮助和热情欢迎，切实感受到行业组织和人员带来的强大支持与温暖力量。

这一年，科凡开始与豪迈合作。“第一次合作购买的是2台180电子锯。”科凡董事长林涛回忆：豪迈对于产业木匠来说，是一种精神信仰。当时设备买回来后，全厂人都去拍照、欢呼、留念，大家感觉这是企业转型升级的标志……

林涛原本是一个对各个协会并不“感冒”的人，后来架不住曾勇的连番邀请，“不情不愿”地加入了广东衣柜协会的发起和筹备工作。从呼伦贝尔草原之行回来，他好像完全换了个人，对协会的工作展现出异常的热情和支持，还时不时把对秘书长曾勇的感谢挂在嘴上。2016年广东衣柜协会改选，他更被推选为会长。

2011年，因入股百得胜而到广东发展的张健很快就加入了这个富有魅力的圈子。原本是家居门外汉的他如饥似渴地学习和吸收，很快也成了广东衣柜协会的常客。他说，如果没有这个圈子，真不知道自己还得补上多久的定制家居课。同时，张健对企业资本运作与上市并购的经验和见识，也深深地影响和启发了对未来充满憧憬的企业家们。

有媒体人曾这样观察：“定制家居是一个富有朝气，并且充满正能量的行业。首先是这个行业非常团结，主要企业集中在广州地区，价值观相近，企业老板、高管来往互动频繁，大家都有很强烈的行业归属感。在市场上是直接竞争者，回到行业，‘不做对行业有伤害的事’，成为大家的共识。……其次，虽然行业团结，但却并不是小圈子文化，行业又相当开放。一方面是因为行业潜力大，不断有新的加入者；另一方面也是因为核心企业所倡导的开放文化。”（《新浪家居主编专栏：关于定制家居，六年的经历都在这里了》，新浪家居2016年8月10日）

体现开放的一个典型例子是，广东衣柜行业协会成立的第一个专委会是技术交流委员会，将一帮管生产的厂长组织起来举办技术交流探讨会（见图7）。生产一直是很多小型企业的最大痛点和瓶颈，它们非常渴望能向领先的企业学习，提升自己的制造能力，但那个年代的生产厂长是很金贵的，如果老板不信任，绝对不会让其厂长出来，因为怕别人挖走。因此，委员会制定了明确的规则——不能从这些备案人员体系内挖人，而是实实在在地开会，轮流分享，互相交流经验：听到的人会收获经验，分享的人则会收到反馈和建议，可谓教学相长，形成了良性

图7　2014年3月12日，广东衣柜行业协会技术交流探讨会第一次会议合影

循环。

有次，诗尼曼董事长辛福民由衷地感叹和感谢："我们这次的聚会价值百万啊。"因为之前他正为生产车间建设往A方向还是B方向而犹豫，结果那次聚会上，某品牌的厂长直接就分享了自己的经验，解决了他悬于脑内思考很久的课题，既节约了钱，又节约了关键的时间。

作为最受信任的联结者，曾勇所起的作用不可或缺。他经常"鼓动"会员企业："我们这里几乎聚集了全世界定制家居智能制造最核心的专家，但是，我们一定要互相学习，因为这个行业还有很大的进步空间……"

【年度定制人物】
广东省定制家居协会、广东衣柜行业协会秘书长、博骏传媒创始人曾勇：定制家居“首席服务员”

这一年，混乱、野蛮生长的行业来了一位“年轻人”，他以自己的热情和主动担负起联结的角色，更成为行业多个组织和活动的核心推动者之一——参与了全国工商联家具装饰业商会衣柜专业委员会的核心发起、推动了广东衣柜行业协会和广东省定制家居协会的创建，更是中国（广州）衣柜展览会［现中国（广州）定制家居展览会］和成都定制家居展览会的策划主办者。他让创业者的探索不再孤独，行业的壁垒不再高企，让平素的对手把酒言欢，然后共同为行业发展、规范和繁荣付出不懈努力。

他是行业的“首席服务员”，也堪称行业的“摆渡人”，让不少企业和企业家在交流中、在活动中、在他的热心中受益。同时，他又是一个隐形人的角色，平常都将行业企业家推向前台，让他们积极参与、主导制定规则，自己默默做那个服务者、执行者、推动者和联结者。

2011 上市效应

2011年依旧是不平静的一年。也许，置身于这样一个百年未有之大变局时代，我们难得平静；行走于急速前行的中国，我们更难得从容。

进入21世纪10年代，很多新富阶层和知识精英加入了移民大军，甚至包括很多的在职或退休官员将全家移民海外，形成区别于20世纪70—90年代以底层劳工“打洋工”和投奔亲属为主、2000—2009年以留学为主的新一代投资移民潮。尽管2011年及以后加拿大、澳大利亚、美国等西方国家相继提高了移民门槛，依然难以遏制。4月20日，招商银行与贝恩公司联合发布《2011中国私人财富报告》显示，中国有50万人投资资产超过千万元。受访的亿万富翁中，约27%已经完成了投资移民。同时，中国社会科学院发表一份调查报告显示，中国千万富豪中有超过60%的人希望移民国外。

有媒体报道：即使加拿大政府将每年移民配额都给中

国，仅北京、香港两地的申请，也需要13年半才能“清空存货”。

这是个奇怪的现象，一方面经济空前活跃、实力震撼世界，另一方面精英对未来迷茫，信心普遍不足。

他们中的一部分“幸运者”现在可能会感到后悔，因为他们大概率在过去抓住了房地产、城镇化的黄金十年，却可能错过正在席卷而来的以移动互联网为代表的新经济的黄金十年。这种板块性结构轮替推动中国经济持续发展的特点，几乎贯穿了中国40余年的改革开放史。这一年，国家正式实施上年提出并列入“十二五”规划的培育发展七大战略性新兴产业目标，这七大产业分别是：节能环保、新一代信息技术、生物、高端装备制造、新能源、新材料、新能源汽车，目标是“20年内达到世界先进水平”。

在产业和政策的双重加持下，以移动互联网为代表的“新一代信息技术”迅猛发展。产业发展的典型标志是3G网络的日益普及和智能手机的出现——后者促使4G网络加快于2013年实施。2011年，中国移动互联网用户达到3.18亿，继续保持着高速增长的势头。

这一年，天才企业家乔布斯虽然不幸离世，但他4年前开创的苹果智能手机在中国销售了1000多万部，宣告智能手机时代的到来；创业仅一年的雷军在新闻发布会上宛如乔布斯附体，带领小米手机当年就突破百万台大关。他后来总结的“专注、极致、口碑、快”成为互联网思维的核心词汇，广为流传。

智能手机加速了互联网向移动端迁徙的速度，互联网也成为风投最热衷的行业。正是在资本的助推下，这一年发生了我国互联网史上最疯狂的“千团大战”。同年，微信正式推出，快手创立，成立仅一年的小米估值到达10亿美元。2012年字节跳动（抖音）创立，2015年拼多多出现。这些平台仅用了不足10年的时间，就成为现象级的网络平台。

在政策方面，物联网产业振兴规划陆续出台，云计算产业方兴未艾，这一年甚至被称为“云计算元年”。11月底，由国家发改委下拨的6.6亿元“扶持云计算首批专项资金”已陆续到位，包括阿里巴巴、百度、腾讯、金蝶等在内的10多家企业均获得千万元乃至上亿元的扶持资金。

移动支付、移动社交、移动出行、移动电商、共享经济、短视频、直播电商、在线教育……以前所未有的速度彻底改变人们的生活；大数据、人工智能、5G、云计算、区块链、元宇宙等新技术加快迭代升级，应用于各行各业……这是21世纪10年代更为精彩和磅礴的产业与生活图景。

与此形成鲜明对比的是，泛家居似乎生活在中世纪，不但被投资界视为落后、低端、粗放的产业，而且几乎都缺乏社会关注。其中的定制（衣柜）行业，虽然此时已长成一个家具方面的细分品类，并且引起越来越多家具界的关注，但依然无法与那些在风口上的产业相提并论。从某种程度上，它们彼时是典型的中国制造业，没有政策和资本故事加持，没有耀眼的财力和出身。它们宛如长江黄河的上游，穿行于崇山峻岭和万千沟壑之间，百折千回但倔强生长，期待峰回路转、跃马平川，成就自己的大江大河。

2011年3月17日，由全国工商联家具装饰业商会衣柜专委会精心策划的“魅力启程·共赢未来”——中国衣柜行业年会在广州盛大举行。

全国400余家衣柜上下游企业踊跃参加。参会企业不仅有全国各地的衣柜龙头企业，还吸引了大型家居卖场、衣柜经销商、衣柜配件供应企业等产业链各领域精英；同时，政府有关部门人士、衣柜上下游企业、知名专家学者、国际设计大师、各大新闻媒体等各界精英汇聚一堂，紧紧围绕中国衣柜行业存在的问题与解决之道、产业未来发展趋势、质量诚信体系建设等热点议题，分享新知、探索创变，共同推动中国衣柜产业的全新里程。网易家居的报道称，这是“国内规模最大、规格最高、行业普遍认同的衣柜行业年度顶级盛会”，是“一场前所未有的中国衣柜全产业链年度盛会”。

会议同步开展了以下活动：专委会理事会会议审议2010年度工作总结及2011年度工作计划，选拔了一批有突出贡献的行业代表性企业成为常务副会长、副会长、常务理事、理事及会员单位；首批“中国衣柜行业质量诚信倡议单位”亮相，启动中国衣柜行业“质量·诚信”保障体系建设系列活动；举行了2010年度中国衣柜设计“封上”大典、2011中国衣柜流行趋势及白皮书发布会、中国衣柜行业总裁论坛等。

18日，全国工商联家具装饰业商会和亚太传媒联合主办、衣柜专委会、《中国衣柜报》、亚太家居网共同打造的2011首届中国（广州）衣柜展览会隆重召开。这是国内首个，也是唯一一个针对整体衣柜的专业展览会，展会展览面积达22000平方米——相当于第一届中国（广州）建博会展会面积的2倍多！

据媒体报道，“展会受到多个品牌厂家以及经销商的追捧，预订火爆”。一向不喜欢参加展会的索菲亚积极率先参展，下手盘踞了首届中国（广州）衣柜展1层展馆的黄金展位，并动员各个衣柜品牌参展。因此，首届衣柜展上既有备受行业瞩目的衣柜30强企业，如索菲亚、好莱客、韩丽、诗尼曼、劳卡、玖拾度、艾依格、林外林、豪世家、格林、歌德利、玛格、娇太太等衣柜品牌企业，又有发展潜力巨大的新生力量，如万华化学、天湘、周信、冠东、固安泰、钜洪、丽森、科居等配件企业，总计参展企业近200家，核心企业约20家。在经营上，衣柜展打破了“前3年办展基本亏本”的行业定律。

当年，诗尼曼董事长辛福民在微博上感叹道：“这次展会的感受就是：数不清的掘金者携带各种武器杀进来，进入定制衣柜行业。”

初次展会就首战告捷，昭示着衣柜行业的繁华时期来临。有人事后分析，此前是成品家具的天下，定制家居尚未成为主流，但2011年之后，定制衣柜继续迅猛增长——相应的，许多成品家具企业开始陷入徘徊、没落。

时任欧派营销总裁的姚吉庆在接受采访时表示，当时整体衣柜只占衣柜总市场15%左右的份额，另外的35%被传统手工衣柜盘踞，50%被成品衣柜盘踞。随着消费观念的扭转，整体衣柜具有诱人的前景。对于此，姚吉庆认为，这一年整体衣柜进入高速成长，是投资比较好的切入时机。

诱人的市场前景，吸引无数企业投身其中。这里不仅有衣柜行业的新兴创业者，大家居领域的各类优势品牌也在积极跨界参与衣柜行业：家电巨头美的推出了整体家居，地板行业的领军品牌大自然推出了温莎堡衣柜，一直在成品家具市场里驰骋的皇朝家居、箭牌卫浴、康耐登、华鹤也顺势进入定制衣柜市场，连远在西南区域的成品家具品牌全友、双虎、掌上明珠都开始积极展开研究和布局……2011年前后大量新进入者的涌入，让衣柜行业一下子变得热闹起来，也恰好证明了大家对于衣柜市场前景的认同。

不过，业界对此的反应倒是比较冷静和理性。顶固总裁林新达在接受记者采访时表示，衣柜行业还不够热，由于当时市场总体范围还有很大空间，同时行业分散，各品牌的市场占有率都不高。劳卡总裁金理伟则认为，当时的繁华对于行业是好事，但表面的繁华不能代表真实的繁华。此时的王飚倒是一如既往地沉着冷静："我一向强调看衣柜行业不能看展会，展会背后的东西也要看到。我们看到展会上的情况火爆，但是在展会背后，衣柜行业有没有充分的、充足的市场支撑？"

当然，2011年最大的行业亮点莫过于索菲亚的率先上市，甚至，它将一直相当耀眼的两个橱柜品牌欧派和科宝·博洛尼都比了下去。

相较于南方派之欧派的"闷声发大财"、低调扩张，北方派的科宝·博洛尼一直高举高打、相当耀眼。据行业媒体房天下装修家居网记者张永志的报道："自2001年以来，科宝·博洛尼一直保持着超过50%的增长率，2005年科宝·博洛尼的销售额是6亿元，而到了2006年，这一数字就超过了8亿元。据估测，2007年科宝·博洛尼销售额将达到12亿~15亿元的规模。"如果后面的估测成真，那么2007年的科宝·博洛尼在营收上超过了当年的欧派（10亿元）。

那时，科宝·博洛尼主打中高端品牌，其"生活家居中心一体化解决方案"的独特商业模式看起来相当成熟、富有诱惑力，旗下拥有钛马赫别墅家装、博洛尼整体家装、科宝入住家装3个不同档次家装品牌，涵盖了高端、中高端、中端3个不同层次客户群的整体家居解决方案服务。同时，该公司还积极进入房地产整体非毛坯业务、酒店、主题餐厅、办公等高端商业空间领域。其产品从整体厨房到整体卫浴、内门、地板、沙发、软品、灯具饰品等，几乎都是与家居相关的门类。因此，蔡明声称："我们不强调自己是家居行业，而强调自己是服务型的零售业。"他介绍，在摩根士丹利眼里，科宝·博洛尼是"IBM（解决方案）+苹果（生活方式）"商业模式的结合。

在资本运作方面，科宝·博洛尼可说是定制家居行业最早的探路者之一，而欧派则似乎一直后知后觉，或未将之作为重点。早在2004年12月，联想弘毅投资就与科宝·博洛尼签约，由此，科宝·博洛尼引入4家投资机构，包括联想弘毅投资、高盛、淡马锡和新鸿基，注资规模为5000万元人民币，比尚品宅配早了5年；2007年9月21日，摩根士丹利出资1800万美元正式成为其战略投资者，比红星美凯龙获得美国私募投资基金华平基金的15亿元注资早了几个月。

可见，彼时的科宝·博洛尼是投资界的宠儿。两个标志性的事件是：2007年7月，由包括IDG、赛富基金、鼎晖、红杉、华登等专业风险投资机构担任评审团的"中国投资价值企业50强"评选上，科宝·博洛尼排名第25位。同年，由《商务周刊》组织的"2007年度100家快公司"评选上，科宝·博洛尼以其极快的发展速度和极高的资本价值，被评为"2007年度100家快公司之快速成长公司"。

因此，4月12日索菲亚（当时的上市主体为"宁基股份"，宁基股份正是索菲亚衣柜的生产商）成功登陆深圳证券交易所的消息一经传出，索菲亚就以"定制家居第一股"的形象在定制家居（衣柜、橱柜）界引发了强烈的冲击波，这不但是其自身发展的重大转折点，对定制家居行业整体上也是具有标志意义的事件——不但大大提振了衣柜行业的信心，也让欧派等橱柜巨头将资本运作和上市提上议事日程，更加快了衣柜、橱柜融合的速度。

同时，它的上市，更让很多人第一次从公司招股书中了解到“定制衣柜”的概念。

对索菲亚而言，通过上市，公司获得了加速发展的宝贵资金。尽管表面上定制家居先款后货，企业似乎不缺钱，但事实上它们普遍缺少用于发展的钱。正如江淦钧董事长说：“我们从0做到1个亿，用了5年时间，（上市之前）公司赚的利润还远远不够投入所需要的资金，当时的发展速度现在看来是很慢的。”

有了11.6亿元的募集资金，索菲亚将其全部投入全国生产基地的布局、信息化的建设上，发展的速度更快了。对比2008年的数据，2017年索菲亚营收规模增长近30倍，净利润增幅约40倍，9年复合增长率接近50%。

索菲亚的上市对定制家居（衣柜）行业影响更为重大。正像科凡董事长林涛后来所说的：“之前，我们从来没有想过，一个没有运用互联网技术和缺乏信息化的年代，一个靠手工开单、依赖单一工序加工和总代理模式的木工行业能够登陆资本市场。（索菲亚上市）是资本市场对于我们这个行业的认可，也让行业有了归属感和身份感，更有了目标。”

他说：“过去，别人问你是不是做家居/橱柜/装修，你都不好意思说‘是’，但现在，我们可以很确定地说，我们就是做定制衣柜/橱柜的。”

5月，中山市顶固金属制品有限公司正式更名为广东顶固集创家居股份有限公司（以下简称“顶固”），次年，顶固智能衣柜推向市场，全新形象广告片登陆央视。虽然之前顶固在定制衣柜业务上布局多年——早在2006年，顶固就已从欧美引进机器设备与先进技术，推出生态门；2007年顶固柜体推向市场，形成了以五金、定制家居、生态门为主的三大产品体系；2009年耗资数千万引进国际领先的德国豪迈先进板式家具生产线，但这次公司的改名意味着公司业务重心的巨大变化。

这一年，值得一提的还有大信家居。它的占地2200平方米、珍贵文物2921余件的郑州大信厨房博物馆正式对外开放。里面的展品以汉代墓葬明器为主，包含陶灶、陶鼎、陶甑、粮仓、猪圈等，以及历代古本的灶王经、灶王年画等，数量之庞大，藏品之精美，据说创下了诸多“世界之最”。

种种迹象显示，在建材家居行业，一个崭新的时代正在开启。尽管没有人会想到，其中的重要主角竟然是此时营收最高不过50亿元的定制家居企业！

【年度定制人物】
索菲亚家居董事长江淦钧：一股清流润人心

说起索菲亚，你会想到浪漫、聪颖、品质等词语；说起江淦钧，江湖都传说其厚德、智慧、值得信赖。在定制家居派别林立、杂乱无章的时候，江淦钧所在的索菲亚不但率先上市，还扛起了行业建设大旗，开放、分享、交心，宛如长者、恰似先生，这给了很多同行希望、信心和启迪。企业有大小，财富有多寡，而德行却如一股清流滋润人心，足慰一生。

中篇

扩张边界 2012—2022

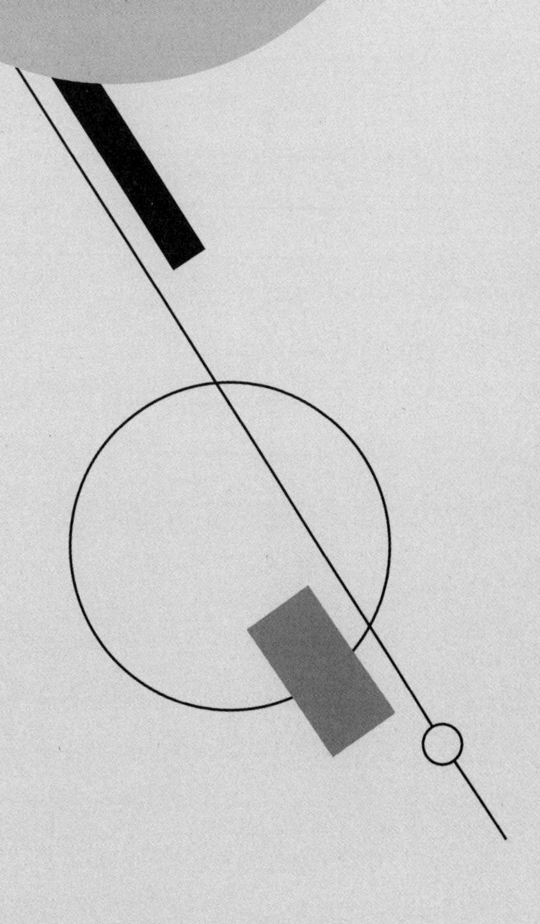

2012 加速扩张

拿到了上市融资来的11.8亿元宝贵资金，索菲亚开始大规模投入基地建设、信息化升级和产品开发中。在生产基地方面，上市后的索菲亚先后在广州增城、四川成都（2012年3月收购成立成都子公司）、浙江嘉善（2012年10月设立子公司）、河北廊坊（2012年11月设立子公司）、湖北黄冈（2014年开工建设）、黑龙江齐齐哈尔（2017年与华鹤合资）、河南兰考（2017年开工建设）建设了七大生产基地，完成了全国的布局。其中2012年就有西南、华东、华北三大基地同时推进，显示其强烈的扩张欲望。

2012年，索菲亚全国专卖店达到1000家，经销商479位，年销售额12.22亿元，此后5年间其规模增长了5倍，上演了火箭般的增长速度。

当然，这样的发展也离不开索菲亚对信息化的大量投入。有媒体统计，在2015—2019年的5年间，索菲亚在信息化及软件方面的投入高达10亿元，其中仅2015年就有4.79亿元。当年该公司信息与数字化中心做到了六七百人的团队规模，占企业员工总数的1/10。

事实上，制约定制家居成长的最大瓶颈一直是产能问题，而提升产能的关键则是信息化能力和资金能力——这种所谓“大规模定制”生产系统在当时属于世界性难题，并非仅仅花钱购买设备就能解决的，它要求把销售端和生产端的软件打通，并且要高效率运转，因此需要长时间的实践、调整、磨合。为什么玛格为了解决信息化和产能问题连吃了3顿散伙饭？为什么诺维家老板周伟明曾很长时间不管理公司事务？根本原因就是不解决这一难题公司就很难发展，但要解决这一难题必须赌上所有——还不一定能够成功。

生于制造却长于复杂的市场需求上，定制家居行业从诞生之初就面对着客户千差万别的需求，这种个性化的需求与家具的工业化生产有着根本的矛盾。行业诞生之初并没有信息化系统，需要人手动分拆订单、分拣板件，效率低而且很容易出错。前端订单爆炸式增长，但后端的生产交付能力难以支撑。信息化之于定制家居行业来说，几乎是决定生死的龙门之跃。

关于这方面，尚品宅配在创业第二年就意识到了。它发现这一行根本没法进行OEM模式，必须自己建厂，而要建厂必须进行信息化建设。因此，尚品宅配2006年便在广东佛山南海建立了自己的工厂，成功打造基于数字条形码管理的生产流程控制系统，而且利用自己的技术优势不断升级换代，打通关键设备的电脑化控制，进而实现全流程的信息化。2011年，尚品宅配获“广东省信息化和工业化融合示范工程行业标杆企业”称号，其工厂通过了工信部全流程信息化技改项目审核答辩。这一年，阿里巴巴首席战略官曾鸣在一个新商业文明论坛上发起了关于尚品宅配模式的探讨。2012年，曾鸣在《哈佛商业评论》撰文，其中用一整版篇幅介绍尚品宅配，称其为“C2B模式的中国样本”。

虽然在资本运作上尚品宅配拔了头筹，但7000万元融资相比索菲亚的11.8亿元还是有着根本区别，必须精打细算。不过，尚品宅配还是用这笔钱投资建设了更为智能化的南海三厂。至于华东（无锡）和西南（成都）的生产基地建设则是2017年以后的事了。

尽管在资金上不占优势，但尚品宅配靠着自身卓越的软件开发能力大大降低了建造工厂的成本，靠着优秀的经营能力攻城略地，依然获得了与索菲亚一样的发展高速度：2012年它与索菲亚的营收相差5个亿，2017年相差则为7.4亿元，可见即使只在佛山南海建厂，依然没能阻挡尚品宅配成长的脚步。

定制家居行业诞生最早的卡诺亚完整吸收了系统家具的理念精髓，即将个性化定制服务与整体性装修实现有机融合。创始人程国标显然对生产相当内行，2002年和2005年建立并扩大了生产基地，支持了其全国渠道建设的启动；2007年第二期生产基地落成投产；2008年乔迁并再次扩大生产基地，有力支撑了其在央视开启的广告宣传和全方位的品牌战略。这恐怕也是其在2010年荣膺全国工商联家具装饰业商会衣柜专委会执行会长单位的实力基础所在。

诗尼曼历史上的两次高速发展都源于对生产的投入：一次是2008年金融危机期间，它选择逆流而上扩大产能，将占地2亩的工厂搬到22亩的地方，此后的诗尼曼就以凌厉之势席卷南粤、剑指全国；另一次是

2013年，它斥资建成150亩的广州番禺生产基地，引进了智能化生产线，产能扩大了数倍，带来的结果是随后的4年间，该公司年增长率在70%以上，经销商数量发展至上千家。

同时，它也重视和加强人才建设。2012年，辛福民挖来了一位叫黄伟国的人担任副总裁兼全屋定制事业部总经理，此人原在东鹏陶瓷工作12年，担任营销总监，他带来了规模企业的先进营销打法，在定制家居行业开创了明星线下营销模式，在未来的11年中为诗尼曼的高速成长立下了汗马功劳。

2010年，面对日益无法交付的订单，劳卡决心进行信息化建设，引入德国豪迈公司、加拿大2020公司等企业的先进设备和软件，启动智能化生产基地。据劳卡全屋定制家居事业部总经理江辰回忆，“几乎是把劳卡这几年赚到的钱全都投入到智能生产基地和企业信息化建设中了”。当时劳卡联合了德国舒乐公司打造全球先进的德系精工生产线，聘请德国制造专家卡劳斯为厂长。这也成为舒乐在定制衣柜领域第一个标杆工厂。

2011年劳卡第一代智能制造基地投产，算是彻底解决了产品交付问题，从此“发展走上快车道”。

随着行业的发展、技术交流的频繁，企业和产业的进化大大加快。产能成为紧扼在企业脖子上的绳索，规模化则成为企业乃至行业发展不得不跨越的一道障碍，因此，进入21世纪10年代的许多定制家居企业如好莱客、联邦高登、诗尼曼、科凡、顶固、劳卡纷纷进行产能投资和信息化建设，解决了生产难题。这也是2012年以后定制家居领域的很多企业进入高速增长的根本原因。

2012年3月，第二届中国（广州）衣柜展览会在广州保利世贸博览馆举行，可谓盛况空前，展会的规模连翻数番，共吸引了近400家行业内知名品牌参加。

其中索菲亚、好莱客、劳卡、诗尼曼、玛格、玖拾度、德维尔、适而居、皮阿诺、诺维家、韩丽、雅迪斯、简·爱保罗、伊特莱、艾依格、鸿扬宅配、伊思特、老木匠、盾美、万华化学、森诺、尔凌、圆方等上届老客户悉数参展。同时，第二届衣柜展也受到像顶固、史丹利、尚品宅配、百得胜、比乐、维意定制、冠特（丹麦风情）、科莱诺、伊仕利、亚丹、邦元名匠、新标、爱家伯爵、金柜、汉宁美加、艾高家居、苹果贵族等资深品牌的青睐加盟，而另一些跨界巨头如大自然温莎堡、皇朝·伊丽诗、慕思·艾娅、康耐登·蓝乔、蓝朵家居、莫干山·欧锦衣柜等厂家也都亮相本次衣柜盛会。

组委会后来提交的分析报告指出：展会期间，共接待来自全国各地的专业观众约6.6万人次。除广东外，浙江、山东、江苏、湖南、福建、江西、湖北、河南、四川等省到场的专业观众与上届相比，有大幅度的上升；展会同时也吸引了乌鲁木齐、宁夏、辽宁等省区市的经销商、参展团远道而来观展。由此可见，中国（广州）衣柜展览会已受到全国范围的泛家居经销商的关注。大部分观众均表示收获颇丰，而约有九成的参展企业老板直接表态：下届展会将拿下更大展位。

各种数据表明，中国（广州）衣柜展览会已成为国内衣柜行业招商加盟的第一大平台。

衣柜展的出现可谓恰逢其时。基本解决生产瓶颈的行业企业正需要在营销上发力，而发力的第一要义则是招商，毕竟渠道为王，你拥有多少经销商和网点，就有多少跟你一起打天下的盟友。因此，很大程度上，经销商的增长速度决定了营收的增长速度。

皮阿诺一位负责人在接受中华衣柜网采访时表示："首届衣柜展的现场人气非常旺，参展商获得的效果也远超预期，由此也证实了衣柜展的专业性和针对性，所以在招商效果上与其他展会相比有了非常明显的优势。"基于首届衣柜展所取得的战果，皮阿诺对第二届展会更加高度关注，在举办方招展伊始就率先抢订了保利世贸博览馆一楼整体衣柜2号馆的2E01展位，这是一个黄金展位，与之毗邻的是另一橱柜巨头——欧派。

另一些跨界巨头如地板行业的领军品牌大自然推出了温莎堡，板材领先品牌莫干山推出了欧锦衣柜，寝具巨头慕思推出了艾娅品牌，另外还有成品家具的知名品牌皇朝家居推出了伊丽诗衣柜，康耐登推出了蓝乔等，这些品牌也都积极亮相此次衣柜展。不过，时间将会证明，这些跨界而来的第一波品牌将会遇到颇多波折。

展会的统计数据同时也反映出，意向加盟商群体大多来自三、四线城市，而一、二线城市因卖场优质地段缺失、品牌竞争激烈等原因，经销商的加盟意向在缩减。这一方面显示，整个行业的加盟重心正在下沉；另一方面刚好迎合了欧派、索菲亚、尚品宅配、志邦家居、金牌厨柜、好莱客等头部品牌渠道深耕的现实需要，以及二、三线品牌差异化竞争的渴求。

以索菲亚为例，2012—2013年，因为一直紧抓的房地产调控，它并未享受到太多房地产市场的红利。江淦钧曾对媒体分析索菲亚的两大增长点：一是渠道下沉，对四、五线城市以及二次装修市场进行耕耘。到2017年年底，索菲亚全屋定制已经开设店面超过2200家，拥有经销商1200多位，均是2012年的2倍多；二是越来越多追求个性的年轻人选择定制，替代了部分成品家具。

展会火爆的背后，是行业实实在在的爆发。中国衣柜行业在经历了10余年的酝酿后，正迎来疯狂扩张的繁华期，成为家具行业中一个新的增长点。

2012年，王飚在接受记者采访时这样评价道："衣柜行业从去年开始正式成为一个行业，今年我们看到衣柜行业的发展正在加速，展现了众多良性的发展态势：一是企业的发展规模不断地壮大，不少的同行纷纷建设自己的厂区，他们的售前保障和供应能力也在不断地加强；二是我们行业各个品牌建设和形象推广步伐也越来越大，包括今年的中国（广州）建博会上衣柜行业的3个展馆，都成为建材领域里一个巨大的亮点……"

说到中国（广州）建博会，不能不提及衣柜专委会在展会期间卓有成效的作为，不但展露出其前瞻的视野和宽阔胸怀，而且大大提升了衣柜及定制力量的影响力。

此时的中国（广州）建博会已成为"亚洲建材第一展"，影响力和展示规模空前巨大，展馆面积历史性地扩充到32万平方米。其中上升势头迅猛的中国（广州）建博会·衣柜展延续2011年的火热形势，扩至4万平方米，单展面积雄踞"全国第一"。

7月8日是展会的开幕日。这一天，由全国工商联家具装饰业商会衣柜专委会发起的"中国定制力量"系列活动暨"欧派杯"第二届中国衣柜文化发展论坛在中国（广州）建博会期间举行。从欧派的冠名参与可以看出，它不但看好衣柜的前景，而且历史性地加入了由衣柜行业主导的“中国定制力量”大合唱。

作为立足本土消费者的原创行业，定制衣柜一直以来受到行业标准缺失的困扰，这对其进一步的发展形成制约，因此，制定衣柜行业相关标准，统领整个行业快速、健康发展成为广大衣柜企业的强烈呼声。此次活动期间，全国工商联家具装饰业商会衣柜专委会举行了《衣柜行业消费白皮书》启动发布仪式，倡议广大企业积极参与行业白皮书的编制和行业服务标准的制定。

之后数年，在以索菲亚为首、众多衣柜和产业链企业的积极参与下，《人造板定制衣柜技术规范》《人造板定制家居板件封边质量要求》《轻质高强刨花板》及《浸渍胶膜纸饰面超薄纤维板复合胶合板》等行业标准、团体标准和产品标准陆续推出，为行业的繁荣做出了不可磨灭的贡献。

随着新品牌的不断加入，成行成市的定制家居迎来发展的黄金年代。一位业内企业家曾与同行分析当时的高成长：增长率低于30%叫不及格，但也不能高于70%，否则就有失控的风险。

“从2013年到2018年，整个行业经历了一个非常高速的增长。尤其是一些中小品牌增长更快，原本（营收）1亿元左右的企业基本上到了2017年、2018年都会到达5亿~8亿元的规模，相当于每年保持百分之七八十的增速。”曾是资深媒体人，现任广东省定制家居协会副秘书长的罗子勤回忆。

据她介绍，索菲亚董事长江淦钧一直有个观点，定制家居是一个重服务、链条长、讲究体系运营的行业，体系建设好，管理、交付才能稳定。因此，业绩增速最好不要超过50%，太低了（低于30%）肯定有问题，太高了也容易出问题。索菲亚在那段高速发展的时期，一直控制在47%、48%这样的速度。

事实也的确如此，2013—2017年，索菲亚的营收增长率分别为45.98%、32.39%、35.35%、41.75%、36.02%，没有一年超过50%。

相比之下，尚品宅配的增长率就显得更快了，分别为58.39%、62.72%、61.47%、30.39%、32.23%。好莱客的发展则中规中矩：42.70%、38.69%、20.08%、32.45%、30.02%。这些衣柜企业的表现要整体优于同期的橱柜品牌，如欧派、志邦家居和金牌厨柜。志邦家居于2015年进军衣柜市场，2016—2017年业绩暴增，营收分别为9119.7万元、2.25亿元，有力地支持了志邦家居30%以上的增长速度。

2012年，正处于行业快速成长初期的定制衣柜行业竞争将从产品价格的低层次竞争进入渠道、终端、设计、服务、人才、管理以及规模等构成的复合竞争层级。定制衣柜低端产品市场和区域性市场的市场竞争较为激烈，而中高端产品因行业发展壁垒的因素，市场份额有限。定制衣柜行业面临着初级阶段的竞争整合，划分明晰、占据绝对优势的品牌格局正在形成。

2012年，像是一个引子，这一年里发生的很多事件，都成为未来不可忽视的注脚。

这一年，房地产仍然在严密调控之下，交易量持续在低位徘徊，以至于许多建材企业视之为“寒冬”。欧派衣柜销售额才数亿元（有说数千万，网易家居的一篇报道称：从2012年到2015年，欧派衣柜业绩从几千万到13亿元。笔者估计应该在2亿元上下），却已经开始建立厂房，从国外引进专业的衣柜生产设备。

谁也没有料到，仅在3年之后的2015年，欧派衣柜销售额竟达13亿元；10年后的2021年，衣柜及配套家具产品收入竟然高达101.72亿元，成为集团旗下首个单体破百亿的事业部门。中国市场总是给人带来意外和惊喜，经常“山重水复疑无路”，但冲过去很快就“柳暗花明又一村”。

在遥远的西南，曾经的川派家具三巨头双虎、全友和掌上明珠已经在关注定制家居的未来潜力。2011年，双虎通过收购成都一家家装公司，试图借此切入定制家居赛道，开始探索定制业务；2012年，全友推出定制衣柜，建立了以衣柜类为核心模块的定制产品；掌上明珠则是在2013年开始战略部署定制生产线。在它们的示范作用下，四川成品家具企业纷纷踏上转型之路，四川定制家居企业的数量每年以50%的速度在增长，到2018年已有400家以上，四川省涉及定制家居业务的企业则达到了2000家以上。到2020年，“无定制不家居”已经成为整个行业的共识，这一年年初，即使面临疫情的影响，川派软体家居巨头帝标家居也终于下场了。

2012年，在北京，一家名叫曲美家具（2015年上市后改为“曲美家居”）的成品家具企业也正式涉足定制家居业务——推出了全资子公司B8创意空间，试图在其雄厚产能基础上，“专注于用设计提升空间利用率，满足用户个性化的需求”。在成品家具企业中，它是转型较为成功的品牌之一：2018年，定制家居业务被正式纳入其主营业务之一，只是名称上采取了较保守的称呼“定制家具”，当年实现营收5.94亿元，同比增长40.17%；2019年营收7.26亿元，同比增长22.22%；2020年和2021年营收分别为7.85亿元、8.47亿元。尽管2021年业务占比仅有16.7%，但显然，它的定制家居业务站稳了脚跟。

2012年的中国互联网经济仍以迅疾的步伐前进，电子商务以一种势不可当的势头席卷全球，人们开始真切地感受到网购时代的来临。11月11日，淘宝的“光棍节”（“双十一”）大促销单日成交额达到191亿元，全年交易额（GMV）则突破了1万亿元。作为实施“十二五”规划承上启下的重要一年，改革仍处于攻坚克难的关键时期。这一年，国家发布了《电子商务“十二五”发展规划》，提出到2015年实现电子商务交易翻两番的目标。

不过，尽管许多敢于创新和拥抱未来的企业积极拥抱电商，但除了极少数企业收获成果之外，其他品牌基本收获不佳——即使尚品宅配的电商规模不小，也深受亏损的困扰。2014年，其负责电商的新居网亏损仍有355.83万元。

2012年发布的《互联网行业“十二五”发展规划》则提出，“实现从应用创新、网络演进到技术突破、产业升级的全面提升，在转变经济发展方式、服务社会民生中的作用更为显著”。3年后，互联网再度上升为国家战略，中国进入以融合创新为标志的“互联网+”时代。

移动互联网处于井喷的风口之上。上线仅433天的微信，其用户数就已经突破1个亿，成为在互联网史上迄今为止用户增速最快的在线通信工具。8月，微信公众号平台上线，很快让曾经一度“统治”社交媒体的微博黯然失色，正在替代企业网站成为移动互联网时代的新门户。几乎每一家中国公司都必须认真思考自身与微信之间的关系。

与此同时，经济学家后来称为“本土化”的进程开始了。按照学者何帆在《变量3：本土时代的生存策略》中的描述，历史学意义上的20世纪是在2008年结束的，以金融危机为标志；本土时代则在2020年开启，“这之间的12年是装睡的12年”。

但这并非没有迹象。在建材业，曾经火爆国外的建材超市模式似乎正走向尽头。有人戏称：2012年不是“世界末日”，却仿佛是建材超市的末日。9月，美国全球领先的家居建材连锁超市家得宝宣布关闭所有在华店面，退出中国市场；曾经的模范百安居在2008年后开始大规模关店（2014年12月被物美集团收购）；号称全球第四的欧洲建材分销商领导者法国美颂巴黎2011年宣布退出中国市场；另一个品牌乐华梅兰也开始收缩在华店面，苟延残喘（最终于2020年退出中国市场）……人们越来越诧异于曾经人人想进的跨国公司突然不香了，而且它们一个个正离中国而去。

建材超市进入中国20年，看起来实力雄厚、技术领先，却终究没能成为中国家具建材产品销售的主要渠道。倒是看起来没多少技术含量、采用卖场模式的中国本土企业红星美凯龙、居然之家在此期间进入了快速发展的黄金期。

红星美凯龙创始人车建兴20世纪80年代用借来的600元起家，从卖家具到造家具，再到2000年开出第一间家具卖场。之后，仅用了12年的工夫，红星美凯龙已在全国80个城市开出100个家居商场，据称商户销售总额突破500亿元，红星美凯龙成为建材家居流通领域第一品牌。居然之家成立很晚，是1999年由全国华联商厦联合有限责任公司、北京中天基业投资管理有限公司等33位股东共同投资设立的大型国有控股股份制企业，此时年届30岁、任全国华联商厦联合有限责任公司副总经理的汪林朋被调去担任总经理。在他的带领下，居然之家走上了蓬勃发展的高速公路，2011年荣获年度中国家居最具影响力卖场品牌，2012年总新开门店达18家，全国门店总数达到65家。2018年居然之家以释放36%股份的代价，引来阿里巴巴等16家机构的联合战略投资，总额达130亿元（次年阿里巴巴也战略投资了红星美凯龙）。

继续繁荣发展的建材卖场正迎来属于它们的时代，它们则为定制家居企业提供了渠道升级的重要舞台，令后者渐渐从原来低端、杂乱的批发市场走了出来。

【年度定制人物】
尚品宅配董事长李连柱、
尚品宅配总经理周淑毅：
血液里流淌着创新狂热

仅仅用了5年，李连柱和周淑毅再创业创办的尚品宅配就成为广东产业转型升级的先锋、省委书记眼中的“朝阳企业”、战略学教授眼中的C2B模式样板……然而，这还只是这家企业的前奏，接下来率先入局电商，进入shopping mall（商场）、写字楼进行渠道创新，在大家居和整装探索中不断领先，接入京东集团……你可以看到它在浪潮之巅不断激进，以持续的创新令同行从业者目瞪口呆，很长的时间里难以望其项背。是的，在李连柱、周淑毅率领下，尚品宅配身上有着汹涌的创新狂热，这种狂热几乎燃烧着它的每个细胞。尚品宅配无疑是行业的“科学家”“创新实验室”。

2013 大家居

种种迹象表明，2013年是大开大阖之年，也是一个新时代开启之年。

是的，经济进入了“新常态”，新常态背后不但多了GDP的厚重，更多了国家的方向感：“反垄断”、简政放权、依法治国、户籍改革、设立上海自贸区等是对“中国梦”的渴望；“全面深化改革”强调了“市场在资源配置中起决定性作用”，同时提出“更好发挥政府作用”，这奠定了中国未来的发展基调。

这一年，值得提及的两件经济大事是：第一，中国国家铁路集团有限公司挂牌，成为拥有200多万人的央企，这是铁路系统迈向政企分开的一大步。它的背后是中国在铁路尤其是高铁领域举世瞩目的进步：中国不但掌握了世界先进的技术，而且高铁总里程已达1.3万千米，拥有全球最大的高速铁路网，到2021年已突破4万千米。高铁的出现，大大便捷了国人的出行与生活，对经济和企业的影响重大而深远。

第二，4G牌照的发放。12月4日工信部正式向三大运营商发布4G牌照，一个全新的短视频、万物互联、人工智能时代开启了。

这是一个急剧变革的时代，互联网的列车呼啸而来，几乎碾过所有的行业，构建着新的商业模式和产业逻辑。以互联网为基础性平台的生态被视为新的世界，拥有更高的效率和新的消费者互动关系，而移动互联网时代的到来，更是把沟通频率和效率大大提高了。在新旧模式的切换中，唯有那些积极拥抱创新的力量，才可以在新的世界中崭露头角、蓬勃壮大。

伴随着移动互联网的崛起，消费者有了更多渠道接触国外的家居设计，他们对家开始有了“设计”概念，“美”的意识进一步滋长，只是“好品质”已经变得不够了，设计越来越成为消费者和企业关注的焦点。可以说，正是消费者对于“美”的追求，催生了行业从单品类向后来全屋定制的升级。

林涛被誉为定制家居行业“最懂设计的CEO（首席执行官）”，这源于他在创业之初将原创设计作为主抓的核心工作。不过，他的“设计”不但包括注重美学的艺术设计，还包括工业设计。针对华东区域偏重人文设计的“小高定”，以及华南区域偏重软件科技的“大数据”，他想走出两者结合的第三条路。在他的率领下，科凡早在2009年就在企业内部成立了工业设计中心，在实践摸索中深挖衣柜产品中的268项顾客需求，发现其中的5项最受关注，不经意间竟然摸索出“用户体验+工业设计+智能制造”的模式。如今的它又提出“大设计+智慧产业链”模式，朝着设计的差异化方向继续深耕。

这一年1月，蔡志森联合了几位前同事徐明华、肖永创、黎保生共同创办了广州量维信息科技有限公司（三维家的前身）。这是一家带有圆方和尚品宅配烙印的公司，蔡志森是一位典型的IT男，曾担任新居网、广州圆方计算机技术公司、尚品宅配高管，深受家居行业的浸染，理解行业的痛点和需求。

几位创业伙伴都在家居行业浸染多年，深知原来的国内外设计软件3DS MAX、AutoCAD的痛点——对设计师要求高，操作复杂，要呈现一张效果图费时费力，也知道基于别人的平台图形引擎做二次开发的痛苦，因此，创业后坚决踏上了一条“云”路，而且坚持自研引擎。2014年7月，“3D云设计系统”推出，基于Web（网页）标准的云渲染技术应用和丰富的设计方案，既降低了设计门槛，让设计过程和效果更轻量和直观，又可以提升接单率和客单价。

“以前需要太多软件了，不同软件之间来回切换，对人的要求很高，但真正上过‘985’‘211’大学的人是很少的，”蔡志森说，“三维家的3D云设计软件，能让设计师使用更便捷。”（解夏：《这家与国人居住息息相关的公司，正在占领万亿赛道》，创业邦2021年8月2日）这显然备受定制家居企业的渴求与欢迎。

这听起来有点像是圆方在数字时代的新版本。三维家诞生于一个家居行业渴求数字化赋能的时代，作为To B的平台服务商将拥有更大的机会。很快，三维家迎来了它的A轮投资者，著名的投资机构软银中国于2015年1月率先入驻（和广发信德共同投资）。软银中国合伙人周晔第一次接触到三维家时就判断，家居行业是4万亿元的市场，但整个行业的获客、供应链都比较低效。三维家通过3D设计，抓住设计师群体，有很大机会切入商品交易和供应链，并利用数字化技术提升行业效率。

2018—2019年，三维家又迎来B轮红星美凯龙和C轮阿里巴巴这样的战略投资者。

无独有偶，家装设计软件中的另一个重要玩家酷家乐（后更名为“群核科技”）已于2年前成立。2013年5月，酷家乐获得由IDG资本投资的200万美元A轮融资，同年上线了智能室内设计平台，该平台瞄准家装设计师和家装公司市场，主要提供房屋户型、家居三维模型素材和极速渲染的SaaS（Software as a Service，即软件运营服务）设计工具。它对行业的贡献是，既大大地提升了家装设计行业的效率，又降低了家装设计的费用成本。

相对于已是行业大拿的蔡志森，酷家乐的3位创始人黄晓煌、陈航、朱皓还是20多岁的毛头小伙子，不过他们出身“名门”，技术娴熟——都毕业于美国UIUC（伊利诺伊大学厄巴纳–香槟分校），工程师出身，曾各自就职于英伟达、亚马逊和微软等国际大公司，而且还都有梦想。他们以20万元起家，在产品推出近一年半后，才在2013年啃下第一个客户。

这个时代，有梦想就有无限可能。酷家乐和三维家恰好迎来消费个性化和工业软件云端化的浪潮——具体而言则是定制家居的爆发。不少头部企业品牌如金牌厨柜、我乐等以订单的方式热烈欢迎它们的降世。随着业务的发展和客户需求的演进，三维家和酷家乐都不仅仅满足于云平台设计软件供应商，其中的三维家更是力图打造家装整体产业链。

仅仅数年时间，行业人士就会发现，由于它们的出现，定制家居的一项重要基础设施——设计信息化——完成了建设。整个行业的设计水平和信息化水平因此大大提高了。

在直接关系着人们日常生活的衣食住行四大领域中，“住”是互联网新技术改造革新进展最缓慢的一个，也是目前国内唯一一个没有诞生综合型生态服务巨头的领域。这是一个具备万亿级市场空间的新蓝海，也将是阿里巴巴、腾讯等科技巨头们的必争之地。要做数字经济基础设施供应商，拥有数万亿市场的家居是一个不可忽略的重要产业，人们也有理由相信，这里将涌现出一个“全球最大的家居工业互联网平台”。

它会是三维家或酷家乐吗？或者还有更强的跨界“打劫者”出现？一切都在演变之中，迄今为止仍远远未到终局。

作为衣柜中的领袖企业，索菲亚的一举一动备受关注，具有风向标意义。

在此之前，它在介绍公司的主要产品时写道：“公司的主导产品为定制衣柜，配套定制家居是公司在向客户销售定制衣柜的同时，应消费者的一体化或整体性要求而加工、生产、销售的配套定制家居。”也就是说，除了衣柜，其他都属“配套”之列。

2013年，索菲亚开启“大家居战略”，提出了“定制家·索菲亚”的广告口号，取代了原来“定制衣柜，就是索菲亚”。公司陆续开发了电视柜、酒柜、餐柜、鞋柜、饰物柜等多个系列的配套定制家具，产品系列由原有的卧室系列、书房系列拓展到客厅系列、餐厅系列等。

很快，他们把目光瞄上了橱柜。年底与法国SALM集团签约，2014年设立合资公司司米橱柜，正式进军国内定制橱柜市场。

显然，进军橱柜并非索菲亚首创，“大家居”也非索菲亚最早倡导。此前，玛格、卡诺亚、好莱客等企业早已将衣柜延伸到鞋柜、衣帽间、书柜、玄关柜等柜类周边产品；尚品宅配、维意定制早在2007年就提出了全屋配齐、三房两厅的概念；皮阿诺也于2009年进军橱柜；较早提出“大家居”概念的是木地板行业的大自然，其早在2011年就开始布局多元化家居业务，确定“大家居”品牌发展方向，提出家居产品网络整合业务，重点发展“家居一体化”相关产品。这里当然不乏为其多元化扩展并推出定制衣柜宣传造势的成分。

欧派虽然2014年提出“大家居战略”，但实际上早在推进之中、之前就先后进军卫浴、衣柜（及全屋定制）、厨电、木门等领域。其“大家居战略”的路线似乎与索菲亚的迥然不同，前者是基于家庭场景下的一站式采购，后者则更倾向于包括橱柜在内的全屋定制。

大家居战略呼应了不同类型和阶段企业的扩张需求，因而尽管对这一概念的定义并不相同，它却成为一段时期包括定制家居在内的相当多泛家居企业的潮流性选择。在这一名义下，许多企业纷纷跳出原来的品类边界，相互渗透、延伸，扩张经营范围，同时又积极融合、合作，开启了泛家居产业的大融合时代。

对于其他细分行业的企业而言，大家居代表的是多元化的扩张，既是品类事业的增多，更关乎品牌核心价值（品类）的再定位。它们遭遇的将是多元化经营难题。对于定制家居企业而言，索菲亚开启大家居与欧派的战略相向而行，意义重大：一是它标志着定制家居两大头部企业正打破藩篱，两大流派开始正式融合，二是它为定制派的再升级指引了新的前沿方向。占据更多的家居场景，变成了定制家居企业关注的重点，竞争的战火直接导向了成品家具，乃至家电。

作为一直以来相当另类的创新派，尚品宅配虽然没有响应“大家居”的概念，但它在2013年（有的说法是2010年）已推行“宅配战略”，将家居用品全方位一站式配套，打破行业传统，带动行业不断开拓新品类。这虽然也是事实上的“大家居”，但相比欧派的自产模式，尚品宅配选择的是整合模式，即与一些行业领导品牌共同构建起“全屋生态联盟”。这意味着在初期，尚品宅配的整合视野更为宽阔，事实上，其整合效果也最为明显。2014年其配套家居产品销售占比已达14.4%；到2018年，尚品宅配配套家居产品收入超过11亿元，销售占比升至16.55%。

同年，欧派营收虽然过了百亿元，但剔除橱柜和衣柜之后的配套家居占比为13.85%（包括其自营的卫浴及木门产品）；索菲亚73.11亿元的销售额中，配套家具业务占比仅为7.41%（包括其自营的木门业务，如果剔除此项更要减半），这恐怕是2020年其将品牌定位为“柜类定制专家”的业务缘由。

当年索菲亚在招股书中曾这样说明：由于客户个性化需求越来越多，定制作为能充分合理地利用有效空间的优势凸显，定制衣柜将被赋予更多的用途，并列举了与定制衣柜配套的家具——包括了书房系列的书柜、电脑台，卧室系列的床、床头柜、梳妆台、斗柜，客厅系列的电视柜、鞋柜、饰物柜等。可见，彼时的索菲亚就已经在构思如何从衣柜开始延展至全屋的场景，其所谓的“大家居”战略或者本质上就是一种全屋定制的雏形。事实上，根据媒体报道，2014年，索菲亚衣柜的确重点推出了“全屋定制”的概念，并建立了广东省定制家居设计工程技术研发中心，这是国内首家以定制家居命名的省级技术中心。

从索菲亚2015年的半年报可以看出，其大家居战略还在持续推进：5月起利用OEM生产模式推出实木家具品类，包括床、餐桌、书桌等，同时联合了知名床垫品牌“梦百合”协同销售床垫、枕头等家品，在索菲亚衣柜专卖店进行配套销售，丰富了公司产品系列。

此后，橱柜与衣柜的融合开始变得频繁，几乎覆盖了所有主流品牌。

2013年，当时专卖店已突破1000家的大信家居已成为橱柜界不可忽视的品牌，以一己之力撑起了其在河南家居界的地位。它不但是中国橱柜领军企业10强，建成了中国首家厨房文化博物馆，并在行业内率先开展“工业旅游”模式。更让人惊奇的是其独步天下的橱柜大规模个性化定制生产线，吸引了包括橱柜、衣柜行业的全国同行前往观摩学习。

有个插曲：同年，在曾勇的组织下，近20家广东衣柜企业到大信家居考察，此事竟奇妙地成了广东衣柜行业协会的肇始。据曾勇介绍，参观完毕后，当时大信家居的董事长庞学元邀请与会企业家们题词签字，一众广东企业家们竟找不到合适的落款名义，最后只好写“广东知名衣柜品牌行”。回来的途中，不少企业家强烈意识到，经济大省广东作为衣柜产业链聚集地，有必要建立一个自己的协会。8月，广东衣柜行业协会注册成立，曾勇担任秘书长。

2014年，大信家居正式推出衣柜产品，并于次年开展全屋定制业务，实现全屋定制的定制家居业务全覆盖。位于合肥的志邦家居则于2015年2月启动定制衣柜品牌 “法兰菲”，定位高端、奢华。以此为契机，它也开始启动“大家居 ”品牌战略。位于厦门的金牌厨柜则于2017

年则推出“桔家”品牌，瞄准大家居跨界衣柜定制品类。不过它依然与志邦家居一样，将“桔家”定位为“专业衣柜品牌”，这显示在橱柜行业，品类的界线相当根深蒂固。

相形之下，诗尼曼2017年、好莱客2018年进军橱柜业务虽然看似较晚，但并没有像橱柜企业那样重新另起名字以示郑重其事。也许在很多衣柜企业看来，橱柜只是全屋定制的一个组成部分而已。

大家居概念得到了泛家居主流企业的热烈响应，显示出彼此间融合的趋势。比如顾家家居原本只是个沙发企业，后来走上了大家居发展模式。2013年顾家家居进入了床垫领域，用7年的时间从行业的“黑马”到行业的“引领者”，实现了身份的巨大飞跃，接着又进入定制家居领域。之后，它的发展速度丝毫不逊于该领域的欧派，甚至成为堪与其比肩的强劲对手。

【年度定制人物】
大信家居创始人庞学元：
自成一派的“中华功夫”

他少年得志，青年巅峰，却又大器晚成，他花了20余年时间，在河南这块并不丰饶的家居土地上，“种出”大信家居这个金字招牌。他创业之初就知道信息化是定制家居的关键，凭借一己之力，独创地借鉴了汉字造字模式，以自主研发的设计及制造软件系统为依托，开发出独特的“易简大规模个性化定制模式”，一举攻克了工业时代定制家居周期长、质量不可控、效率低、成本高的四大世界难题，推动了定制家居行业的产业变革与繁荣。在此基础上，他又建立起数目可观的博物馆聚落，不断汲取传统文化、现代设计美学，形成独特的博物馆文化营销模式……庞学元孜孜以求，心系顾客，用心去做中华民族的好子孙。他做到了，而且“中华功夫”深湛，自成一家、独木成林。

2014 板材升级

2014年2月23日，百得胜2014年经销商大会在佛山三水举行。此时的张健有理由感到高兴。自收购以来，2013年百得胜并未经历人员的大幅振荡，招商重点工作取得突破，渠道网点增长560%；销售业绩突飞猛进，年销售额从2年前的五六千万元达到1.245亿元；同时为了弥补生产短板，苏州新工业园项目正在推进中。

进入百得胜是他人生的重大转机，也是事业飞腾的新起点。他十分看好定制家居的市场潜力和C2B商业模式，因为这个行业消费者从来不欠钱，企业可以提前收款。因此，在他所在的德尔地板上市后不到一个月，负责投资与管理工作的他就进入了百得胜。

此时的张健对定制家居行业还是相当陌生，因此尽管代表着大股东，他并没有急于冒进，反而沉下心来，一切归零。

张健给自己定了6个字——“固化、同化、变化”，给自己4年时间，希望能够做到“345”的目标，即3亿元销售额，4000万元利润，500家门店。

2012年4月，他曾透过媒体展露雄心：“我来就是要将百得胜做上市的。”当时的百得胜体量相当弱小，人们都以为他是在吹牛，要实现也要在10年之后。没想到，张健仅用了4年工夫，就将这一目标变成现实（尽管是装入上市公司德尔地板），仅晚于2015年上市的好莱客，略早于2017年上市的尚品宅配。

多年的从商经历练就了张健独到的经营思想：第一，尽管定制家居行业流程复杂，但他认为只要打通产业链上的短板就可以解决问题；第二，要关注细节，但不要纠缠于细节，只要钱能解决的问题都不是问题；第三，专业的人做专业的事，有敬畏之心；第四，要在这个行业干成一件事情，至少需要4年时间，因此一定要坚持。

在这次经销商大会上，作为执行总裁的张健介绍了2014年《百得胜千万大商1314营销战略规划》，提出1个产品基础、3个卖点、4个执行点的营销方案；他还提出，2014年将再招商200家，年销售额再增长2.5亿元。

这一年是百得胜的“产品基础年”，目标是“围绕环保、功能、设计全面优化产品体系”。其中，环保已逐渐成为百得胜差异化竞争的最大亮色。

经历了20世纪八九十年代的快速发展，环境问题变得日益严重，江河湖泊污水横流、舟楫难行，城市雾霾蔽日、空气混浊，而在家居建材行业，由于材料、装修等环节造成的污染日益让家庭关注，尤其是甲醛造成的可怕后果引发了很多家长的恐慌。进入21世纪以来，国家开始强调科学发展观，走中国特色社会主义建设道路不能忽视生态建设和环境保护，国家整治环境问题的力度越来越大，几乎每隔几年，就有一次“环保风暴”刮起。这也让很多有志于长远发展的企业未雨绸缪。

早在2006年，德尔地板就推出了有效减少游离甲醛的FCF猎醛系列地板产品，市场反响良好。张健早就认识到环保对于家居产品的重要性，积极推进环保产品。2012年年底，百得胜发布了品牌环保战略。在张健的坚持下，百得胜借鉴了德尔地板的成功经验，与上游供应商合作推出了“无醛添加禾香板”产品，成为定制家居行业中领先发布和推广无醛添加板材的主要品牌。

后来，张健在接受媒体采访时曾言：“在当时的市场环境下，行业高速发展，从业厂商更专注于快速扩张而非产品视角。当时雾霾、PM2.5等大气环保问题牵动全国人民的心，百得胜作为一家充满社会责任感的企业，认为环保是产品的基础品质保障，是让消费者更放心定制的基础，所以将环保作为重要的企业战略。”

在随后的几年，百得胜在环保道路上持续发力：2013年，引进美国亨斯迈第四代MDI胶，推出无醛添加密度板；2014年，采用美国亨斯迈第五代MDI胶，推出无醛添加颗粒板；2016年，采用大豆蛋白胶和实木基材，推出无醛添加澳洲实木；2017年，从MDI无醛胶粘剂、专利技术和材料三方面入手，推出无醛添加美洲实木；2018年，推出无醛添加实木多层板；2020年，把环保无味水漆工艺引入定制家居行业；2021年，在无醛添加的基础上推出“6面环保”，也就是柜门、4面柜体、背板等6个面均采用无醛添加板材；2022年，重磅推出新风门，又开启水漆整家定制……

人说“十年磨一剑”，10年的“无醛”耕耘成就了百得胜鲜明的产品和品牌特色，其产品曾获得美国环境保护署的无醛豁免认证、瑞士SGS及国内六大权威机构检测认证。其中2017—2018年期间，百得胜参与了中国林产工业协会团体标准《无醛人造板及其制品》的制定……有媒体甚至这样评价百得胜的贡献：“百得胜在无醛添加板材领域的发展史，就是定制家居行业的无醛进化史。”（大材研究：《无醛暴热背后，有的公司已经研究了8年》，2020年8月24日）

这虽然有些夸张，但百得胜的执着确实演绎了中国定制家居行业原创探索的一个典型版本：把企业的创新立基于行业的缺陷本身，将环保由一个限制条件变成企业的核心能力，这是一个值得在商业世界传播的品牌故事。

欧洲环保标准将木制品按照甲醛释放含量的多少，分为3个级别：E0级（甲醛释放量小于0.5mg/L）、E1级（甲醛释放量0.5~1.5mg/L）、E2级（甲醛释放量大于1.5mg/L，小于等于5mg/L）。

根据欧盟CE认证所要求的甲醛释放量标准，符合E1级标准的板材可以直接用于室内，这与我国的GB18580—2001国家标准一致。也就是说，无论在欧洲还是在中国，都可以使用E1级板材来制造家具。

定制家居较早就采取了E1级标准的人造板材。尽管这些板材环保符合国标，但由于家装环境复杂、板材使用量大，加之品类繁多、流程复杂……多个因素叠加后，仍会出现消费者家庭甲醛超标的情况。个别案例见诸媒体后，往往引来消费者的愤怒和社会的广泛关注。

为了获取消费者信任，定制家居企业开展了你追我赶的环保竞赛，不断提升环保标准和水平，甚至将此视为在市场竞争中提高自身竞争力的必然选择。

E0级则被视为当时国际最高环保标准，目前全球只有芬兰、日本两国强制实行E0级标准。从2013年开始，定制家居行业的一些头部品牌纷纷宣布开始采用E0级标准的板材。例如，联邦高登在2013年年底举行的一场关于“绿板”的发布会上，宣布板材从E1级升级到E0级。

2014年，索菲亚、欧派、卡诺亚、顶固、尚品宅配、维意定制等品牌纷纷涌入，采用E0级板材的定制品牌急剧增多，大大加速了行业环保标准的升级。其中，索菲亚走得更远。由于板材类家具经常带有气味而被消费者误认为“甲醛超标”，从2015年6月起，索菲亚开始对上游的板材供应商提出了板材气味控制要求。

一份给上游板材供应商出具的文件显示，索菲亚要求板材供应商通过改进加工工艺、规避气味浓烈树种、延长原材料堆放时间等方式，确保板材的气味至少要达到“有味道，但不刺激”的三级标准，否则便会被视为不达标，拒绝采用。注重品质建设，为消费者考虑更多，是那些年索菲亚一直维持行业领先地位的秘诀之一。

在这些定制家居品牌的带动下，上游厂商开始增加E0级板材生产线的比重，形成了产业上下游协同创新、升级环保的局面。

2015年，索菲亚在装修板材的环保上继续发力，成功研制出质量稳定的基材无醛添加康纯板，并制定了产品标准；2016年，在企业环保标准E0级的基础上正式推出无醛添加康纯板。该板最大的亮点是以木质纤维或原木颗粒为原料，在基材制造过程中采用的是MDI无醛添加黏合剂，这种黏合剂不含甲醛，也不分解甲醛，也就是说，在基材制造过程中不添加任何含甲醛的化学成分。与此同时，它还采用德国柔性高速封边技术和环保饰面，进一步确保了全流程的绿色环保。

之后数年，索菲亚不断提升无醛添加康纯板的环保指数以及实用能力，先后通过中国林产工业协会的“无醛人造板及其制品”的认证、美国EPA的无醛豁免认可、瑞士SGS多项检测认可。2020年，索菲亚康纯板再添3项国际环保认证，索菲亚成为行业中率先获得五大国际环保认可的企业。2021年其产品通过了丁香医生极其严苛的“科学审核”制度，同年其产品更纳入了国家孕婴网孕婴产品通道推荐目录并入驻国家孕婴网国孕商城，成为定制家居唯一入选企业。

板材是家具使用的主要原料。它分为实木、人造板两种，其中实木因为价格贵、难得以及政策限制等原因使用量非常少，人造板便成为大多数家具公司的通用选择。常见的人造板材有密度板（纤维板）、颗粒板、胶合板（多层板）等，定制家居常用的板材是颗粒板或密度板（按密度的不同，还可分为高密度板、中密度板、低密度板。定制家居一般用中密度板——中纤板——居多）。

早期的时候，人造板中的黏合胶含有甲醛，再加上一些无良厂家用劣质胶（甲醛严重超标），引发了一些社会事件。这也成为像百得胜这样的定制家居企业探索环保板材的压力和动力。

其实，像张健这样在板材上死磕的企业家还有两位令人印象深刻：一是好莱客董事长沈汉标，二是顶固董事长林新达。

好莱客的故事听起来与百得胜有些相似。

好太太晾衣架的成功，除了产品设计之外，更多是过硬的品质带来的用户口碑上的成功。这让沈汉标有了很好的参照。经过数年的摸索，他开始认识到，设计对家具固然非常重要，但它并非本质。“只有身处行业的他才知道，家居企业的竞争，就是板材之间的较量。”（常进：《好莱客董事长沈汉标：执着于一块板材的这原态十年》，《商界》2022年4月28日）在他看来，一块板材是家居产品的基础单元，板材上的竞争力是定制家居企业长远竞争力的基石。

被称为是好莱客第一位“产品经理”的沈汉标开始从源头抓起。他发现，甲醛这把悬在家具行业头上的达摩克利斯之剑之所以长期存在，主要是板材本身的工艺问题造成的。所以，他力排众议，坚持“费力不讨好”地研发较贵的环保板材。终于在2012年，好莱客使用MDI生态黏合剂，推出第一块基材零甲醛添加“原态板”，成为环保衣柜的先行者之一。

之后，沈汉标对于板材基础研发的投入并未止步，反而逐渐加大。原态板材系列历经10年7次迭代，从“基材甲醛零添加”到创新融入负离子净醛抗菌技术的原态净醛，再到2022年推出实现纳米净醛的“G6实木多层板”，用《商界》文章评论，就是“实现了从板材环保到空间环保的跃级，一次次将家居环保标准推至行业新高度”。

从2015年开始，好莱客发起了“4.26世界无醛日”活动。从此每年都坚持与公益组织、媒体等第三方共同合作推广“世界无醛日”，净醛环保的概念渐渐成为好莱客品牌的标签。

10年来，百得胜一直强调“无醛添加”，而好莱客则走上了净醛（可以主动降醛杀菌）之路。同样是环保路线，两者隔空对弈的意味相当浓厚，可算是行业内的“相爱相杀”。

对于好莱客在环保路线上的积极探索，市场给出的反馈相当正面，甚至形成出乎意料的市场红利：2013年到2015年营收增长率分别为42.70%、38.69%、20.06%，成为其历史上成长最快的一段时间。这里面固然有行业普遍高速增长的因素，但好莱客实施的有效策略（包括环保性特色产品）同样功不可没。

现在，沈汉标认定，环保是一生需要坚持的事情："原态的追寻像一场马拉松，路程很长，持之以恒很重要，而坚持做正确的事情，时间终将给我答案。"有人说，现在的好莱客时时刻刻都不忘记"原态经"，从原态选材、原态智造、原态大家居再到原态服务……显然，此时的"原态"已不仅仅是一块环保板材，它更是好莱客一条以健康舒适、化繁为简、返璞归真的"原态哲学"为核心驱动运转的"原态全价值链"。

顶固林新达的从商心法，有人总结为一个"破"字——不破不立，做事情敢于全力以赴、破釜沉舟。比如，创建顶固初期，他甚至关掉了北京势头正好的建材市场。"我最大的优点就是做好决定后会把自己的后路断掉，这样才能以百分百的用心去投入，才能熟透这个领域，然后才能抓住机会去成长、去超越。"

他的"破"字诀还体现在不走寻常路。世纪之交的中国是世界的加工厂，贴牌现象盛行，连一位德国家居品牌亚洲区高管也感叹："中国的五金生产工厂都在做OEM，而企业累死累活只有百分之十几的利润，这样谁还愿意做品牌？中国的五金市场是没有希望的。"但林新达不信这个命，他创立顶固的目的就是做一个中国名牌，而且做一个中高端的品牌。

林新达成功了，而且速度很快，顶固仅用3年时间就跻身中国五金三强的位置。接下来他又瞄准了产业升级，先后进入生态门、衣柜领域，他用了3年时间，生态门、衣柜已与顶固的五金并驾齐驱。2009年他率领顶固杀入定制家居（衣柜）市场。

虽然在五金方面声名显赫，2010年如愿获得了中国驰名商标，顶固在定制家居业却是一个“新兵”。毕竟当时的定制家居领域里已然有索菲亚、尚品宅配、好莱客等“老将”，顶固还走了一些弯路，比如比较重视工程、门的生产外包以及兼做贴牌业务等，因此发展速度并不快。2011年5月，顶固正式更名为顶固集创，从2012年开始果断砍掉非专业品类，全力推广自主、原创的民族品牌，但2013年又遭遇定制家居行业必须经历的系统和生产之困。

2014年，解决上述问题的顶固开始全面发力，9月，聘请了一线明星范冰冰为品牌形象代言人。2015年，顶固扩展进入全屋定制市场，同年登陆新三板。

彼时，行业的“无醛添加”浪潮如火如荼，各种无醛添加板材层出不穷，它们多以速生木材为原料。林新达的老家浙江省在东南沿海，溪河众多，竹木密布，因此，他从小就对竹制品有着强烈的喜爱，深知竹子的优点——不但吸热吸湿、冬暖夏凉，而且韧性强、耐腐、杀菌防虫、天然环保。更重要的是，我国竹林资源丰富，竹子生长周期短（50天就可以成材），是替代木材的最理想材料。如果能将竹子打碎，再用生态胶制作成板，岂不是一种重大创新和优势？

就这样，林新达如痴如狂地踏上了一条孤独的探索之旅。顶固没有头部企业的实力和规模，却有着敢为天下先的胆魄与心胸。他带着上游板材制造商，先后走遍了云南、福建等竹子产地，历经3年的原材筛选和反复试验，于2017年推出独家研发的第一代竹香板，率先迈出了家居行业材料变革的第一步。

尽管响应者几近于无，林新达并没有气馁放弃，反而再度祭出“破”字诀。2019年顶固再次研究升级竹香板，通过与暨南大学产学研的深度合作，在2020年推出了物理性能相较第一代提升1倍、稳定性更优越的第二代竹香板。据说，这款竹香板已“拥有超越同行各类颗粒板板材的优越性能”。

2021年6月，顶固召开了第三代竹香板暨家居健康白皮书发布会，重磅推出第三代净纯竹香板，它拥有“净、纯、香”三大核心优势。超“净”——拥有E0级标准F4星认证[1]，纯净环保净化甲醛；含高浓度负离子，溶解空气中的TVOC（总挥发性有机化合物）、PM2.5、苯等，净醛降醛，抗菌杀菌；“纯”——精选5年以上成年纯楠竹材料，运用三层结构设计，具有硬度高、韧性强、弹性好等特点；“香”——100%纯楠竹制板，自然散发竹子淡淡香气。

顶固的板材路线不但超出了无醛净醛路线，还在材料上进行了革命性的升级。这是一种值得高度肯定的重大创新，一旦得到推广和普及，对我国丰富的竹林产业开发利用和国家绿色环保工程，都是利好的推动。

据林新达介绍，目前顶固的竹香板已相当成熟，不少定制家居企业

[1]　F4星认证，其实就是日本的“F☆☆☆☆认证标准”。“F4星”源于日本农林省的法律法规JAS认证，是日本国土交通部颁发的证书，“F4星”是日本健康等级最高的环保标准，更被认为是国际上最健康的环保标准。

流露出合作的意向，他准备成立专门的板材公司从事运营。一旦这种板材在定制家居领域得以普及，不但利国利民利企，对行业也是重大贡献。

事实上，林竹产业的前景正在浮现。在2022年11月7日举行的第二届世界竹藤大会开幕式上，中国与国际竹藤组织共同发起“以竹代塑”倡议，中国将启动制订“以竹代塑”行动计划。数据显示，到2025年，全国竹产业总产值将突破7000亿元；到2035年，全国竹产业总产值将超过1万亿元。

说完企业，我们再将目光移至行业和更宏观的层面，看看2014年值得记住的大事。

这一年，我国定制橱柜在橱柜市场中渗透率达到了60%，定制衣柜在衣柜领域市场渗透率约30%。定制家居高速增长的态势逐年明显。

喧嚣的互联网产业发展似乎抵达了沸点：5月，四五年前还是苏宁、国美后面小兄弟的京东上市，当天市值高达286亿美元；9月，阿里巴巴在纽交所完成了史上最大规模的IPO（首次公开募股），共筹集了250亿美元。当年，全球市值最高的10家互联网公司中有4家是中国公司，即百度、腾讯、阿里巴巴和京东，中国互联网产业崛起的速度令世界震撼。

在移动互联网上，中国的App创业堪称癫狂：2011—2012年，“千团大战”一将成名万骨枯；2013—2014年，滴滴、快的大战，上百亿元资金饱和攻击；2014年，微信支付和支付宝迅速替代了人们的钱包……此时互联网的冲击远未达尽头，普通人的方方面面正被雄厚资本以创业的方式重构。人们开始担心新型寡头的出现。

此时的中国企业已开始登上世界之巅，尽管它们似乎走的是国际同行的老路：联想已是全球最大的PC（个人计算机）制造商，华为是全球最大的电信设备厂商，海尔是全球最大的白电制造商，苏宁是全球最大的电器连锁零售商，万科是全球最大的房地产商……对此，吴晓波的评价是："如果这一景象被定义为'新常态'的话，便意味着中国公司必须具备领跑和自我突破的能力，这是一次极其光荣却也无比凶险的新长征。"

不过，对于老一代企业，这一长征或许"凶险"，但对于没有历史积累但也没有包袱的新生代企业和行业，它也可能轻而易举。谁又能否认，定制家居或许正走在这样一条新长征路上呢？

还有一件值得一提的事，尽管它似乎与定制家居无关。那就是户籍改革到了关键的节点，我国实行了半个多世纪的"农业"和"非农业"二元户籍管理模式将退出历史舞台，解除农民进城的身份障碍。这既是对中国城镇化的最新助力，更是对我国经济战略转型的有力支撑。

我们的改革有时看起来迅疾无比，有时看起来行动迟缓。无论如何，拥有近14亿人口、幅员辽阔的中国正坚定地沿着改革开放的道路，向前迈进。这于其中的企业而言，无疑是最大的历史性"风口"。

【年度定制人物】
百得胜家居董事长张健：
虚怀若谷，坚决独行

他的出现，给行业中小企业带来独特的资本思想，带来独特的差异化战略标杆案例，以及一个10年五六十倍的增长传奇。

他谦虚，让专业的人干专业的事；他分享，在上市的道路上后发而先至；他独行，坚决在环保的差异化战略路线上深耕。在他身上，你会明白，狠人从来不会话多，强者未必四面张扬。《孙子兵法》讲："庸者谋事，智者谋局。"显然，张健就是那个善谋局的智者，他用行动证明智慧就是力量，在定制家居行业，智者比勇者、勤者的发展速度更快。

2015 O2O变革

尽管国家进入了“新常态”，GDP增速从以前的接近两位数降至个位数，但有一个行业除外，那就是在资本的疯狂推动下，热火朝天的互联网经济。

最高层在战略方向上狠狠助推了一把。2015年3月，在全国人大会议上，李克强总理首次提出制定“互联网+”行动计划，推动移动互联网、云计算、大数据、物联网等与现代制造业结合，从而带动实体经济，为改革、创新、发展提供广阔的网络平台。作为推动经济增长的新引擎，“互联网+”成为受到中央政府认可的创新模式。

5月，国务院适时印发《中国制造2025》，为中国制造点明未来升级路线图。这份纲领性文件被当时喧嚣的互联网与资本力量淹没了，并没有在受到严重挤压的制造业引起多少波澜，但它却在国外引发强烈震动和持续讨论。有人说，它所展现的雄心令美国等西方国家担忧受到威胁，引发中美摩擦和对抗。这是一种本末倒置的观点。但它的强大魅力和威力直到5年后才会被更多中国企业强烈感知，成为整个中国坚定不移迈向未来的路线图。

回到2015年，在中国互联网市场里，BAT已经显露出互联网王者之气，甚至有着垄断迹象。据统计，BAT已经占据整个互联网行业七成以上的份额。B（百度）的流量导入，A（阿里巴巴）的电子商务，T（腾讯）的电子游戏与社交网络，已经形成了不可撼动的地位。

它们不但竭力伸展触角、扩大用户，还不停地瓜分互联网的其他疆域，仅2015年，百度就投资250亿美元，阿里巴巴投资150亿美元，腾讯投资560亿美元，其触角已经伸向O2O、动漫、影视、媒体、文化等多个行业，不断构建自身的商业生态。

全民创业时代到来，投资公司如雨后春笋般涌现，中国已成为世界最大的创业投资市场。互联网行业投资的“高烧”状态继续升温。2015年上半年互联网行业的投融资无论从投资规模还是交易数量上，相较于2014年下半年都有较大增长，到处充满着疯狂烧钱的味道。速途研究院数据显示，仅在2015年上半年，互联网各领域的投融资案例数量就有489起，总投资规模达到695.1亿美元。

太多的团队凭借PPT演示文稿就可以很快拿到投资，甚至，有些创始人被资本推着蒙眼狂奔。资本充分展示着其强大的魔力，也同时显露着狰狞与可怕的面孔。一个个传奇诞生，一个个疯狂迸现，一个个愕然落幕。股市迎来10年又一次的大起大落、悲喜交加，商业“妖孽”正上演极致的狂欢，P2P（点对点）互联网金融、暴风影音、快要为梦想而窒息的乐视、潜入万科的“野蛮人”宝能……

这一年，互联网家装作为一种营销概念被提出，随即在家装业刮起了一股变革的旋风，2015年成为互联网家装的元年。家装行业在快速而剧烈地变化。互联网家装不再是传统产品和服务的简单互联网化，而是对家装产品、供应链、服务链乃至整个家装生态圈的互联网化。

互联网的投资大火也燃烧到了建材家居行业。1月，已是“网红”企业家的雷军扬言要进入互联网家装领域，投资6000万元入股爱空间；3月，成立于2007年的家装电商平台齐家网正式宣布获得总额1.6亿美元的D轮融资，创业7年的土巴兔获得了由红杉、经纬、58同城共同投资的2亿美元C轮融资，估值超10亿美元，创下了互联网家装领域单笔融资之最；10月，刚刚创办的百变空间就获得1000万元天使轮融资，家装O2O模式被资本市场看好。

虽然传统的家装大佬们表面上不看好也看不上互联网公司，互联网家装模式在次年就开始退潮，但后者带来的冲击显而易见。面临巨大压力，传统加装纷纷加速转型，并与互联网家装在竞争中开始融合，客观上促进了传统家装企业的新一轮增长。

这一年，电子商务对实体经济的巨大冲击，以百货点关店潮的形式再一次上演。作为零售业里最传统的业态类型，百货店曾以商品品类众多而受到大众的喜爱与追捧。随着电商的崛起，电商凭借品类众多和价格优势对百货业造成巨大冲击。据统计，截至2015年年底，全国百货店关店数量已超过50家，其中不乏一些知名百货品牌，如百盛百货、玛莎百货、金鹰百货、万达百货等。

在家居建材行业，像红星美凯龙、居然之家这样的专业卖场似乎未受到波及。6月26日，红星美凯龙以中国家居零售业第一股的身份，于香港联合交易所主板挂牌上市，成功募资72亿港元（约合57.46亿元人民币）。其招股说明书显示，2012年收入为52.54亿元，2013年为63.61亿元，2014年为79.35亿元，年复合增长率为22.9%，年内利润及全面收入总额年复合增长率为31.8%。它还在自持地产、自营商场的激进扩张道路上向前飞奔。

面对线上的冲击，红星美凯龙的态度先是拒绝，然后改为积极拥抱。2012年，红美商城（后改名“星易家”）线上平台建立，红星美凯龙试图打造类似于天猫的家居领域综合性电商平台。但在该平台上线运营半年后，2亿元的投入仅换来4万元的交易额。2013年“家品会”网站建立，试图以唯品会的品牌折扣销售模式再度打开线上市场。但网站流量不大，2015年甚至传出大规模裁员的消息。

2016年年初，红星美凯龙引入苏宁转型的干将之一、苏宁易购前执行副总裁李斌，同年6月提出“1001”战略，即开1000家线下商场，建1个线上平台，实现线上线下互联互通。但随着李斌的职位调整与最终离职，“1001”战略也前路茫茫。

当然，它的互联网故事还未到终极，甚至将在2018年、2019年随着腾讯和阿里巴巴的纷纷入局再度迎来更大的想象空间。

至于居然之家，它起初并没有与同行共同抵制电商平台，而是积极探索“互联网+”和O2O领域，创新销售方式。2015年3月，居然之家总裁汪林朋提出“将名称改为居然之家线上线下一体化家居连锁集团”，在变革的时代装上互联网翅膀，实现传统企业到线上线下一体化的转身。当年，其构建起一个独特的O2O平台——居然在线，依托其线下的100多个门店，以设计为驱动为用户提供家装解决方案，以移动互联网为纽带为用户提供线上线下全渠道服务。2016年，它又推出了融线上线下为一体的家居智能服务平台——“居然设计家”。不过，它的线上业务一直亏损，直到2018年阿里巴巴战略入股之后，O2O新零售模式才迎来质的飞跃。

与零售卖场类似，家居建材制造企业们同样受到互联网电商模式的冲击。淘宝天猫每年的天量交易数字、“网红”品牌（如林氏木业等）的示范效应、一部分先行先试企业公布的业绩增长……都促使其中的企业积极布局、尝试。尚品宅配、索菲亚、欧派、好莱客等也都顺流而入，纷纷加入触“电”之列。

在早期电商时代，部分建材家居企业做电商主要是为了探索新型销售，避免陷入落后的境地，它们大多以天猫为接入渠道，单独进行线上运作。定制家居则大为不同，由于在消费者下单前没有具体的产品，加之前端需要设计，后端还包括了配送安装……因此，一段时间以内，定制衣柜被认为不适合线上销售，企业普遍投入较少。

早在2011年，索菲亚就在天猫开出了第一家官方旗舰店。2013年，索菲亚正式成立电子商务部。与家具行业把电商作为一个补充的渠道所不同的是，索菲亚则是在电商运营经验的基础上，利用信息技术，将店面运营与电商进行系统性整合。2014年，索菲亚首次参与天猫“双十一”就取得了亮眼的成绩，以1.8亿元的销售业绩成功斩获天猫住宅家具类目销量第七的位置。

2015年“双十一”期间，索菲亚天猫旗舰店成交额达到了2.7亿元。这一年，该公司获得35.35%的高速增长，原因之一是：“积极推进O2O业务，跟各大电商网站、家具电商平台、装修电商平台、互联网家装公司等紧密合作，持续推进‘互联网+’的公司战略。”2016年索菲亚更成功夺得“双十一”全屋定制品类冠军，成为行业电商领航者。

这时，许多企业才恍然大悟。当电商进入O2O时代，原来定制家居行业的电商天然就具有O2O属性：相比于其他品类的企业可以总部直营，定制家居的线上必须与线下经销商结合，因而是真正意义的O2O。总部通过电商让口碑沉淀到电商平台，给品牌做背书，通过电商平台下单的客户增量将以就近的原则免费派发给各地的经销商，由所属的经销商提供服务。

不过，索菲亚的思考还不仅如此。在它看来，触网带给索菲亚真正的价值，是把用户数据化，使企业能基于大数据做精准营销。这一年，索菲亚通过阿里数据银行发现，用户对阳台柜的搜索量大有提升，于是组织团队利用大半年时间进行设计、研发、测试，终于开发出一款抗日晒、防水的新型板材和洗衣柜，提出了自己的阳台解决方案，在市场上大受欢迎。如此，索菲亚将很多线下成交的会员数据与阿里数据做匹配，通过购买行为、购买特征等用户画像，更立体地了解用户的生活方式，更精准地触达用户。（邓海霞：《索菲亚家居：双11网销破5亿元的背后》，搜狐网2017年11月18日）

作为定制行业里典型的科技派，尚品宅配同样以大数据的思维布局O2O，而且其布局推进的时间更早。

早在2008年，尚品宅配就自建电商平台新居网，依托圆方开发的家居设计软件，开展“网上看家具摆放自家效果+品牌家具上门量身定制”的网络服务模式，成果显著。在开设天猫旗舰店后，善于运用互联网思维的尚品宅配，无论产品数量还是粉丝数量，都远超同业水平。2011年，新居网就作为家居行业唯一代表，获得了“2011年度全球十佳网商”和“2011年度创新网商”两项荣誉。

从一开始，尚品宅配就以互联网思维，统一电商和实体店的运营。李连柱曾经介绍其运行的链路：“无论我们是从PC端还是移动端经过网上的营销推广销售等，中间都要经过云计算大数据。我们把从线上来的几千个顾客，根据顾客的特征，与我们遍布全国各地将近6000个设计师或者当地几十个设计师做匹配，然后派出合适的设计师上门为顾客进行量尺，取得顾客需求与喜好信息等。设计师回来后帮助顾客做好方案，之后让顾客来地面实体店现场修改落实方案，传到我们工厂，工厂进行加工，随后进行一系列安装服务等。”

2008—2009年，尚品宅配依托线上的强大引流能力，开创性地将专卖店面开进了写字楼（这种店简称O店）和购物中心（这种店简称SM店），引起建材家居业一片惊呼。

2013年，尚品宅配在广州东宝的直营O店创下了年营业额2亿元的纪录（之后这个纪录被连续打破，2017年达3.8亿元，2020年超4亿元）。这种O店的顾客来源完全依赖线上，足见尚品宅配很早就具备了强大的O2O能力。

自2010年起，尚品宅配的SM直营店开始向一、二线城市购物中心和商场进军，并在2014年大力扶持加盟商进驻三、四、五线城市的商场，铺满全国。它并没有像众多企业一样将建材家居卖场作为主渠道，而是独辟蹊径，强悍的创新与运营能力令人咋舌。不过，如果没有强大的线上经营能力，这些租金成本很高的店面想要维持经营相当艰难，这也是其他品牌乏有跟进SM店模式的重要原因。

很多业内人士如此看待尚品宅配的探索：起初看不懂，想学学不会，最后总结“大家非同类”。它的创新实践的确大大启发了行业，但其很多做法太过先进，孤独得别人没法跟随。

李连柱坚信，对定制家居企业而言，“O2O决胜在实体店的体验！”李连柱他们把深度了解客户的行为搬到了线下。实体店利用大数据对消费群体的行为偏好、消费偏好、消费金额以及购物路径等信息进行搜集，更有针对性地对目标客户群进行精准营销和客群管理，更有针对性地发出优惠促销或者提醒购买等信息，这让实体店更具有营销价值。

例如，尚品宅配开发出一款新的产品后，会第一时间把所有的结构在实体店中展示出来，然后通过门店内的视频采集系统，记录每一个顾客经过这样一个新的空间的时候对这款产品的反应，以及在这个空间停留的时间。这样通过后台的大数据系统，就可以对新产品的每个功能、客户的喜爱度、不满意的方面等都进行全面的分析，这样的展示变成了产品上市前的预演，可以收集到非常有价值的一手市场信息。

作为尚品宅配旗下承担互联网业务的子公司，新居网一直都是行业最神秘的存在。互联网浪潮带来的几波营销红利，它都敏感而精准地抓住了。

在知乎上，一位叫荀胜的作者专门撰文对尚品宅配进行了分析：第一，2013年之前的搜索引擎红利。此时的尚品宅配与百度战略合作，每月投放上百万元，同时通过SEO（搜索引擎优化）获取大量免费流量；第二，2014—2017年的社交媒体红利。“从2014年开始，尚品宅配开始发力各种社交广告投放，比如头条信息流、腾讯信息流、百度信息流等，这次的投放数据更是达到了夸张的程度。”据说几年下来触达人群高达5亿人。第三，2017年全面发力短视频。“孵化了20多位家居行业KOL（关键意见领袖），其中就包括抖音粉丝破2000万的‘设计师阿爽’；另一方面签约海量外界KOL，总数超过700位，让新居网成为家装家居行业最大的MCN（多频道网络）机构，号称拥有1.2亿个短视频账号粉丝”。

这在泛家居行业无人能匹敌，也让泛家居企业颇感邪门。这种与时俱进、指哪打哪、快速创新获胜的能力为其赢得行业“创新实验室”和“科学家”的美誉，但也被同行视为只能观望思考、无法学习复制的“异类”，似乎它不是来自地球，而是来自“三体”世界。顺便说一句，2015年，一位叫刘慈欣的科幻作家横空出世，其作品《三体》获得科幻领域的最高奖——“雨果奖”（年度最佳长篇小说奖）。刘慈欣以一部作品将中国科幻直接带上世界的巅峰。

2015年，同样在天猫上取得不错成绩的还有金牌厨柜，“双十一”大战中，金牌厨柜完成超过2亿元的天猫交易额。这样的成绩也刺激了其布局电商的决心和速度。2016年年初，总裁潘孝贞在与天猫的战略合作发布会上宣布：“2016年金牌厨柜将继续发力电商，开启全面电商营销大时代。”

同期在电商上发力的还有玛格。2015年前后，玛格完成了自建商城和入驻天猫两个线上交易平台，之后在短短1年时间里，它便打入类目前列，成绩斐然。立足于差异化产品定位的玛格将电商视为自己信息化的前站，它将全流程信息化建设视为自身的重要技术支撑，从企业信息化、设计信息化、营销互联网化到CMR（管理客户关系）系统，以及工厂生产的全系统打通，实现玛格与用户、设计、产品、技术、营销的无缝连接。

好莱客于年初成立了电商公司，据说投资上千万元，要火力全开开辟线上渠道。之后它又入驻了新上线的优家购商城，后者可以提供线上展示和线下体验服务，弥补其自身在O2O方面的不足。是年2月17日，正在高速发展通道里穿行的好莱客在上交所主板敲钟上市，成为继索菲亚之后又一定制家居（衣柜）上市企业。这更让定制家居（衣柜）声势大振，甚至在橱柜、衣柜之争中，衣柜的声势一度高过橱柜。

这一年，好莱客迅速完成了经营操盘手的更迭。7月，一直跟随沈汉标打拼的好莱客总经理詹缅阳申请辞职。一个月后，沈汉标挖来明星经理人、来自美的公司的高管周懿接任。周懿毕业于北京航空航天大学，入职好莱客前，曾在美的工作多年，历任美的日用家电集团市场总监、整体厨卫事业部总经理、中国营销总部执行总裁等职。

欧派也在这段时间开始积极布局。它是个一旦决定就会干得出色的狠角色。2014年，欧派在橱柜事业线成立了独立的电商运营部门。随着电商业务的快速发展，2015年年底，电商部门从橱柜事业线独立出来，成立了集团电商事业线，负责欧派全品类产品在网络渠道的推广。考虑到对更多入口流量的占领，欧派卫浴品类的天猫旗舰店也上线了。到了2016年，欧派在电商渠道的销售业绩已近10个亿，天猫旗舰店销售额占比也快速提升。此时，欧派大家居模式正在快速复制推广，它在积极地将网络推广方面的投入与大家居的产出有机整合起来。

在李连柱看来："从10多年前传统的逛街购物模式到今天的网购——无论是在家里还是在办公室，收到快递再进行网上支付，这样的消费交易过程并没有体现到消费的体验上，带给顾客情感体验是互联网零售取代不了的，实体店才具有这个先天特性。”

在尚品宅配的实体店里，客户可以用过店内配置的触摸屏亲身参与设计，所以全国各地的门店经常会营业到晚上12点。甚至在广州天气炎热的地方，很多客户在门店与设计师一起修改方案，有时候会忙到凌晨四五点。

尽管诸多定制企业纷纷入局线上营销，在科凡家居的林涛看来：“定制家居行业是重服务、重体验、重沟通的行业。即使软件再先进，也替代不了线下体验的环节。这种特性导致即使在电商最辉煌的时候，也没有把家居行业颠覆。”

事实上，定制家居的线下店面作为其中的一个“O”，仍有很多潜力可挖。比如，从2015年年初开始，索菲亚便推出“799元/平方米”和“899/平方米”连门带柜的定制衣柜促销套餐，吸引到不少对价格更为敏感的新客户群。新浪家居的评论说：“这是索菲亚第一次用全渠道广告推广一个价格导向的画面，是定制衣柜业内的第一次，甚至是建材圈内的第一次。”

此举一出，对行业造成强烈冲击，被视为行业“价格战”的肇始，尽管业界没有跟进，但私下议论不断：有人指责其挑起价格战恐有损品牌形象；有人担心此例一出引发多米诺骨牌效应，会导致恶性竞争；有人则开始猜测这回索菲亚可能无法赚钱了。

事实上，此举给索菲亚带来巨大效益。2015—2018年，索菲亚营收和利润持续增长，营收分别为31.96亿元、42.30亿元、61.61亿元、73.11亿元，归母净利润则分别为4.59亿元、6.64亿元、9.07亿元、9.59亿元，平均利润率都保持在13%以上，其中2015—2017年3年的营收增速达到32%以上。

价格冲击已然成为既成的事实。在最初的一两年时间里，由于整个行业均处在高速增长期，因此造成的影响似乎不大。同时，许多人开始思考“799元/平方米”带来的积极影响：第一，对消费者而言，相对于过去复杂、模糊、可变的计价方式，它是一次计价透明化、简单化的升级和进步。第二，索菲亚的“价格战”并非恶意以低价倾销掠夺市场，而是连续数年扩充产能、提升信息化带来的规模化效应，标志着背后大规模个性化制造的模式已经成熟。正如王飚所言，索菲亚并非在打价格战，而是在从定制衣柜向全屋定制迈进的过程中重新梳理价值链。这需要背后企业系统的支撑，并不一定适合所有定制家居企业。

索菲亚的价格冲击持续2年后，终于有些企业坐不住了。2017年6月，欧派衣柜推出19800元全屋套餐，迎战索菲亚的营销套餐，开启了行业的套餐大战，将定价模式扩充到整个定制服务体系。此举也获得了巨大的市场效应，欧派衣柜开始对索菲亚的老大位置造成冲击。紧接着，尚品宅配推出“518套餐”予以抵抗。有媒体评价：“这场以套餐为标配的价格战迅速波及整个定制家居行业，压低了行业平均市场销售价格，也推动了行业的第一次洗牌。”（《5年，两轮交锋，盘点定制家居行业的价格战之路》，经理人网2021年4月29日）

到2018年之后，随着定制家居数家企业上市，一直高速增长的行业开始减速。为了争夺市场，基于价格的竞争变得非常直白，依次经历了“平方米大战”“套餐大战”“整家大战”等，套餐营销不断玩出新花样，整个行业进入加速洗牌阶段。

【年度定制人物】好莱客董事长沈汉标：抓住产品的牛鼻子

做一件事情本来就不容易，他却“花开两朵”，是两家上市公司的创始人。他善于用人，他所聘用的一个人将好莱客带到了上市，另一个人给企业带来一倍多的营收增长。他善于抓住产品的牛鼻子，不但以匠心精神和原创追求打造产品品质，更以创新精神和满腔责任心“死磕”原态板材。在他的不懈努力下，好莱客完成了从最初的“整体衣柜领导者”到“定制家居大师”的蝶变，而原态也不仅仅是环保板材，更是一个健康舒适、化繁为简、返璞归真的“原态哲学”理念，一条以此为核心驱动运转的原态全价值链。

2016 全屋进化

2015年年初，正在积极筹备第五届中国（广州）衣柜展览会的曾勇突然遭遇前所未有的危机。他所在的亚太传媒资金链断裂，公司倒闭，耗时5年打造的衣柜展差点以1000万元转卖但最终无人愿意购买，多年沉淀的展会资源眼见就要付之一炬。

此时的曾勇挺身而出，个人做出担保，向展馆提出申请暂缓交付部分资金，保障了3月下旬衣柜展的顺利进行。不久，曾勇成立广州博骏家居科技有限公司（以下简称“博骏传媒”），承接了衣柜展的运营。

2015年5月22日，博骏传媒正式宣告成立。据说开业当天，100平方米的办公室居然来了100多位企业家，坐不下只能站着，甚至借了隔壁公司的客厅。简短的仪式后大家在门口合影留念，照片一发出来就引发了轰动。因此，很多人说：“曾勇（的博骏传媒）是含着金钥匙出生的。”

成立公司后的曾勇以更大的热情投入到行业的交流、建设和发展之中。面对橱柜、衣柜之间的融合态势，他将2016年3月举行的衣柜展正式更名为“中国（广州）定制家居展览会”。

3月25日，在定制家居展开始前一天，由广东省定制家居协会、广东衣柜行业协会主办，博骏传媒协办，广州天奇企业展览服务有限公司承办的“聚势前行——2016中国（广东）定制家居行业峰会”，在广州市香格里拉大酒店盛大举行。

会上，广东省定制家居协会正式宣告成立，来自索菲亚的王飚当选为第一任会长。这是全国首家以定制家居命名的省级一级协会，它不但开创了国内以定制家居命名行业协会的先河，而且大大提升了这一行业的社会形象。在组织者看来，2016年也注定成为中国定制家居行业的“元年”。

为了这个协会，曾勇前后折腾了大半年之久。这里还有一个小插曲：起初广东省社会组织管理局并不认可这个名字，因为从行业划分上只有家具业和装修业，根本不存在什么“定制家居业”。但在曾勇的不懈努力之下，相关申请报告几易其稿，广东省社会组织管理局专门为此开会讨论，最后终于开了绿灯。即便如此，相关的核准证书在2016年下半年才最终拿到。可见，广东省社会组织管理局的务实作风和敢于创新起了关键作用。

那时，可能所有人都不会想到的是，因为这个模糊不清的行业的迅猛发展和成熟，以及定制家居协会的不懈努力，3年后，广东省会广州市竟然获得了联合国工业发展组织颁发的“全球定制之都”的称号，为广州这座千年商都再添一张靓丽的名片。

一线和二线定制品牌的快速增长，带动整个行业步入高速增长期，使得定制家居从新兴的风口，演变成了不得不追随的潮流。这一年，定制家居声名大振，不但成为逆市前行的“黑马”，而且日渐成为投资界、行业界和消费者眼中的宠儿。除了3月举行的定制家居展览会，春秋两季的中国（广州）建博会和中国建博会（上海）也在2016年无一例外地开辟了专门的定制家居专区。2016年7月举办的中国（广州）建博会上，定制家居更是成为当之无愧的主角。与此同时，为了吸引更多的定制品牌进场，不少卖场纷纷筑巢引凤，为定制家居企业开辟定制家居专区，甚至打造主题定制馆。

继广东之后，福建、山东、河南等地也纷纷着手成立定制家居协会。2016年12月，全国工商联家具装饰业商会定制家居专委会也正式宣告成立。在曾勇看来，定制类协会组织的不断增多、壮大，预示着定制家居已经从家居建材体系中的一个细分产品，演变成了一个全新独立的行业。

尽管全国并没有专门的定制家居协会组织，但广东省定制家居协会以其根植广东省这个全国最大的定制家居产业集群地和优秀的组织运作能力，吸引了全国各地定制家居企业的加入。

这一年，个性化定制成为社会热烈关注的模式，在大规模个性化生产方面“北有红领，南有尚品”，定制家居行业的尚品宅配一跃成为“互联网+”的潮流代表，尽管它并非一个互联网企业。看来，有时候社会的肯定和赞誉可能源于误解。

3月26—28日，第六届中国（广州）定制家居展览会暨第六届中国

（广州）衣柜展览会在广州保利馆（琶洲）盛大举行。据组织方介绍，“此次展览展出面积近6万平方米，比往届增加了近1万平方米，参展企业近500家，得到索菲亚、好莱客、诗尼曼、玛格、百得胜、科凡家居、卡诺亚、联邦高登、顶固、劳卡、尚品宅配、冠特、艾依格、皮阿诺、箭牌、伊仕利、亚丹、合生雅居、韩丽、伊特莱、美尼美等百余家老客户的鼎力支持，同时也迎来橱柜领跑者欧派、圣奥集团旗下恋尚家、京派家具代表飞美、儿童家具龙头七彩人生、不锈钢橱柜新三板上市第一股钢泓科技、龙树门业定制品牌亚格兰、浙派定制莫干山、依索维尔、伊凡等众多名企的定制家居展首秀，可谓盛况空前……”

为了推动行业发展，主办方别出心裁地开辟“定制家居·智造工社”主题展区，邀请众多供应链企业共同展示。该展区以“智能+制造+工厂+工业+社区+合作+分享”为主旨，由乐居生活、天湘板业、锐诺数控、书木软件、豪田机械、科霖环保、华立封边、家纳五金、三维家软件、普林艾尔、唐龙（品牌）策划等产业链的优质企业联合打造，集中展示一站式“智造”流水线和各种生态伙伴，为中国定制家居的“工业4.0”探路。

尚品宅配的智能制造工厂被视为中国制造“工业4.0”的探路先锋。尚品宅配2016年入选了国家工信部评选的2016智能制造试点示范企业，成为唯一入选的家具行业企业。5年后，国家工信部再度将尚品宅配智能制造基地认定为国家级“全屋家具智能制造示范工厂”。

据网易家居的观察：“展会上，展示品类空前丰富，各大品牌纷纷跳出定制衣柜这一单品，争相推出‘空间定制’新概念，全屋定制新品层出不穷。”

“索菲亚酷炫全息投影个性十足，百得胜新中式新品‘徽州印象’劲吹中国风，诗尼曼重磅推出‘唐顿庄园’和‘星光系列’两大新品，卡诺亚大手笔派现金招贤纳士，劳卡新广告语‘给她一个想要的家’首亮相，玛格五大实力指标全面升级，三年三获德国红点奖的科凡家居用魔幻的色彩和绚烂的视觉为观众展示了多变的科凡定制，儿童家具龙头品牌七彩人生携‘全屋设计’概念新品首次在定制家居展闪亮登场，不锈钢橱柜新三板第一股钢泓科技也吹来不锈钢家居新风……众多定制家居新品令人目不暇接，新颖有趣的营销展示令人脑洞大开，酷炫高端的科技演示令人大开眼界，为业内人士敬献了一场精彩纷呈的原创定制家居视觉盛宴。”

据新浪广东报道：“从2016年上海、广州两大具有建材行业晴雨表意义的展会中可以看出，与会企业都打出了全屋定制的旗号，以全屋定制之名进行招商与市场运作。这一现象表明，全屋定制的风来了、势来了。”事实上，在建材家居业，陶瓷业、家电业、房地产业、橱柜业、衣柜业、门窗业、板材业等，似乎都在布局准备进入这一市场。

7月，在号称“全球第一大建材展览会”的2016年中国（广州）建博会上，全屋定制首次亮相。而且这次展会上有个突出的变化，衣柜的展场相对以前大了许多，橱柜3个展馆，衣柜7个展馆，衣柜已然超橱柜。从最初在中国（广州）建博会上与橱柜拘于一个场馆，到现在超过橱柜展馆的2倍，定制衣柜的翻盘，也代表了定制风潮的变迁。

在此之前的2013—2014年，行业内还掀起了一股改名潮：欧派、索菲亚、好莱客、诗尼曼等，几乎所有的企业都将自己的品牌名从原来的“××衣柜”“××橱柜”改为“××家居”。2016年，几乎所有的衣柜品牌在这次展会上都换了新名字，改称“全屋定制”，整体衣柜、定制衣柜概念渐渐绝迹于市场，成了历史名词。

传统家具行业艰难前行的情况下，定制家居行业以普遍年均20%以上的增长逆势上扬，一些领先企业2016年左右甚至一度保持着70%的增长速度。定制家居行业的热度，吸引了大家居行业的全面关注，陶瓷业、家电业、房地产业、橱柜业、衣柜业、门窗业、板材业等，无一不在布局这一市场。

其中值得一提的是，2016年10月上市的软体家居巨头顾家家居也悄然启动了定制家居业务。这个在整体规模上不逊于欧派的家居巨头进入后，未来将以每年不低于30%的高速增长切分定制家居市场的蛋糕。

定制家居市场一下子变得拥挤起来，各企业使出浑身解数——邀请明星代言、跑步进入资本市场、扩充产品品类……欲在定制家居市场抢占一席之地，以便在激烈的市场竞争中迅速“上位”，进一步确定自己的排位。

曾勇的热情和组织能力得到了巨大的释放，除了组织举办定制家居展，他还借助广东省定制家居协会、广东衣柜行业协会两大组织平台，不遗余力地搭建各种行业专业交流平台，推动定制家居行业的发展，比如，组织开展产业趋势峰会、设计分享会、智能制造大会，推动定制家居二级节点建设、区域活动等，累计活动数量超过千场（见图8、图9）。2019年12月初，协会统筹组织欧派、索菲亚、尚品宅配等8家定制家居企业联合参加“创新设计·定制梦想”成果展，为联合国工业发展组织授予广州“全球定制之都”案例城市立下了汗马功劳。

自2016年起，定制家居展每年都会提出年度主题：2016年定制

“元”年、2017年定制“融”年、2018年定制“实”年、2019年定制“变”年、2020年定制“新”年、2021年的定制“升”年，再到2022年的定制“整”年……这些主题引起行业的强烈关注，也成为很多定制企业参考和借鉴的方向。这也让整个定制家居行业开始形成强烈的行业集体形象，每个企业努力追求个性化定制和差异化路线，同时却在面对社会、媒体和消费者时，奇迹般地联合起来，发出更为响亮的集体共鸣。

刚刚正名的定制家居行业展现出奇妙的现象：每个企业的规模都不大，资产不超百亿元，但它们发出的集体呐喊不但声震整个建材家居行业，还令房地产、家电、互联网产业为之动容；企业家们白天可以殚精竭虑为市场而厮杀，晚上又可以聚到一起像兄弟般把酒言欢、开诚布公；他们你追我赶，想要把市场做大、把企业做强，却又自信地开放工

图8 2019年8月16日，中国定制家居智能制造大会，同时走进索菲亚黄冈“未来工厂”

图9　2020年中国定制家居产业链趋势峰会现场

厂、分享思想，鼓励对手们齐头并进……

全屋定制提出的意义重大。它不仅仅是一次改名，更标志着企业的视角不再拘泥于一个具体的品类，而是放在了“全屋”这个广阔的场景。

这无疑是行业企业一次革命性的“大跃进”。表面上，它是经营品类的一次全方位、多元化扩充，是整个行业的一次重大的转型和升级；实质上，它将带给每个企业在发展方向、品牌理念、经营模式、受众定位、产品研发、营销战略、招商政策、供应链与信息化等方面的一系列变革升级。

尽管都打出了“全屋”的旗号，但直到今天，全屋定制在家居行业还是一个模糊的概念。

总结起来，相关企业对全屋定制给出的定义至少分为以下三类：

第一类是衣柜和全屋柜类（橱柜之外的书柜、鞋柜、壁柜、衣帽间、电视柜、床头柜、厅柜等）的定制。这对衣柜企业来说原属配套系列，它的扩充看起来顺理成章，但事实上个性化和非标化程度大大增强，对企业生产和信息化来说是个很大的考验。

奇妙的是，很多橱柜企业也将此视为全屋定制。就是说，它们也将橱柜之外的柜类定制视为全屋定制，并据此成立专门的全屋定制事业部门。比如，欧派将衣柜及非橱柜的全屋部分视为“集成家居”，志邦家居将衣柜和木门视为“全屋定制”，大信家居则一度将整体橱柜和全屋定制并列。从它们的反应来看，全屋定制似乎是特指以衣柜为中心的全屋，而此全屋竟然不包括厨房！

当然，部分衣柜企业也持同样的看法，比如诗尼曼，将全屋定制和橱柜厨电、门窗、智能锁、木门、软体大家居等事业部门并列。

为了给用户提供更好的设计服务，构建更美的家居场景，2016年的劳卡开始从单品定制向全屋定制转型，打造了包括客厅、餐厅、门厅、卧房、小孩房、长者房、书房、厨房、卫生间、阳台十大空间在内的一体全屋定制空间解决方案。

不过，即使是这样的“全屋”，也有部分企业感到吃力，尤其是从其他泛家居细分行业跨界而来的品牌。比如，科凡家居一度打上全屋定制的名字，但后来更强调“柜墙门一体化空间”；2019年切入衣柜、墙板行业的梦天家居推出“门墙柜一体化战略”。这显示，尽管全屋的概念很美，但中小企业需要根据自身实际情况制定合适的市场进入策略。

第二类是包括橱柜、衣柜和全屋柜类在内的全屋定制。这方面，尚品宅配曾经多年一骑绝尘，但随着橱柜、衣柜两大细分行业的基本打通，全屋定制成为普遍接受的概念（尽管在多个企业的事业线中并未整合）。这从索菲亚一度将自身定位为“柜类定制专家”可见一斑。

不过，在广东省定制家居协会中，原来的橱柜企业参与得并不是很积极。这一方面跟其历史有关——它们参与的更多是全国工商联橱柜家具装饰业商会专业委员会（且名头较强），另一方面与这些企业的意识观念有关——认为定制家居协会就是原来的衣柜行业协会（事实上，很多衣柜企业也这么认为）。当然，其中也不排除橱柜、衣柜企业之间尽管以“定制家居”实现了旗帜上、品类上和模式上的统一，但内心的行业界线和微妙抗衡仍然存在。

第三类是正在迅速延展的全屋定制，包括软体家居部分的床垫、沙发、窗帘等，成品部分的桌椅、茶几、书桌等，以及家电、厨电。这事实上已经超出全屋柜类定制的概念，进入新的行业品类定义。

如果按传统的观念，进入厨电、卫浴、软体家居（如沙发、床垫）等非柜类经营，就属于典型的多元化跨界经营了。在市场化较早的中国家电行业，曾经爆发多轮多元化与专业化经营的争论，里面也出现了海尔、美的这样的多元化家电集团，但也有不少因多元化而陷入失败的例子。后来形成的“共识”是：专业化利于提升核心竞争力；多元化最好围绕相关性进行，即相关产品多元化；以投资为特色的多元化虽是企业集团的必须，但需要提升企业管控和运营能力。

如果对定制家居企业的多元化产品延伸策略进行分析，柜类定制、木门或柜墙属于核心产品相关多元化，但对厨电、软体家居、卫浴的延伸则属于跨出核心产品的边界了，因为它们除了场景设计能力和顺带销售能力，在这方面的产品和技术积淀肯定无法与沉淀数十年的专业公司相提并论。不少人认为，在企业规模上，还不到百亿元的企业实在没有必要过早地踏足集团式的多元化投资。

然而，对于正处于“青春期”的定制家居企业来说，这些其他行业的切肤之痛似乎成了“老生常谈”。它们深信，自己的世界如此与众不同，一切皆有可能，尽管成长的雄心还需要实践和时间来丈量。

2000年方太就曾推出柏厨橱柜（现柏厨家居），2001年华帝也曾经建立橱柜事业部。或者在橱柜企业领导人看来，既然家电企业可以跨界进入橱柜行业，那么橱柜企业进入家电行业也顺理成章。因此，欧派早在2003年就推出了厨电产品，大信家居则于2004年以整体厨房的概念将吸油烟机、燃气灶、消毒柜等厨房电器品类纳入大信家居的产品体系。至于后进者威法，则在2009年创业之初就整合了西门子家电（博西家用电器），联合推出西门子威法定制（后改为威法西门子定制）。

仅就结果而言，尽管拥有共同的厨房场景，厨电与橱柜之间的相互跨界均不能说成功：至2013年柏厨橱柜营收不足1亿元，2016年才有3亿元，方太依然是那个厨电冠军；华帝橱柜事业部几经折腾，在数亿规模上徘徊了10多年，直到2018年新任领导人潘叶江将之改名为华帝家居，再度发力，2019年营收才一度升至4.5亿元。反观橱柜企业，2020年厨电已不在欧派主营业务之列，欧派甚至官宣了与博世集团的战略合作；大信家居虽然于2008年宣称“厨房电器全部实现自有品牌”，但厨电更像是橱柜的配套性附赠产品；至于威法与西门子打造的“开放式中国厨厅”更多是一种品牌间的相互赋能，据说最高峰时西门子电器的销售额也没有过亿。

在多元化方面，欧派显然是最为激进的企业之一。2003年欧派同步进入卫浴市场，据称“开创浴室柜个性化定制生产的先河”。2010年，欧派卫浴销售网络规模扩张一倍。2015年提出“全卫定制”解决方案，拥有浴室柜、阳台柜、入户柜、智能马桶等产品体系。2022年6月，欧派宣布将卫浴事业部合并到橱柜事业部，对外称橱卫事业部——这意味着它不再是独立的一级事业部门，而变成了橱柜后面的“小跟班”。在营收方面，经过18年的发展，2021年欧派的卫浴产品营收9.89亿元，2022年前三季度实现营收7.22亿元。这对于一个销售额已经超过200亿元的企业而言，占比显然属于可有可无之列（如果剔除其中的柜类更是如此）。

倒是强相关的衣柜和木门业务，成为近年来欧派增长最快的两大品类，有力支撑了欧派的规模扩张。其中衣柜经过15年的发展，2021年销售额首超百亿元，占据了欧派的半壁江山；而木门业务虽然有江山欧派的品牌阻挡，欧派依然于2011年以新品牌“凡帝尼”强势入局，2015年6月凡帝尼正式更名为欧铂尼，面对正在洗牌的行业不利形势，欧铂尼木门迅速崛起，近几年复合增长率达到60%左右，实现营收12.36亿元，跻身国内木门行业的第一军团。2022年在众多不利形势下，欧铂尼前三季度依然实现销售额9.36亿元，同比增长11.81%。

可见，对于欧派这样的企业而言，多元化的规律依然在起着强有力的作用，板式家具依然是其目前的核心品牌联想词。

不过，依然有先锋企业在定制的名义下扩展着自己的边界。例如，尚品宅配2014年就联合喜临门推出了“圣诞鸟”系列床品，不久销售额过亿。在尚品宅配店里除了可以买到衣柜、橱柜、沙发、床、餐桌椅等，其他家居用品也可以买到。

2015年3月，科宝·博洛尼推出F2C超级家装产品，宣布放弃施工利润，客户全款成本价直达工队，这为消费者实打实省去30%的装修款。12月，根据用户的反馈意见，它将该系列产品进行了迭代升级，推出“F2C超级家装2.0”系列，在北京实验得颇为成功。次年，科宝·博洛尼继续发力整体家装，在设计上推出了8000平方米的样板间，8个实景样板间8个完整风格，用户可以将大师设计的样板间“直接搬回家”。不过，科宝·博洛尼似乎在家装和艺术的道路上越走越远，偏离了橱柜和定制家居的既有轨道。

2016年5月16日，易观智库发布的《中国互联网家装行业白皮书2016》报告显示，互联网家装市场正在从信息服务走向一站式服务模式。“由轻到重”是家居O2O发展的总趋势，消费升级促进了互联网家装开始走向一站式服务时代。10月29日，业之峰装饰全屋整装馆在北京盛大开幕，媒体分析“这标志着业之峰着力打造的‘全屋整装’装修模式盛大登场，家装整装新时代从此开启”。

显然，东易日盛、业之峰等传统家装公司，碧桂园、万科等房地产商和一些诸如爱空间、百变空间等新势力发出了声音——整体家装（以下简称“整装”）。最开始，国内这些头部的家装公司带来垂直模式，例如以东易日盛为主推出的非标准化家装模式，还有爱空间提出的标准化整装模式；再接下来，发展到由土巴兔、爱空间、齐家网推动的平台模式，线上线下一体化打通……

伴随着这些企业的纷纷入局，整装概念很快火爆，引起了定制家居企业的强烈关注，它所带来的更大的产业想象力让人心驰神往。试想一下，如果能把基装、硬装、软装等所有家居元素结合一体，为用户提供从基装到软装的设计施工服务，同时提供从基材到后期家具、灯饰、窗帘、摆件等一站式选购服务，其带来的客单价该有多高？带来的规模潜力该有多大？

很快，在整装领域，你就会看到很多定制家居企业的身影了！2017年，尚品宅配宣布进军整装；2018年，欧派、索菲亚宣布启动整装大家居战略，将整装与大家居混搭在一起。伴随着三大头部的激流勇进，整装迅速在定制家居业出圈……一方面，我们为定制家居企业这种向前往上的激情感染，它们永远不停止探索和升级的脚步，即使到了百亿级，仍像个初生的婴儿，充满一切可能；另一方面，它们又令人担心，它们的胆儿该有多肥啊，已经革了手工打制家具的命、成品家具的命，现在竟然要开始革家装行业的命了！

看来，地球已经挡不住定制家居企业飞奔的脚步了！

【年度定制人物】顾家家居董事长顾江生：看准一个人，打开一扇门

这一年，刚登陆中国A股市场的顾家家居悄然进入定制家居领域。表面上看，它只是无数进入定制家居业的企业之一，但以后的事实将会证明，这是位不同凡响的选手，它的成长极快，每进军一个品类领域都可以迅速脱颖而出。五六年后，它在未来“成品+定制”的整家套餐大战中上演巅峰对决，开始与定制家居的顶尖高手一决雌雄。

人常说，“千里马好找，但伯乐不好找”。顾江生就是一位难得的伯乐。他原本是位精力旺盛、相当成功的“70后”企业家，但自挖来一位优秀经理人后，便甘愿退居日常经营之后，将经营舞台交给经理人。而后者也交上了令人惊艳的答卷，10年之中让公司的营收增长了9倍！人的一生会有无数个决策，但看准一个人，这个重要决策就足以打开一扇从优秀到卓越之门。

2017 上市效应

世界在变，中国也在变，正如国家领导人所言：“当今世界正经历百年未有之大变局。”

尽管劳动力成本上升、民间投资乏力、实体企业遭遇困局……但经过5年的治理，环境正大幅度改善；反腐成为“新常态”，吏治正变得清明；经济继续强劲增长，2017年GDP增速6.9%，经济总量突破80万亿元。

其中，中国制造业产值几乎等于美国、日本、德国之和，中国不但是世界唯一的全产业链国家，而且正努力向高端领域进发：这一年，中国首艘国产航母下水，中国量子计算机诞生，国产大飞机C919大型客机在上海浦东国际机场成功首飞，中国自主研发的标准动车组“复兴号”开始京沪间高速运行，北斗导航系统迈向全球组网新时代，天宫空间实验站任务正在收官，准备开启中国空间站阶段……

这一年的中国经济还维持着强劲的增长势头。对于未来，中国的视野更为宽广、步伐更为坚定：党的十九大报告首次提出建设“现代化经济体系”，指出我国经济已由高速增长阶段转向高质量发展阶段；雄安新区规划出炉，即将展开迈向未来的国家级战略实验；“一带一路”国际峰会和金砖国家领导人峰会在中国举行，“中国议程”正在国际辐射影响力，中国依然是全球化贸易的坚定推动者……

这一年，尽管互联网经济仍然惊爆人们的眼球，共享经济带来的单车“坟场”、直播经济带来的“网红”乱象、新零售带来的体验思维和品类再定义、区块链概念的流星般繁荣、贾跃亭生态链模式的崩溃却加剧了人们的担忧。种种迹象显示，这种资本无序扩张带来的所谓互联网产业“革命”即将抵达尽头，“在中国，BAT的势力无远弗届，它们在社交媒体、电商和搜索市场形成了垄断性的优势。在今年（2017年）上半年，中国有98家‘独角兽’公司，其中八成与BAT有关”（吴晓波：《激荡十年，水大鱼大》，中信出版社，2017年11月版）。

一个“传统”产业却爆发出惊人的能量，那就是平素不为国家、资本和社会看重的建材家居业，尤其是定制家居这个看起来不伦不类的细分行业。有人分析了2017年48家上市家居企业的业绩，取得20%以上业绩增长的企业就达到了31家，占到总数的一半以上，当上市企业亏损已经见怪不怪时，家居企业无一亏损的表现却让人备感振奋。

家居行业成为资本市场的“香饽饽”。其中，定制家居企业表现最为惊艳。仅在2017年上半年，就有6家定制家居企业上市：欧派、尚品宅配、皮阿诺、金牌厨柜、志邦家居、我乐家居。这些国内领先的定制家居企业销售规模约10亿元至70亿元，业绩均保持30%以上的超高速增长（从净利润变动幅度来看，“定制家居”也最为赚钱），在资本市场掀起一股“定制潮”。这一年被家居业称为“定制家居上市年”。

从索菲亚2011年4月上市时的孤独“发声”，到2015年2月好莱客上市时的“和鸣”，再到2017年的集体横空出世。定制家居仅用了6年时间就声震建材家居业，并引发社会层面的广泛关注。人们越来越发现，定制家居代表着个性化、多元化的消费趋势，前景广阔；它不但拥有设计能力，更重要的是有自己的绝活——大数据运营，定制模式的核心能力在于柔性化生产和信息化。区别于成品家具的是，它需要解决个性化需求与规模化生产的矛盾，而要解决这一工业时代的根本矛盾，就需要投入大量的资金支撑信息化系统和设备、厂房规划及建设等方面。

从6家定制家居企业公布的招股说明书来看，企业所募集资金虽在分配比例上有所差异，不过重点都集中在产能扩充方面。欧派宣称，资金按照比重分配在各地方及产品上，主要包括橱柜生产线、衣柜生产线以及木门生产线的项目建设。金牌厨柜专精橱柜领域，将募集资金的78%用于产能建设，其中整体橱柜建设占总募集资金的44.84%，其三期项目工程（含厂房及配套设计）则占33.16%。志邦家居在大力发展橱柜业务的同时，积极投入衣柜项目建设。招股说明书显示，其将募集资金主要用于整体橱柜建设项目和定制衣柜建设项目，其中，橱柜项目占总募集资金的39.74%，衣柜项目占15.55%。尚品宅配将所募集资金的45.72%用于智能制造生产线建造。

因此，资金对于定制家居企业的发展起着相关重要的作用。接下来人们会看到，行业马太效应凸显，家居行业已经到了“洗牌”的关键时刻，一批强势企业将拥有更大的话语权，“赢家通吃”的时代即将来临。

2017年，资本在家居业日趋活跃，并购开始在企业间“流行”。欧派上市的时候，人们发现渠道大佬红星美凯龙是其第三大股东。索菲亚与华鹤集团两大企业强强联合，合资成立了索菲亚华鹤门业有限公司，以发挥索菲亚具有的渠道优势和华鹤具有的制造优势，进军木门市场。

值得一提的是，上市公司德尔地板在2016年分两次迅速100%控股了百得胜——当年营收已达4.04亿元。张健的上市梦仅用了5年时间就曲线实现了。不过，他并未止住脚步，反而在2017年前后用资本方式快速携手韩居丽格，切入实木定制领域，收购东莞丹得橱柜，跻身橱柜市场，2018年又收购软床品牌雅露斯……这显示了他与众不同的资本运营能力。同时，百得胜与全屋原木定制供应商松博宇、荣字兴门窗、五金配件供应商奥地利百隆等牵手，通过多种手段快速从衣柜逐渐向全屋定制家居扩张、渗透。

善于运用差异化思维的张健别出心裁地将百得胜的模式称为“小家居”战略，称其为卡住行业风口做一种“更专业更深入的定制”。

2018年9月，林新达实现了多年夙愿，将顶固成功带进创业板（2016年10月曾在新三板挂牌）上市。9年前顶固的战略转型收到了良好反馈：2017年它的营收已达8.08亿元。其中，定制衣柜及配套家居实现销售收入4.72亿元，连续3年在公司总营收中占比50%以上。2018年上半年，公司定制衣柜及配套家具占公司总营收的58.49%，精品五金占35.19%，另外还有6.32%的营收来自定制生态门。

至此，定制家居企业的上市数量已达9家。在拥有数万亿市场规模的建材家居市场中，有近20个细分行业（照明、涂料、瓷砖、卫浴、床垫、沙发、家装、家具、木门、地板、家纺、建材、建筑装饰、卖场、厨电、户外家具、智能家居、设计等），尽管其中规模最大的企业刚刚破百亿元，但其领袖群伦的气质正进一步彰显。

与此同时，越来越多的上市公司开始进军定制家居，家居企业之间的相互融合正在加剧。各种品牌、资源都在向定制家居领域涌入，定制家居从夹缝里诞生，变成了整个大家居行业里一个正在膨胀扩张的、面向未来的、覆盖全国的潮流趋势。

2017年3月的中国（广州）定制家居展览会的主题为“定制融年”，因为这一年里，定制家居行业的融合突出表现在四个方面：

其一，跨界的融合。定制家居行业的高增长不但吸引了家电巨头如美的、海尔等加快在全屋和智能家居方面的布局，也撼动了产业上游以碧桂园为代表的房地产企业，甚至做设备的厂商也开始跨界进入。全屋定制企业因为上市和采取大家居战略，建立了大数据系统，加快了向智能化转型和跨界的步伐，扩张动能更足。

其二，资源的融合。上市让头部品牌在资金上有了大力支撑，它们开始进行大规模产能扩张。江苏泗阳、安徽六安、湖北黄石和荆门，这些地方都做了全屋定制企业向外扩张产能的承接基地。同时，产业上下游和不同品牌间的融合合作也在大大加强。这让定制家居企业作为设计入口和销售渠道的优势进一步突显出来，加强了对家居家电等相关产业的牵引力。

其三，品类的融合。全屋定制已是时代趋势，各大定制品牌正加快丰富产品类别。定制家居行业品类融合的边界越来越宽，除了橱柜、衣柜相互跨界，定制家居企业开始向木门、阳台、门窗渗透，同时卫浴、瓷砖、地板、木门、建材、家装行业也积极杀入定制家居市场。大家居的概念进入实质性落地阶段。

这一年8月11日—14日，作为国际名家具（东莞）展览会的姊妹展，首届中国（东莞）国际定制家居展览会在东莞厚街举行，知名传统成品家具展上首次出现定制家居展，向行业发出强烈的信号："定制"正由小众成为主流。

其四，区域的融合。头部企业基本实现了全国生产布局，比如索菲亚在河北廊坊、浙江嘉善、四川成都、湖北黄冈和广州增城拥有五大生产基地。在广东企业纷纷外跨之时，玛格、金牌厨柜、嘉斯顿等企业先后入驻广东——来自重庆的玛格在广东也有生产基地。

与此同时，随着技术和生态的日臻成熟，各地的定制家居企业如雨后春笋般涌现——一个突出表现就是，各个地方性全屋定制协会纷纷诞生。尽管头部效应正在涌现，但市场正迎来越来越多的参与者，蛋糕迅速做大，行业影响力猛增。全屋定制带动了行业不同品类的融合，企业间横向交流和沟通成了显性需求。而广州作为定制家居的发源地，成为各区域协会进行交流互动的首选。跨区域的融合毫无疑问推动了定制家居产业的整体繁荣。

这种地域融合在3月30日—4月1日举办的第七届中国（广州）定制家居展览会上体现得更加明显。据介绍，参展的近500家定制家居上下游品牌，几乎囊括了行业前50强，来自东、南、西、北、中各区域的28家主流定制品牌首次亮相。在曾勇看来，各区域的定制群落特点也不一样："苏浙沪地区的定制家居企业更重视华丽考究的专卖店店面设计，而广东定制家居企业更注重产品设计和顾客体验，川派定制家居企业更重视文化品位。"

在2017年上半年上市的6家企业中，有两家的道路选择显得与众不同，值得一提。

一是来自厦门的老牌定制家居企业金牌厨柜。作为一个行业老兵，金牌厨柜在家居业一片“全屋定制”浪潮下，依旧“顽固”地坚持专注于一个具体场景——厨房空间，迄今仍用金牌厨柜的名字。靠着这种专业聚焦，它走出了另类的扩张路径：围绕橱柜的周边，把厨房的场景做深做透，不断进行品类拓展，向厨房五金、厨房电器和厨房用品延伸。

金牌厨柜的增长速度也相当惊人。2012—2022年，其营收增长了8.62倍，相比之下，高于索菲亚的8.52倍、欧派的7.10倍，只略低于尚品宅配的9.85倍。它以自己的专业化实践，走出了定制家居企业的另类品牌道路。

不过，在上市后的第二年，金牌厨柜终于也忍不住了，一改过去18年的专注，推出独立的“桔家”品牌，开始往衣柜、木门等更宽泛的大家居方向发展，2年便在全国开设了超过300家门店。2019年，桔家衣柜收入3.05亿元，同比增长121.4%；2021年衣柜业务收入8亿元，同比增长60.33%。显然，衣柜已经和橱柜一起成为金牌厨柜的核心业务，而且增长率明显高于橱柜。

如果仅就定制衣柜业务而言，金牌厨柜虽然比起表现优异的顾家家居晚了1年，但在营收上依然大于后者的6.6亿元。不知道此时金牌厨柜的两位创始人温建怀和潘孝贞是否后悔太晚进入定制衣柜市场?

金牌厨柜对差异化的追求依然顽强。2020年其成立了智能家居研究院，同年推出了“智小金”品牌，别出心裁地开辟智能家居赛道。“智小金”开创了一种新的模式，以金牌厨柜的大家居产品体系为载体，以前装市场作为端口，嵌入智能定制服务。

在“智能家居”的大趋势下，定制家居行业占据了一个优势的前端位置，未来在智能的天空下，一直跨界生长的定制家居行业将迎来怎样的变革和竞争呢？从海尔2019年收购科宝·博洛尼，到创维、海尔、美的、小米等家电行业巨头纷纷加入广东省定制家居协会，这里面有很多值得细细品味的线索。

显然，定制家居与智能家居正在相遇，与之相遇的还将有装配式家装、VR、元宇宙、大数据和人工智能……

另外一家则是位于南京的我乐家居。作为位于华东的定制家居企业，我乐家居一直是个相对低调的存在。其创始人是一对夫妻。太太缪妍缇于2002年年底投资南京我乐家具有限公司，3年后担任董事长。丈夫汪春俊的经历显然更接地气，他先在电子消费品领域做了3年多营销，然后转向建材业摸爬滚打数年。当时，汪春俊是柏高地板的江苏、上海、浙江、河南、安徽区域的总代理。1996年他放弃在美国优越的生活条件，1998年回到南京创立了我乐家居，2005年聚焦于橱柜业务。

正是缪妍缇的技术背景，他们创办我乐家居后，面对生产、安装、物流上的复杂流程，能够优先以技术手段解决。据说，我乐家居是橱柜行业第一家引进ERP系统的国内橱柜企业，将客户的所有需求都转化为数字化流通，让生产环节围绕着信息来协调和运作。

说起“柏高地板”，它真的有点像是定制家居行业的福星。当年柏高地板在广州的代理商正是索菲亚的创始人江淦钧，成功代理柏高地板的经历，让江淦钧积累了销售网络，这成为后来索菲亚衣柜成功的坚实基础。

作为国内较早外商独资的强化木地板企业，柏高地板当年的优势之一就是巨资引入德国先进生产设备，并以完善、严谨的欧洲质量标准作为内控指标。代理柏高地板的经历给了汪春俊夫妻很深的印象，创立我乐家居后，他们也沿袭着欧洲设计、德国品质的卖点。

上市前后，我乐家居敏锐地洞察到消费者消费习惯的变化与消费升级趋势，认为价格战是缺乏行业成熟度的表现。2018年7月，在“中国厨房智能科技论坛”演讲中，汪春俊提出我乐家居的思考与策略：坚持差异化竞争战略，从产品创新出发，聚焦“设计，让家更美”的品牌定位。我乐家居围绕“设计独特的产品”展开价值营销，成为定制家居企业向高端化升级转型的一个典范。显然，它力求技术升级、产品创新、产能升级、战略部署、人才储备、营销创新、管理升级、业绩突破等，从多个点位实现突破与创新。

事实上，我乐家居的这一策略进行得相当成功，一定程度上带动了行业高端定制的潮流，也让我乐家居获得了3年的连续高速增长。

如果不是2021—2022年因恒大因素（大宗业务）拖了后腿，它原本是10亿级企业阵容中有希望最先进入20亿元+的品牌。不过，相比在大宗业务上更为激进的皮阿诺，我乐家居的境遇还不算太惨，最多是“闪了一下腰”。

【年度定制人物】金牌厨柜董事长温建怀、金牌厨柜总裁潘孝贞：坚持价值经营

同学之谊，创业之情，刚柔相济，相携共行；以客为先，品质第一，学习创新，爱拼敢赢；对标欧洲，自主研发，两化融合，智能制造；高端品牌，勇闯世界，乐享好善，江湖美名。

两人长期坚持价值经营和品牌聚焦战略，即使进入衣柜和整装领域依然如故；同时越战越勇，志向高远，要继续为建设高端橱柜领导品牌、打造国际一流企业集团的新目标而奋斗。公司上市之后，业绩稳健增长，品牌持续走强。

"全屋定制的概念是非常好的，我认为做衣柜和做家具是两件事情，很多人不能做家具但是能做定制衣柜，他可能把品牌名称改成全屋定制，现在连家具厂都逐渐向沙发、餐桌椅、窗帘、墙纸等进行延伸，所以全屋定制这个概念到底包不包括这些？将来会稳定在哪些方面？

"根据目前行业发展的情况看，各大企业都已互相延伸，从橱柜到全屋定制家居，还有一部分业务延伸至木门、窗帘等；还有一些企业要延伸至卫浴或者地板，以及其他的领域，所以多元化是陷阱还是盛宴？

"大家居到底是个品类还是一个渠道？如果是一个渠道，那我们只需要思考一个问题：在当下，卖场、商场这种渠道是短缺还是过剩？这个答案不言而喻。有一批消费者希望在一个地方或一个品牌购买所有家居类产品，如果大家居是一个品类，可以延伸，它需要这么大吗？"

……

2018年，我乐家居总裁汪春俊针对行业的不断扩张，提出了自己的思考与疑问。这时，大家居概念正进一步往整装延伸，整装概念开始在定制家居行业流行开来，它的范畴比起大家居更为广阔。许多从业者开始对这种概念游戏产生困惑，定制家居似乎变成了一个筐，各种概念扑面而来，各个企业都想往里面装自己的东西，给出自己的定义。它的"本来"面目正变得混乱不堪，行业"标准"正分崩离析。

也许，这个行业的标准从未统一过。一切都在演变的进程中。表面上，柜类定制是其初心，但也可能只是它的起点，因为它判断的标准是用户思维和需求，面对的是居家场景和生活方式，提供的是定制解决方案——这个解决方案一直在延展。

早在2006年，尚品宅配就成立业内首个生活方式研究院，根据人的生命周期推出"我+"生活方式系列产品。自2016年以来，它进一步加强对家庭生活方式的研究，整个产品研发主导的方向转向生活空间。通过对过往数百万数据分析，将整个家庭的生命周期大概分成6个阶段：单身贵族——二人世界——伴你童行（有个宝宝，在五六岁之前）——学业有成——家成业就——儿孙满堂，并推出相应系列产品来满足国人不同阶段的定制需求。

"把少数人的定制，变成大多数人的生活。"这是尚品宅配的愿景和追求。从它对生活场景的设计可以看出其试图"一网打尽"的雄心。对市场保持高度敏感、对创新有着偏执的它，在上市之后就瞄准了整装赛道。

定制家居的市场只有四五千亿元，整装带来的消费潜力可达数万亿元。据麦肯锡相关市场数据预测，2025年，国内家装市场规模将达6万亿元。如此大的市场空间却鲜有巨头，因此整装市场似乎成为定制家居企业业绩破局的方向。难怪“整装”概念一出，就惹得辛苦半生的定制家居企业心痒难耐。

据尚品宅配总裁周淑毅介绍，公司战略转型整装早在2017年六七月份就已开始谋篇布局，它把竞争“假想敌”对准了家装整装公司。一方面是市场机会无比广阔，另一方面是整装公司带来的可能威胁，在此双重影响下，尚品宅配决定推进整装升级。

一开始它并没有大面积铺开，而是如原来探索全屋定制一样，先进行了2年多的试点试验，打磨模式、完善系统。原本2020年开始向全国推进整装布局的计划，推迟到了2021年。是年4月，李连柱在致股东的一封信中，表达了尚品宅配将全面转型整装的决心，它将致力于为消费者提供全屋整装、全屋定制、全屋配套等一体化服务。

“定制家居不是我们的终极目标。”李连柱在信中说，“事实上，尚品宅配成立的初衷是打造一个家居服务解决平台，以用户需求为导向，满足消费者对房子、对家的所有想法和要求。”

尚品宅配的风格有三：一是时刻保持着对趋势的敏锐关注与洞察；二是一旦决定就动作迅疾，短时间成果显著；三是要做就做有技术含量的模式创新，不玩概念游戏。

2017年10月，尚品宅配就通过打造的“HOMKOO整装云”赋能家装行业，帮助中小家装企业拓展全屋整装业务能力，实现服务模式升级；12月又推出圣诞鸟整装品牌。其中最关键的是推出整装BIM设计软件、会员下单系统和整装调度服务平台，运用云计算、VR、3D打印等技术提供相应服务。传统的BIM即建筑信息模型，一般应用在较为复杂的大型建筑上；尚品宅配的家装BIM是一个家装全流程信息化系统和应用工具，说简单点就是融入硬装的升级版设计软件。

这相当于定制家居把业务领域延伸到了硬装。也就是说，整装是软、硬装的结合，而软装则是全屋定制+大家居。就像尚品宅配总经理李嘉聪表示的，面对新型家装市场，尚品宅配将成为集“全屋整装+全屋定制+全屋配套”于一体的、解决有关“家”的一切问题的服务商。

比如，对施工现场，尚品宅配的描述是这样的：“整装施工现场一直放置着一块5G数字工地指挥屏，实时显示目前的施工指令与进度，施工人员只要点击屏幕，便能查看施工所有节点、施工图纸与三维模型。消费者也可以通过手机扫描二维码获取同步信息，从设计效果图、硬装施工图到材料清单、施工情况、交付标准等，全部一目了然。”也就是说，5G数字工地将“人指挥人”，变成“机器指挥人”，每个物体都有“标签”，每道施工都有标准。

通过尚品宅配BIM的精准计算，装修材料利用率提高将近20%。同时按此施工，精准调动，避免因工艺、质量返工。此外，在工艺管控方面，尚品宅配订单交付的标准定为60个工作日，包含设计、施工、硬装、软装等时间。

这是一个高难度的跨越，对于很多中小定制家居企业而言，尚品宅配描绘的整装无疑是魔幻般的超现代主义，是一种无法企及的境界。

这是一种自信，还是一种自负？评判可能只在一线之间。但无疑尚品宅配让定制家居和家装行业触及了一个清晰可见的前景，即整装的前提是BIM，是新一代数字整装，是家装实现真正的工业化。

2018年3月，第一家圣诞鸟整装店开业，尚品宅配一方面发力进行HOMKOO整装云平台会员的招募，一方面加强成都、广州、佛山三地的圣诞鸟整装业务实验推进。为了达到其理想的模式，公司甚至在佛山建立了专门的仓库，力求在供应链的流程化、正规化、可控化运行上予以保障。这是一项方向正确但极为大胆的探索。它意味着尚品宅配开始涉足最复杂、最艰难的供应链平台搭建和自主管理，也就是说所有供应链企业的配套产品、耗材必须先进入其仓库，然后统一发给客户。这些是背后不为人知的细节。

表面上，尚品宅配在2018年取得显著成效，整装实现营业收入1.94亿元，同比增长了84倍，在营业收入中占2.92%。2019年，七整装渠道收入（全口径，含家具配套）达成约2.75亿元，营收占比升至3.79%。2020年获得收入约3.45亿元，同比增长25%。到2021年，在尚品宅配宣布全面转型的攻势下，整装模式实现营业收入约11.09亿元，同比增长53.69%，占营收的10.79%。

为了整装探索，尚品宅配放弃了给其他家居企业带来业绩增长的房地产大宗业务。从数字上看，尚品宅配的整装模式几乎是“大获成功”，不但完成了从0到1的实验，还完成了从1到10的起跳。接下来，似乎就是迎风而起了，然而……

2018年，中美贸易摩擦乌云压顶，高科技公司中的中兴通讯被罚、华为被肆意打压；房地产市场则因2016年年底提出的“房住不炒”政策再度遇冷……定制家居企业的增长也充满了变数，营收的增幅普遍开始下降。这让过去10年一直保持30%以上的速度增长的相关企业感到“不习惯”。

与此同时，伴随着“95后”踏入社会，“Z世代”消费者带来更多的要求：他们不但要求设计更为个性化、美观、空间利用更好，而且期望一站式搞定，提供整个家装解决方案。大家居、整装浪潮就是伴随着这些需求而展开的。

面对外界的压力和消费者呼声，定制家企在业务上越来越多元，试图做大做强，从单项冠军到全能冠军。

欧派是一家目标感非常强且强调执行力的企业。一旦制定了目标，它会想尽各种办法、调集各种力量和资源达成。自2015年宣布“大家居战略”以来，欧派一直维持30%上下的高速增长，但事实上，大家居探索“挫败的意味大于成功”。

2016年，姚良松提出“一家搞定”模式：一体化设计、一站式选材、一揽子管家式服务，试图将此升级为欧派新的核心竞争力。这与全屋定制模式相近，即打通橱柜、衣柜和配套家居，然后在此基础上整合更多大家居产品。这对一向以事业部构建运营体系的欧派提出了很大的挑战：一是超级设计师/超级导购的培养并非一日之功；二是欧派的信息化（包括设计系统和供应链系统）能力难以支撑——尽管自2015年以来姚良松一直强调其重要性；三是这种大家居店的运营对欧派是个新事物，挑战巨大。

按照欧派的说法，2017年是探索和试错的1年。从开店数量上来说，全国共有其大家居专卖店65家。在销售上，他们也推出了套餐化模式，收效很大。套餐化设置的优点显而易见：一有整体优惠，让顾客感觉更划算；二让消费者决策变得简单，三让销售也变得容易，降低了对人尤其是对设计师的要求；四是有利于做大单值，提升小品类的配套率。据说，这一年欧派大家居合同业绩增长了34%。但“从业绩上看，2016—2017年践行的大家居战略似乎并没有为欧派的业绩带来显著的改变”（刘扬：《欧派整装大家居模式探索历程全披露》，未来家居研究2021年1月23日）。

2017年5月，欧派上市后不久，刘顺平从原来的营销总经理位置被提拔担任副总裁，负责大家居战略的创新实施。

到了2018年，同大多数同行一样，欧派的业绩增幅也开始下降——甚至低于20%。按照常理，以其接近百亿的规模和同行的对照，这种下降似乎是可以理解并能接受的。但欧派像个精明的商人，不会放过任何一个可能带来业绩增长的商业机会。在此背景下，整装大家居战略正式出炉。5月，首家整家大家居（星居）店面在四川宜宾开业并大获成功，宜宾店开业的3个月内，接单602户，全年销售业绩照此预计超过2500万元，拉动了宜宾欧派整体业绩的大幅增长。

尽管开局不错，欧派很快发现，整装订单的交付环节才是最大难题，尤其是现场的装修施工。它迅速调整策略，与全国各地家装龙头企业强强联合，发挥后者的现场施工能力。欧派对整装大家居的定义日趋成熟：“利用欧派品牌影响力和全屋定制能力，进行家装主材及软装产品供应链整合，并与当地顶级的家装公司形成强强联合，为消费者提供‘产品+设计+施工’一站式服务。”

行业智库媒体《未来家居研究》撰文评论：“与业内诸多单品销售、全屋定制、家装公司等不同模式的区别是，欧派整装大家居融合了整装元素，但绝不仅仅是大家居与整装的简单叠加，而是进行融合和重构，整合了装修材料、基础施工、软装配饰、定制家居、设计安装以及入住前开荒保洁等全套服务项目，用户仅需购置家电和生活用品即可入住，实现一站式家居空间解决方案。……整装大家居的本质，是以设计为核心的全装修链整合者，是第一个真正意义上的一站式家装，是诸多家装、家居、建材公司为之苦苦追寻的'未来理想商业形态'。"（据《未来家居研究》2021年文章《关于欧派"整装大家居模式"的前世今生》）

不过，在另外一位观察家优居总编辑、优居研究院院长张永志看来："欧派整装大家居的核心玩法还是将整装公司作为新渠道来经营布局，实际上就是披着整装的外衣继续卖全屋定制。"

张永志的评论更接近现实：欧派整装就是整合自己所有的产品，卖给成为渠道商的地方家装企业，由后者实施交付。这是一种典型的渠道策略，也是欧派最擅长的"树根理论"的最新应用。欧派的作用就是提出了一个名头——整装大家居，然后搭了一个所谓供应链平台（其实主要是自己的产品），再把其最为擅长的渠道服务体系（管理模式）配套给加盟的地方家装企业。

在刘顺平看来，相比之下，尚品宅配更像是一种平台模式，而欧派整装大家居模式则是一种垂直模式："我们选择跟各地头部家装公司进行一对一直接的垂直合作模式，来实现头部家装公司从原来的半包模式向整装模式转型。"

2018年，欧派开出了20多家整装大家居店，实现销售额仅1亿多元，业绩贡献并不突出。但重要的是，它找到了通向未来的极其便捷的路线图。9月28日，"整装待发　合赢未来 ——定制传奇与家装龙头联盟峰会"在欧派总部举行，来自山东东营和江苏淮安的业之峰、福建和贵州的星艺、安徽芜湖的金钥匙、河南和山西的城市人家等全国各地龙头家装公司齐聚一堂，据说近七成的企业与欧派达成合作意向，要将整装大家居模式引入当地。

刘顺平认为："未来的商业竞争主要形式是范围经济，通俗地理解是指为单个客户提供更多的服务/客户终身价值。而欧派提出的大家居，其价值本质就是提升客单值。欧派冲营收百亿元是靠橱衣品类来实现的，但未来300亿至500亿元，甚至更高的目标，必须靠大家居。"

欧派整装的聪明之处在于：第一，有效笼络了区域最具实力和口碑的家装企业，这显然比尚品宅配以服务中小家装企业为主更具现实效应；第二，不是把家装企业视为整装的竞争对手，而是融为合作伙伴；第三，欧派看似退了一步，但有效发挥了自身和家装企业各自的优势，起到了强强合作的效果；第四，将之前的信息技术难题分解、大事化小，使之不再成为业绩增长的障碍。

因此，进入2019年，欧派整装大家居开始飞速挺进，共拥有经销商275家，开设整装大家居门店288家，比2018年的20余家增长了近15倍；全年实现接单业绩近7亿元，有力拉动了公司整体业绩增长，实现了对尚品宅配整装业务的赶超。

到了2021年，欧派整家大家居的营收已高达24亿元以上，营收占比已达11.74%（欧派家居证券部的答复是："2021年整装渠道相关收入占总营收比重约为15%~20%。"可见整装大家居的销售收入应该更多，在30亿~40亿元之间），全国开设门店超600家，已然成为集团新的增长亮点。

从2018年开始，索菲亚的增速放缓，营收增长18.66%，净利润从30.2%下降到5.8%；2019年营收增长只有5.1%，差一点被尚品宅配超过。不过，对于整装，一向稳健的索菲亚并没有急于冒进，似乎是在等“老大”“老三”摸出个门道之后再走跟随策略。

2019年年中，索菲亚宣布推进整装大家居战略，它没有大规模宣传，但明显采取了跟随欧派的策略，与区域家装企业展开合作。不过，合作模式却是索菲亚式的，2020年，索菲亚先后与家装巨头星艺装饰、圣都装饰战略合作，合资成立子公司，推出渠道专属产品与价格体系，同时驱动经销商与当地小型家装公司、设计工作室合作，打造公司业绩多元增长极。

2021年，尽管索菲亚声称整装带来“几何级增长”，实际的业绩贡献只有1.9亿元，仅占其104.07亿元营收的不足2%。在整装大家居方面，它像个缩小版的欧派，基本上销售的都是自有品牌的衣柜、木门和橱柜产品。

2018年5月，在创新方面一直敢于探索的二三线品牌诗尼曼也加入整装实验，推出首家智慧整装体验店。它宣称这是“在新零售模式下探索的重大成果”，将集合AI（人工智能）整装业务与全屋定制家居产品，搭载O2O模式，升级零售渠道，创新消费体验。2021年11月，诗尼曼智慧整装也正式对外亮相。显然，整装是实力玩家的游戏，诗尼曼只能浅尝，不能太过认真。次年10月，它又推出更年轻化的子品牌“AI家居”，试图基于底层软件打通装配式整装模式，在商业模式上展开新的探索。

2018年12月，开始涉足多元化的金牌厨柜也加入了整装的布局。该公司宣布将出资2240万元投资成立子公司厦门金牌桔家云整装科技有限公司。显然，它想仿效尚品宅配模式，打造“桔家云平台”信息化系统，打通设计、报价、订单、生产、物流、安装、施工监控等泛家装各流程，并与一些小型家装企业签订合作协议。但由于能力有限，公司整装业务发展较慢。截至2021年6月末，公司共拥有桔家云整装门店28家，门店规模相对较小。现在该公司已采用欧派、索菲亚模式，抢夺地方家装企业。

另一个橱柜品牌志邦家居2019年重组整装渠道团队，重构整装产品体系，以“志邦”和“IK”双品牌运营，2021年宣称整装业务实现营收同比增长了100.64%。事实上这条道路泥泞密布，直到2022年6月发布“超级邦”家装企业服务战略，针对家装公司整装业务的服务痛点提出系统解决方案，力图打造家装企业赛道第一服务品牌，志邦家居真正的整装服务战略才正式浮出水面。这时的它要以体系化服务的方式“为难自己，成就装企”。

此外，布局整装的品牌还有：好莱客推艺术整装，卡诺亚推罗亚整装，诗尼曼推智慧整装，以及2021推出整装品牌“纳尺”的顶固……

显然，整装概念正在快速崛起，是因为在新时代的背景下，消费者真正想要的是产品结合服务的系统解决方案。在建材家居业，我们也看到，诸如海鸥卫浴、东鹏、马可波罗…… 众多包括家具、卫浴、瓷砖等各个领域的企业也开展了各种各样的整装项目。它们大多从各自的产品和立场出发，整合周边产品供应链，力求实现施工、产品、营销等方面的整合更新，以求在分工与合作的基础上，服务于整个家装过程。

在未来的家居市场上，整装将会成为泛家居各细分领域的新突破口，会成为它们迈向家装工业化大未来的前奏。但对于当前大多数建材家居制造企业而言，整装更像个美丽的肥皂泡，甚至是一个陷阱，因为即使技术强大如尚品宅配也在这上面跌了跟头，规模庞大如欧派和索菲亚也不得不再推出折中版的整家定制取而代之，或刻意与尚品宅配、大型家装企业和互联网家装的整装模式保持距离……

林涛是其中难得的清醒派。2018年8月，在接受《中国定制家居》采访时，他谈道："行业每5年左右就需要抛一个新概念，实际上，我们现阶段的全屋定制商业模式就是'固装家居+移动成品家居'的贩卖。整装还要大到哪儿去？再大就是把装修拉进来了——但装修模式20年前就有了，不是新模式——这不是开历史倒车吗？所以在没有明确整装概念之前，我呼吁行业不要乱定逻辑，否则就是自己定了逻辑自己不这么做，还有就是一些（企业）自己没定逻辑却盲目跟风。我觉得，每个企业还是要有自己的主营业务以及核心经营观，不能人云亦云。"

他认为，对大多数定制家居企业而言，自2018年开始行业才真正迈入全屋定制时代，其标志是橱柜、衣柜的大融合。这一阶段，衣柜的增长比橱柜要快，从橱柜进入衣柜是顺风，从衣柜进入橱柜则是逆风；同时，橱柜相对衣柜来说，规模、体系、人才梯队和品牌力都比较强，衣柜企业进入橱柜虽然在板材方面的工艺技术差不多，但材料、物料的类别更复杂多样（有五金、金属、玻璃、电器等）。因此，一些原本的橱柜企业反而增长较快。

定制家居行业是一个相当奇怪的行业，当你看到部分头部企业时，以为它们是来自未来的新物种，这些企业的企业家像大航海时代的哥伦布，正朝着大数据、智能制造、家装工业化不断进击、迭代；当你看到大多数小企业，它们好像还是停留在中世纪手工打制时代，光鲜的背后相当落后、初级和粗糙。但一批品牌的崛起，正在重塑社会对定制家居的整体印象，越来越多的人知道：信息化和数字化是其成长的内核，大规模定制化生产是其生存的根本，它们是带有现代服务业特征的先进制造业，是具有强烈数字化和互联网基因的数智化企业。

这一年，曾勇带着广东省定制家居协会的500家会员企业赴美的集团参观学习（见图10）。这家企业的高管对定制家居的迅猛发展印象深刻："你们这个行业太厉害了。我们也要向你们学习。"

2018年的互联网产业正在发生深刻调整：BAT中的百度有慢慢掉队的迹象；马云宣布了自己的退休计划，阿里巴巴则宣布加强对智能互联网的投入——同时也在加强对家居行业的渗透，1年内斥资上百亿元同时入股了红星美凯龙和居然之家；巨头们纷纷入局云计算这个万亿市场；崛起的字节跳动开始与腾讯争锋，成为新的巨头；小米、美团、拼

图10　2018年10月24日走进美的集团，探索智能制造转型之路

多多再度上演创业与资本传奇……这展现了商业世界潮汐多变，有的企业冉冉升起，有的企业跌落神坛。曾经的风口也许已经被人们遗忘，而一个不起眼的事件也许正预示着某个行业的爆发。

面对定制家居业务上越来越多元、模式上从公司化到集团化的变迁，张健的看法很独特，在他看来，定制行业具备“服务项目在前，商品在后”的行业特性，这和互联网公司别无二致，终将遵照“以经营规模促效率”的规律。消费者习惯于方便快捷省心的一站式购物，谁能够给予最全面的品类，谁就能揽获更多的销售市场。所以，经营品类扩大变成定制品牌的首选，并推动其生产能力提升。

他的思路，翻译成后来家居行业最流行的概念就是“流量入口”。与互联网行业“大者恒大”的逻辑类似，谁拥有“入口”，谁就拥有更多不断扩张的优势。随着定制升维到全屋定制，再到整装以及后来的整家……设计的前置特点让定制家居行业开始拥有了泛家居行业重要的“入口”特性。占据了流量入口，定制家居行业就可以将更多的产品融入其中，一站式地服务用户需求。

这样的地位让定制家居行业俨然成了建材家居行业的新风口。这似乎正成为整个建材家居业企业的“共识”——“无定制，不家居”。尤其要命的是，这样的观点，越来越多的家居企业家开始信了。

在行业观察者眼里，却有着另一番情形。业内有自媒体在回顾2018年定制家居市场的文章中说：“纵观2018年整个定制家居市场现状，过度追逐概念、产品同质化现象严重、缺乏真正的设计感、服务水准低，甚至还陷入了价格战的低维度竞争。”

说起价格战，如前所述，索菲亚推出799元/平方米连门带柜套餐是一个信号。这是因为其在行业率先完成了产能布局和效率提升，因此它抢到了价格战的第一波红利。

随着2017年上半年6家定制家居企业的集中上市，行业头部企业格局基本奠定。这些脱颖而出的企业基本解决了一度制约发展的信息化和生产难题（即大规模个性化设计与生产），面对市场骤然而至的压力，进入2018年年初就开始剧烈的价格混战。参战方都是在定制家居排名靠前的头部企业。

3月，尚品宅配推出2018年全新全屋定制套餐“智享套餐518”，另一个旗下品牌维意定制也同时首发“拎包入住518套餐”，宣告正式加入定制行业的“套餐大战”。索菲亚继799元/平方米连门带柜套餐后，又推出“每天都是双十一”的劲爆套餐；好莱客也不甘示弱，“3·15”活动打出16800元的跟随特价套餐策略；至于欧派，则将多款全屋定制套餐优惠升级，全屋22平方米家居定制最低仅需19800元（即19800元可以在客厅、餐厅、卧室、阳台等空间内定制22平方米投影面积的家具）。

欧派、索菲亚和尚品宅配三巨头的套餐大战一时让消费者感到无所适从，因为三种不同的促销套餐，计价方式完全不同，被舆论称为“平方米大战”。尽管看起来不是价格硬拼，但价格战的意味已经相当浓厚。

2018年的促销热战意味着定制企业的竞争从过去的企业后台之争开始真正迈向市场终端之争。眼见头部企业如此拼法，后面的二、三线品牌备感压力，四、五线企业更是如坐针毡。它们骤然惊觉，以前那种跟随老大们的脚步就能赚钱的时代已经过去了。既然综合实力难比，企业只能开辟差异化竞争的路线，强调设计、环保或价值，这也为2年后爆发的“无醛大战”和“高定热潮”埋下伏笔。

【年度定制人物】
我乐家居副董事长兼总经理汪春俊：向中高端品牌升级

这一年的年度定制人物应该是所有的定制家居企业家，或至少是尚品宅配、皮阿诺、欧派、金牌厨柜、志邦家居、我乐家居这些“定制家居上市年”的创造者，因为他们集体创造了历史，用了20年左右的时间奋斗终于迎来了产业风口。之所以将目光投向我乐家居这个营收不足10亿元的“小个子”，是因为在接下来的数年中，它成了一颗闪亮的新星：不但橱柜向衣柜拓展顺利、营收增长跑赢行业，而且敢于以原创的设计为基础，向中高端品牌转型升级。这在行业竞争日益升级、价格战频频发生的背景下，显得弥足珍贵。这也是我乐家居能够入选“国家级瞪羚企业”（瞪羚企业一词源于硅谷，是指高成长型、创新型的企业）的原因。

这背后显然与创立并一直操盘我乐家居的汪春俊密切相关。他认为，品牌要想突围，就坚决不能打价格战；原创设计是定制业务的核心，坚决不能“撞衫”。他率领我乐家居坚决拥抱消费升级大潮，完成了自身品牌向中高端的历史性进化，也助推了后来的“高定浪潮”。

2019 定制之变

2019年，中国迎来“五四运动”100周年、中华人民共和国成立70周年大庆，改革开放已然度过40年。数十年过去，中国已经沧海桑田、发生了历史巨变。

100年前那个苦难沉重、仁人志士抛头颅洒热血奔走呼号寻找前途的旧中国已成为遥远的记忆，只在影视剧、历史书和博物馆中作为陈年旧事；70年前那个备受孤立、热血青年奔赴四方、牺牲小我努力建设新中国却依旧道路坎坷、贫穷落后的情景已经完全走入历史。中国作为连续10年的全球第二大经济体，对世界经济的增长贡献率超过30%，更重要的是其人均GDP突破了1万美元大关。这意味着中国已经进入中高等收入国家行列的偏高水平，正向高等收入国家迈进。

中国正再次迎来盛世时代。这一次它在各方面的成就均将超过所有历史。我们不再过多谈论崛起，谈论恢复历史上曾有的地位，而是开始朝着更宏伟的目标继续进发。

2019年中国的尖端科技开始喷发，建造第二艘国产航母，“嫦娥四号”转到了月球背面实现历史性着陆，载重强悍的“胖五”再次上天，“天宫二号”空间实验室回归，正式的空间站即将建设……6月，国家工信部正式发放了5G商用牌照，中国进入5G商用元年，很快它与云计算、大数据、人工智能等技术深度融合，也成为各行各业数字化转型的关键基础设施。在5G技术方面，我们的力量与西方力量均等甚至超过对手。华为是全球拥有5G专利最多的公司之一，推出万物互联的鸿蒙系统。一时间，它成为中国抵御西方霸权的时代偶像，更将成为建材家居业在智能方面的强力合作伙伴。

这一年，全球经济增长放缓，国际贸易一片低迷。国际货币基金组织2019年发布的《世界经济展望》报告称，2019年全球经济增长预期从3.7%降至3%。世界银行发布的2019年《全球经济展望》报告认为“紧张局势加剧，投资低迷”。国内方面，房地产运营看似平稳，实际上增长乏力，巨头们纷纷展开多元化布局，包括进入建材家居市场。与此同时，那些年一直高速增长的互联网产业也乏有亮点。

网上流传着美团创始人王兴的一句名言：“2019年可能是过去10年中最糟糕的1年，但却是未来10年中最好的1年。”谁料一语成谶。

2019年，泛家居产业内的洗牌继续，定制家居赛道越发拥挤。中国的经济增速为6.1%，家居建材行业整体市场规模的增长只有2.2%，家具行业规模以上企业6410家同比增长只有1.48%，但是，定制家居行业依然获得两位数的增长速度，9家上市公司平均增长率高达16.73%，成为沙漠中的一片绿洲、寒冬中的一束暖光。

这促使遭遇了寒冬的家居企业加快转型，更多原来从事成品家具、衣柜、五金、陶瓷卫浴、厨卫、地板、家纺、板材、家电、木门乃至房地产生意的商家，纷纷掉头开始做定制门店。一面是大量的新竞争者涌入，另一面是头部企业的市场占有率不高，定制家居行业的未来依然充满了变数和想象力。

2020年7月，寝具行业的高端品牌慕思推出“慕思美居”品牌，进入“整装—拎包入住”市场，定位于为消费者提供一体化的全屋整配服务。2年后它将旗下年轻化的V6家居品牌进行战略升级，发布“软体+定制”的一体化解决方案，涵盖了入户空间、客厅空间、餐厅空间、卧室空间、书房（多功能房）、青少年房、厨房空间和阳台空间八大空间，涉及全屋家居产品，以及软装和家居收纳系统产品，开始大举进军全屋定制市场。

另一个百亿寝具巨头敏华控股也加入了定制争夺战。2021年6月，敏华控股宣布收购成都那库家居70%股权，并联合成都卓海昇科技有限公司在广东惠州建立工厂，正式切入定制家居赛道。同年，芝华仕全面启动定制事业部，推出芝华仕全屋定制。

2022年10月，卫浴行业龙头九牧集团宣布两家全屋定制店面在郑州、厦门两地开业。在此之前，这位未上市的百亿巨头已经动作频频：2020年7月，九牧就开始布局定制板块，悄然收购德国顶级橱柜品牌博德宝（Poggenpol）；2022年4月29日，九牧总投资25亿元，占地625亩的橱柜、衣柜高端定制项目在泉州市英都镇隆重开工……

说不清这是第几波跨界浪潮了。几乎所有的泛家居企业都在积极布局定制家居业务，仿佛这是一处高地、一面旗帜，至少是一块令人垂涎的肥肉……

20年前那个处于市场边缘板块的定制家居，如今俨然占据家居产业的“C位（核心位置）”。当年食之无味的鸡肋如今似乎成为甘之若饴的当红炸子鸡，让不同细分行业的大牌忍不住跨界进取。同时，尽管非定制产品存在更大的市场，但是随着门墙柜一体化、天地墙一体化、整家、整装、一站式购物，以及拎包入住等销售模式对市场的多年教育，消费端的套餐消费已成为习惯，打包式购买产品的需求越来越明显，这也让诸多的家居企业纷纷以定制家居企业自居。定制家居的边界也随着这种主动地认同与融合，迅速扩展至门窗、木门、阳台、照明、吊顶、淋浴房等细分行业。

2019年，木门行业的领军品牌之一梦天宣布启动“木作战略”，品牌也从过去的梦天木门走向梦天木作，顺势而为跨界切入到柜类、墙板两大赛道，围绕中高端用户群体，提供“高端定制，即装即住”的门墙柜一体化完整木作解决方案。

另外一个实力强劲的品牌TATA木门虽然一直强调聚焦与差异化战略，继续深耕“一米宽一万米深的木门”事业，但在业务上也开始推进门墙柜一体化升级。在董事长纵瑞原的眼里：“木门是100%的定制化产品，木门行业是比橱柜更个性化的定制家居行业。”

2019年年初，全屋定制行业比以往多了很多焦虑和反思，因为它们发现保持过往的业绩、保持高速增长并不容易，利润也在下滑。看来，概念只能忽悠别人一时，一切的根本是产品和服务，而产品的创新、服务的高效都离不开人才，因此，许多企业开始加大招聘力度，到处挖人抢人。1月，欧派在官网显示，高薪急招设计及信息技术人才，在招职位68个中有34个是急招职位；维意定制在智联招聘发布的招聘职位达90个；好莱客同样把目光盯向了设计人才，认为全屋定制的升级离不开设计工艺人才的储备；诗尼曼则在延揽经营与营销人才，招聘的多个岗位中，渠道和产品类经理职位占比高达50%，工程师及设计师占比25%。

但几乎同时，一波职业经理人的离职潮却正在上演。

开年的第三天，曾任华彬快消品集团市场总监、探路者集团品牌副总裁的我乐家居副总经理沈阳离职；5月，有着麦考林企业集团副总裁和首席财务官、东软熙康健康科技有限公司副总裁履历的副总刘贵生也宣布从我乐离职。

与之类似的是好莱客总裁周懿6月的突然出走。2015年7月，周懿加入刚刚上市5个月的好莱客，他的加盟大大提升了人们对好莱客的关注度。2016年好莱客从原来的衣柜、衣帽间、书柜大幅度地向电视柜、酒柜、阳台柜、门厅柜拓展，次年启动了橱柜与木门项目。在营销上，品牌的定位由“全屋原态定制”转向了“定制家居大师”，首次启用了当红艺人杨颖作为形象代言人，同时加强了媒体投放，立体式融合电视、院线、户外、网络、杂志等多种媒体，大手笔、多渠道、强曝光实现传播覆盖。2016—2018年3年时间，好莱客的营收比2015年翻了一番，达21.33亿元。

如果说，上述两个企业的案例是企业家和外部引入的经理人深度磨合错位所致，那么，业内明星经理人王飚5月辞职引发的震动就相当强烈了。1996年毕业于暨南大学经济系的他不安于机关刊物的工作，2007年入职索菲亚，从此开始了与索菲亚的互相成就之路，一干就是12年。

江淦钧是个宽厚、放权的老板，这给了王飚充分施展的空间和舞台。2012年，他曾总结自己5年来的工作："如果说我在这几年做了什么事儿的话，那就只有一件，努力提高索菲亚合作伙伴的平均水平。"渐渐地，人们发现，索菲亚的经销商群体被认为是同行中资金实力、经营能力、管理能力相当突出的。即使不得不砍掉跟不上发展的经销商时，索菲亚也努力做到"不伤害的共处"——尽量做到让他全身而退，不伤害其现实利益，哪怕是最后一个订单。

上市之前，王飚一直是索菲亚营销中心总经理，上市后任改制后的股份公司副总经理（对外称副总裁），有媒体总结："在职10余年期间，王飚为索菲亚带来了许多极具创新性的实践，索菲亚在此期间的营收实现了从2007年不足1亿元到2018年73.11亿元。"

顺便说一句，王飚离职后加入了汉森中国任CEO，后者虽然是韩国最大的厨房及家居产品制造销售企业，但在2017进入中国市场后规模并不大。3个月后，王飚再度挂靴而去，进入了林涛创立的科凡家居担任董事、总裁。此时担任广东衣柜行业协会会长的林涛豪气地给了王飚近20%的持股权，算是职业经理人和企业创始人对各自事业命运的一次全新的探索和尝试。

定制家居另外一个引发关注的离职是欧派的副总裁刘顺平。刘顺平毕业于上海同济大学，2000年就已经加入欧派，历任厨电营销总监、橱柜营销总经理、集团营销总经理、集团营销副总裁。他在欧派服务的时间更长——长达19年，作战勇猛，战功显赫。奇怪的是，尽管他负责的大家居业绩亮眼，11月却传出他离职的消息。

问题可能出在这些店面的运营上。无论对加盟的家装企业还是对欧派来说，整装大家居都是一个新店态，有效运营需要时间打磨，家装企业需要适应。正如后来姚良松所说，2018—2019年，欧派整装大家居的模式刚刚创立，欧派自身在探索，合作的数以百计的装修公司也都不太适应，因为欧派体系产品比较多，种类、工艺，以及设计软件都比较复杂。或许正是创新业务的推进受阻，成为刘顺平离职的原因。

11月28日，在全国工商联家具装饰业商会主办的“第五届中国家居业重塑产业链价值体系大会”上，姚良松用丘吉尔的一段话来形容当下所面临的市场竞争，公开讲述欧派的战斗精神：“希特勒攻击英国的时候，丘吉尔说，同胞们，我们在空中作战，我们在海上作战，我们在沙滩作战，我们在山地作战，我们在街道作战。我跟我们的团队说，我们要去抢，除了传统市场，我们要去小区作战，要去电商作战，要去拎包作战，我们要跟装修公司合作，我们还要跟很多行业进行资源整合，还要搞大家居，把单子做大，不仅要空战、海战，还要融合战。”

奇怪的是，刘顺平离职后并没有进入其他定制家居品牌，而是被姚良松“挽留”了。一年后的2020年12月7日，姚良松签发了《关于调整营销系统部分竞岗结果的通知》：“经集团总裁室进一步研究和协调，对于12月7日发布的公司总裁室通〔2020〕109号《关于2021年集团营销系统竞标结果的通知》中的部分干部竞岗结果进行调整：1.杨鑫不兼任集成家居事业部营销总经理一职，改由刘顺平担任。……”最终，刘顺平在离任欧派“赋闲”了一年后，重返欧派，另一位欧派大将杨鑫却出走了。

这些故事听起来非常离奇，现实的演绎有时比故意的编剧更富戏剧性。在定制家居行业逐渐开始进入“无人区”的发展阶段，无数来自内外部的因素让当下和未来变化莫测。这样的环境，正是这一年行业职业经理人频繁动荡的产业底色。

2019年3月，在主题为“定制变年”的第九届中国（广州）定制家居展览会上，曾勇指出，当下大环境变了、行业变了、消费者变了、入口变了，从业者心态也变了。他呼吁，企业应积极谋变，主动迎合并引导市场需求，顺势而为力破困局。

在此之前，曾勇和广东省定制家居协会已经启动了推动广州打造“全球定制之都”的计划。1月中旬，在广州市政协十三届三次会议的分组讨论会上，广州市政协委员、时任索菲亚副总裁的张挺提出了“以‘新制造’为核心，打造广州为‘全球定制之都’”的建议（提案为《打造广州“全球定制之都”新名片》），受到相关部门的高度重视。2月，广州市政协经济委专门到广东省定制家居协会调研，对提案进行深入研究。会上，曾勇梳理行业的面貌和优势，向有关部门论证建设广州“全球定制之都”的必要性与可行性，并对中国（广州）定制家居展览会、定制家居产业园等重点项目提出发展构想。（部分信息源自《曾勇：借力广州打造“定制家居之都”东风，谋求家居行业长远发展》，界面广东2019年5月8日）

3月26日，由广东省社会组织管理局、广州市政协经济委指导，广东省定制家居协会、广东衣柜行业协会、索菲亚主办的“新生态·新势能——2019定制开放生态发布会暨打造广州‘全球定制之都’启动仪式”在广州保利世贸展览馆成功举行，时任广州市政协经济委主任顾涧清、广东省定制家居协会会长和索菲亚副总裁张挺、广东衣柜行业协会会长和科凡家居董事长林涛、广东省定制家居协会秘书长和博骏传媒总经理曾勇等多位嘉宾出席。曾勇在介绍“打造广州‘全球定制之都’”项目时提及：广东作为定制家居行业起源、发展、壮大的产业集中地，以广州为中心辐射了佛、莞、惠等多个城市，有着最完备的产业体系；20年的行业发展也造就了数十家上市企业，近半数在广州……因此，广州作为全球的定制之都实至名归。

时任广州市政协经济委主任顾涧清在致辞中赞赏了广东省定制家居协会和广东衣柜行业协会为推动中国定制发展所做出的努力。他认为，广州提出建设“全球定制之都”，是积极响应国家政策指示和工作部署的必要之举，有利于加快创新都市消费工业制造模式，开启制造业升级的“新样本”，引领传统制造业的颠覆性变革。他希望定制家居企业能抓住先机，在工业4.0的新制造浪潮中，把广州定制打造成代表中国智能制造的一张新名片。

之后，由时任广州市政协常委和经济委主任顾涧清、索菲亚副总裁张挺、科凡家居董事长林涛、联邦高登董事长林怡学、广东省定制家居协会和广东衣柜行业协会秘书长曾勇、尚品宅配总经理李嘉聪、百得胜执行总裁张健、劳卡总经理唐炯、卡诺亚营销总经理赖永精、诗尼曼营销副总经理罗北海等10名嘉宾共同宣告“打造广州‘全球定制之都’仪式”正式启动。

5月22日，由中国人民政治协商会议广州市委员会指导，广东省定制家居协会主办的打造广州“全球定制之都”发布会在德国科隆展盛大举行（见图11）。

10月，广州市工业和信息化局官网发布《广州市推动规模化个性定制产业发展建设“定制之都”三年行动计划（2019—2021）（征求意见

图11 打造广州“全球定制之都”发布会在德国科隆展盛大举行

稿）》（下称《计划》），对五大领域的产业发展定制服务作出指引和规划。同时，对定制行业的龙头企业、示范企业以及单位和个人，广州市将给予资金补助——支持相关企业在企业壮大、产业创新、工业互联网赋能、产业集聚、产业生态五个重点方面的项目，补助最高达2000万元。《计划》预计到2021年，广州规模化个性定制产业产值翻番，定制家居行业产值达1000亿元。

12月6日，联合国工业发展组织授予广州“全球定制之都”案例城市荣誉称号（见图12）。时任广州市市长温国辉郑重接过“全球定制之都”牌匾，标志着广州定制行业作为先进制造业和先进服务业的代表，

图12　2019年12月6日，“全球定制之都”颁奖仪式

受到了国际的高度关注与认可。

2020年1月，《广州市建设国际消费中心城市实施方案（2020—2022年）》印发，落实三年行动计划，实施产业创新、工业互联网赋能、产业集聚等五大行动，共评选了21家“定制之都”示范（培育）单位，同时积极打造产、学、研、商、旅为一体的智能定制家居产业园。2021年12月，《广州市推进制造业数字化转型若干政策措施》（下称《政策措施》）发布，全面启动实施具有广州特色的制造业数字化转型行动。据《21世纪经济报道》报道，《政策措施》提出，到2025年，广州市将推动6000家规模以上工业企业实施数字化转型，带动20万家企业上云用云、降本提质增效，基本建成具有国际影响力的“定制之都”和全球数产融合标杆城市。

“广州是中国定制家居的发源地及产业集群高地，拥有成熟完善的产业链集群。目前，广州市定制家居产业集群约有3600家企业。到2022年，集群产值预估超过1000亿元。全国前30家定制家居企业超过一半集中在广州及周边城市。”在12月举行的广州市“全球定制之都”新闻发布会上，曾勇如是介绍，全国定制家居核心上市企业共有11家，广州企业占5家。

显然，定制家居已然成为广州制造业数字化的“特色产业集群”，并在广州建设全球数产融合城市中发动重要作用。事实上，“全球定制之都”这张名片，正被广州擦得越来越亮，变成产业升级的强大助推器：“广州以建设‘定制之都’为契机，以制造业数字化转型为抓手，还将继续实施‘定制之都’示范工程，2年评选出44家示范（培育）单位，组织直播电商节“美好生活　广州定制”分会场、“全球定制之都”高峰论坛等活动，促进数字技术与实体经济深度融合。”（欧阳丽云、宁馨：《广州冲刺“定制之都”：推6000家规上企业数字化转型，带动20万家企业上云用云》，《21世纪经济报道》2021年12月）

然而，在首都北京，包括定制家居在内的家具业却是另外一种情形。自2015年以来，在北京创立的家具企业成了被嫌弃和驱逐的对象。这一年，“史上最严”的《木质家具制造业大气污染物排放标准》实施，虽然各大家具品牌都在落实执行家具漆替换、工艺生产线改造，但另一方面，也在变相清退着没有完全符合标准的大批企业。同时，《北京市新增产业的禁止和限制目录（2015年版）》明确规定的目录中，家具制造业为重点限制行业。自家具制造业进入限制目录后，2016—2017年，接近九成的上千家京派家具企业就开始紧锣密鼓地实施外迁。

据北京家具行业协会会长何法涧介绍，在2015年年底，北京市1000

多家家具制造企业中仅有曲美一家企业已经全面实行了水性漆改革，剩下的绝大部分企业依旧在使用油性漆。“曲美家具（家居）从2012年就开始探索水性漆喷涂工艺，斥资2000万元购买生产设备，历时2年研发，经历8个月的市场检验才将水性喷涂工艺运用于所有生产线。”这种超前的布局也使曲美家具（后改为曲美家居）提前进入豁免之列。某相关人士对媒体说，在2016年年底“时间大限”前，“彻底实现水性漆技术改革的企业将不超过总数的5%”。

2017年2月，楷模木门、KD、华日家具、非同家具等企业宣布将工厂迁入江苏省邳州官湖木制品与木结构产业园。邳州作为中国板材之乡，TATA木门也已在这里入驻。10月，北京传来科宝·博洛尼因环保问题被罚款15万元的消息。科宝·博洛尼方面则称：“今年在环保设备等方面投入了800万元以上，企业财务压力较大。”

2019年年底，科宝·博洛尼与深州市签约高端家居定制项目。据介绍，深州基地项目总投资20亿元、占地450亩，是博洛尼品牌在全国投资最大的产品制造基地。不过，此时的科宝·博洛尼已在1月被海尔旗下的有屋智能收购，成为有屋智能旗下主营业务中营业收入最高的品牌。招股书显示，2019年，科宝·博洛尼系列产品收入占有屋智能主营业务收入32.94亿元62.93%的比例，营收为20.73亿元。

仔细算下来，被收购前一年，科宝·博洛尼营收是14.19亿元，它的老对手欧派则过了百亿元，总收入115.09亿元。时间真是最大的魔法器，不同的人以不同的思想踏入不同的道路，20年后的结果大相径庭。

【年度定制人物】
科凡家居董事长林涛：
有容乃大，无欲则刚

他以开放的雄心将行业的明星经理人揽至麾下，且给了足够的股权比例和决策空间，自己则更专注于最喜欢的设计和产品，做起了闲云野鹤。他对知识的估值惊天动地，对人才的重视传为美谈。他用行动证明了那句“有容乃大，无欲则刚”：真正智慧的老板从来不会证明自己的能干，真正英明的统帅会将功、利送给兵将。

因为林涛对定制业务本质的把握，科凡家居散发出强烈的设计师气质，走出了自己专注、专心、专业的独特道路。他信奉长期主义，钟情定制家居，关注产品和人品，热心奉献行业，最自豪的就是中国的定制家居像中国的高铁一样已经全球领先，打出了品牌和走出一条创新之路。

2020 高定风潮

2020年，新世纪的第一个庚子年。一种新型冠状病毒袭击了武汉，这次疫情是新中国成立以来我国遭遇的传播速度最快、感染范围最广、防控难度最大的重大突发公共卫生事件。春节前夕的1月23日，这座1200多万人口的大城市封闭管理，很快全国各省市进入戒备状态，倡导就地过年。

包括中央政府、全国各地医疗队伍、海内外演艺界明星在内的全社会行动起来，向受困的武汉伸出了援助之手。企业则捐款捐物：互联网行业的腾讯捐赠15亿元，阿里巴巴捐款10亿元（另有马云公益基金会1亿元），百度3亿元，字节跳动、美团和携程各2亿元，快手、网易、新浪各1亿元；房地产业，碧桂园和恒大各2亿元，世纪金源1.2亿元，融创1.1亿元和万科1亿元……

定制家居行业虽然弱小，但也和建材家居企业一样加入了积极捐赠支援的行列。自1月26日起，索菲亚（100万元，后增加100万元物资并再筹款129万元）、好莱客（100万元）、慕思（300万元+100万个口罩，后追加捐1333.48万元）、顾家家居（100万元+100万个口罩）、全友家居（200万元）、敏华控股（500万元）、欧派（200万元）、梦天家居（100万元）、志邦家居（200万元，后捐近百万物资）、尚品宅配（200万元）……除了寝具行业的慕思、敏华控股，涂料行业三棵树和开关行业公牛各1000万元捐赠，定制家居算是泛家居行业最为积极和重要的一股力量。据《中国房地产报》记者统计，在此期间，家居建材企业积极伸出援手，家居建材企业有140多家进行了捐款，累计捐款金额超4.9亿元。除了捐款和捐物外，多家建材、家居等企业发挥各自优势，为武汉火神山医院、雷神山医院建设调配资源，为武汉疫情防控工作提供更多支持等。

受疫情影响，我国原本一直增长的经济出现急剧下滑。第一季度，GDP实际增速创下了最近几十年的新低——与上年同期相比，剔除物价变动因素后，同比实际下降了6.8%。年增长率则只有2.3%，不到往年的一半。受此影响，上游需求端房地产销售严重下滑，抑制了家居家装市场需求；多个家居家装展延期，影响了相关企业展会订单的获取；下游市场，原本有家装需求的用户不得不延迟家装事宜。

关键是，几种力量的综合影响，已让家居产业面临重重困难：

首先是市场。房地产产业的发动机效应已接近尾声，自2017年开始的房地产调控已经长达两三年，丝毫未见松懈迹象。尽管国家推出“三旧”改造、新基建刺激等政策，但对市场的影响微乎其微。显然，包括定制家居企业在内的建材家居业必须面对由增量房市场转为存量房市场的现实。不幸的是，尽管定制家居业跑出了相对独立于房地产的增长行情，但整个住宅装修市场总体规模也呈下降趋势。据智研咨询统计，2020年，我国住宅装修市场产值2.00万亿元，较上年减少0.24万亿元，同比下降10.71%。

这意味着，无论从整体市场还是产业角度，家居企业都在面临市场萎缩的严峻现实。企业获得的增长将主要靠彼此间的争夺，优胜劣汰，剩者为王。

其次，随着技术与生态的进一步成熟，定制家居正在迎来更多的跨界竞争者，其中不但有建材家居的行业巨头，还有来自房地产、家电、互联网的产业巨头。2019年6月，一直以来的家电大佬海尔更名“海尔智家”，全面聚焦家庭场景解决方案，为用户定制美好生活，加快创建物联网生态品牌的全球引领。它通过旗下的有屋智能收购一系列品牌，同时推出三翼鸟场景品牌，开辟了从卖产品到卖场景的新赛道，提供阳台、厨房、浴室、全屋空气、全屋用水、视听等智慧家庭全场景解决方案。

房地产企业碧桂园、万科、美的置业正加紧布局后房地产时代，其中碧桂园最为坚决。之前，碧桂园相继推出家居服务商“现代筑美家居”、家居平台“创喜邦盛家居”，以及家装品牌“橙家”，分羹家居市场。后来，碧桂园再通过频频加码建材家居领域，涉足卫浴、橱柜、瓷砖、家具、地板、衣柜、淋浴房等，加速整合全产业链。进入2020年，它不但与现代筑美家居共同投资23亿元建设起了碧桂园现代筑美绿色智能家居产业园（河南信阳），还与潮州市签订总投资超100亿元的合作协议，其中卫浴产业项目投资50亿元，用于建设碧桂园智能卫浴（潮州）产业园。此外，碧桂园还通过旗下的创投公司举牌进入惠达卫浴、帝欧家居和蒙娜丽莎3家上市公司，引发行业震动（后来均被叫停）。

随着互联网技术的不断进化，用户消费理念的改变，以及疫情的影响，一度一蹶不振的互联网家装在资本的助推下再度卷土重来。2019年，我爱我家通过收购美住网入局装修市场；2020年，倡导信息化系统、产业化工人、自建供应链的爱空间喊出“699元/平方米，20天交付”的口号，以互联网整装的姿态异军突起。与此同时，阿里巴巴、京东、拼多多、贝壳等众多互联网巨头均开始在家装家居行业排兵布阵。1月，京东上线“京东家”频道；4月，贝壳找房CEO彭永东宣布，推出家居服务平台“被窝家装”；8月，阿里巴巴召开家装战略峰会，计划在未来3年内让家装数字化率从10%提升到20%……

最后，是“Z世代”消费者的入局。2017年，“95后”开始正式踏入社会，他们既追求独特自我，又有统一的文化共识；既自认年轻，又在偷偷养生；既精致省钱，又为理想爱好挥金如土……对企业而言，他们的出现几乎全是利好：愿意花钱，不喜欢麻烦；不再像父辈那样盲目迷恋西方，更愿意推动国潮文化。当然，挑战也有，他们作为互联网的原住民，获取信息都在网上；他们不喜欢装模作样，喜欢真实的营销；他们不太关注功能，更强调悦己……

长期以来，建材家居企业几乎都有过以“洋”装扮自己的经历，洋品牌、洋血统、洋名字、洋设计，甚至请个模特只要是个洋人就立即觉得高大上起来……面对“Z世代”的特点，定制家居企业也在迅速改变，你会看到新国潮新中式产品风格正在兴起，对品牌的重视度与日俱增，为消费者提供一站式购物、更强调设计和服务的定制家居更受青睐……

2020年年初，即将于3月下旬举行的第十届中国（广州）定制家居展览会发布了年度主题：定制“新”年，强调：“定制家居行业面临的变化，不是断崖式的向下变化，而是波浪起伏的变化。”曾勇在展会新闻发布会上指出，定制家居已经进入下半场，必须拥抱新变化。

他认为的“新”包括五大方面：

第一，发展跨入“新”阶段。市场红利渐失，产业供需关系、进入门槛、消费者需求等产业结构要素发生根本性变化。伴随着技术升级、渠道变革和供应链体系的持续创新，跑马圈地不再是主旋律。纵向整合、横向联盟势如破竹，跨界融合成为新常态，唯有以整合思维拼战略，才能实现弯道超车。

第二，竞争踏进“新”战场。分工进一步细化，市场规则进一步确立，头部品牌“升维竞争”打响。未来，行业的竞争必将从营销、招商、品牌的竞争，回归到产品、设计和服务的本质层面竞争，企业要找准核心竞争力。

第三，定位瞄准“新”群体。定制家居行业正从“圈地”过渡到“圈人”的时代，一群新中产已崛起，消费升级背景下，品质、场景、心情成为新中产最愿意为之买单的因素之一，厂商需要摒弃传统思维，重新理解消费市场。

第四，渠道转向“新”零售。以终端卖场为中心的传统模式，将被以顾客为核心的商业模式彻底颠覆。消费者在哪儿，就去哪里开店。新零售的核心——“用户体验+运营效率”，与定制家居有着天然的高匹配度。未来，企业需要利用大数据、AI技术等新兴互联网技术，将线上线下渠道全面融合，以实现更好的用户体验与更高的运营效率。

第五，营销进入“新”思维。从电视广告到信息流广告，再到直播带货，在这个媒介去中心化的时代，营销模式创新才是突围利器。企业要拒绝闭门造车，了解客户真实需求，关注小众圈层消费，抢占小区、网络、设计师等多元流量入口，等待峰回路转、春暖花开。

可惜的是，在新闻发布会举行半个月后，武汉疫情暴发，整个中国遭遇了断崖式下滑的市场行情，定制家居展被迫延期一年。

倒是在7月如期召开的2020中国（广州）建博会上，人们直接见证了一个重大变化——高端定制（以下简称“高定”）浪潮汹涌而至。大批全屋定制企业不约而同喊出“高定”的口号，建博会更是联合媒体直接喊出“高定时代”的口号，让并不主流的高定迅速走到舞台中央。

其实，在2020年之前，大多数品牌力求将原本高定的定制变成大众的生活，并为此付出了长期不懈的努力。所谓的“高定”只是少数品牌“勇敢者的游戏”和出身设计师的创业者的某种偏执。

其中的佼佼者有北京的科宝·博洛尼、广州的威法、浙江嵊州的图森以及2016年在上海成立的木里木外。相对高端的品牌则还有强调实木特色的玛格、近几年力争上游升级的我乐家居和一直宣称打造中高端品牌的金牌厨柜。

相较于广东定制家居强调工业化、规模化、大众化的特点，京派定制的特点就是强调设计与文化，代表性的科宝·博洛尼、KD皆是如此。其中科宝·博洛尼打上了浓厚的创始人烙印，创始人蔡明的偏好塑造了科宝·博洛尼的品牌发展轨迹。

1999年，专注厨房排烟柜并小有成就的蔡明进入整体厨房行业，2001年他的科宝公司与意大利家居咨询公司Ferraninisrl合资成立科宝·博洛尼厨卫家具有限公司（2007年，博洛尼家居用品有限公司向Ferraninisrl收购了博洛尼品牌），双方整合了以Lino Codato为核心的设计团队；全面搭建科宝·博洛尼橱柜、家具、卫浴、内门等产品架构及32mm柔性化生产系统，倡导“Living in Kitchen（生活在厨房）”的崭新理念和全新生活方式，这种超前的观念让人眼前一亮。2010年它与意大利设计师利帕里尼合作，研究并推出中产阶级的16种生活方式。

较高的起点带给科宝·博洛尼强烈的设计师气质和世界文化视野，这赋予其与众不同的高端气质2003年科宝·博洛尼百万厨房“马里奥”诞生，目标是比肩国际高端品牌，2005年Lino Codato推出的“七间宅”作品不但引领了全屋定制的风潮，也给家居行业注入一股重视体验的风气。之后，尝到成功喜悦的蔡明在这条道路上越走越远：将室内设计界奥斯卡Andrew Martin大奖引入中国；整合8个国家一线设计师发起“为中国设计”的主题活动，领跑了国际奢侈品新中式潮流；与意大利DO.IT设计师事务所合资“科罗纳整体家居”品牌；与意大利国家级家具企业SAVIO FIRMINO公司合资……

科宝·博洛尼合作的设计师几乎遍及各领域的专家：2012年与日本收纳女王近藤典子合作，研发“4空间226节点”全细节收纳解决方案；2017年牵手AAC艺术中国，让当代艺术与当代设计在家居生活范畴碰撞出火花；2018年展开与时尚设计师、色彩大师、昆虫摄影师的跨界合作计划；2019年联手桑德拉·罗德斯，将口红纹样印在家居产品上，以彰显女性主张。在艺术方面，科宝·博洛尼早在2004年就与曾梵志、周春芽、方力钧进行了首次艺术品+家居产品的跨界合作。2008年，作家石康以蔡明为蓝本创造出热播剧《奋斗》男主角陆涛鲜活的形象。2009

年，推出“初代国潮九朝会”，与昆曲、江南园林、餐饮相结合，探索中式时尚。2014年，将旅法艺术家王以时的作品《梅里梦丹寓所旁的小花园》与家居环境相融合，在卢浮宫展出。2020，与英国皇家女爵桑德拉·罗德斯联名发布时尚家具，将《时尚印记：从毕加索到安迪·沃霍尔》特展引入中国……

透过这些轨迹，你可以看到一个对设计和文化相当偏执的蔡明，一个孤独行走在家居前锋探索精神边界的科宝·博洛尼。这赋予了科宝·博洛尼品牌丰富而强烈的高端调性，但同时也让它滑向家装和工装的方向，无法充分发挥工业复制的威力。不过，即使它的规模并不大，在国内高端定制家居品牌界仍属第一，蔡明在文化家居方向的激进探索回味悠久、值得点赞。

威法品牌的经历与科宝·博洛尼类似。它原本是丹麦一家有着90年历史的电声品牌，后被从事音响事业的杨炼收购。2009年7月29日，威法厨柜第一家体验店在广州番禺隆重开业，令人惊讶的是，它的店招上竟然有“西门子家电”几个字，现场还有一位西门子家电中国区高管出席。这显示威法厨柜出生便是不凡，竟然能以一家店拉来西门子这样的全球品牌进行战略合作。

正是这一点，吸引了王超的注意。此时尚在跨国公司工作的他喜欢极限运动如潜水、攀岩、滑翔等有很长的历史了，因此和喜爱户外运动的杨炼认识。2009年的冬天，他和杨炼一起去滑冰，途中王超提起西门子做起了橱柜。杨炼笑了，“那是威法——西门子威法，是我的品牌”。

2010年三四月份，王超专门去这家店考察，发现不但形象甚佳，而且设计独特，令人耳目一新。他了解了这个行业的潜力，内心那颗创业的心萌动了。大学毕业后的他在宝洁工作了10年，然后去了雅虎中国，此时他正在DHL任华南区珠三角的总经理，虽然年薪高、享清闲，但总觉得这不应该是他的全部人生，一直琢磨着找个机会创业。经过两三个月的思考，他决定辞职加盟威法，在老家无锡这个空白市场从零开始。

这是一个常人看来不可思议的决定。结果，奇迹出现了。王超用了6个月就收回了200多万元的投资，马上开了第二家店，并成为威法经销商体系中的佼佼者。2011年，在杨炼的盛情邀请下，也想回归广州的王超就选择了加盟，成为威法股东、副总经理（直至现在的总经理），开启了他们的黄金合作旅程。

杨炼和王超两人都有个特点：热爱生活和极限运动，对设计艺术有着很高的鉴赏和追求。经历了创业历程的王超对高端品牌有了相当的心得。这使他们对威法的定位有了高度的共识和追求。他们决心在2.5万元客单价的国产品牌科宝·博洛尼和25万元以上的国际品牌之间撕开一个市场缺口。

为了这一点，他们首先变成全球高端资源的整合者：选择将西门子作为唯一的电器战略合作伙伴，选择德国舒乐公司设计整套智能化生产流程，选择德国豪迈生产线制造更高品质的橱柜产品，选择德国凯斯宝玛拉篮创造更完美的收纳体验，选择克诺斯邦顶级橱柜板材定制健康环保柜体，选择百隆五金件创造完美的使用体验，选择杜邦高级人造台面石创造健康保障……同时，结合“精良工艺、极简设计”的包豪斯理念，力求打造开放式中国厨厅，融合了烹饪、宴会、读书、品酒、派对、影音视频娱乐、收藏、展示等丰富的家庭生活内容，营造出更丰富、更多元的生活场景和家庭乐趣，从而引领全新的生活方式潮流。

威法的很多设计堪称经典，以至于成为同行模仿的对象，有的甚至直接打出“威法同款”。比如，威法在国内首创独立柜体制作的“功能衣柜”：结构上，一改以往市面的中立板框架，采用独立柜体结构制作；功能上，根据衣物存放的需求条件，提供特定的功能服务；效果上，创新性地融入了自动感应灯光和智能控制系统；外观风格注重灵活个性，打造极简风格、法式宫廷风格、美式庄园风格等。

高端人群往往有着无可挑剔的学识、眼界和审美、涵养，因而也会有着更高的美学要求与不同的设计理念。对此，杨炼说：“威法从产品设计、质量工艺到形象展示、服务等都按照高端圈层的生活习惯与日常需求来设定。为此，我们经常组织客户、设计师举办徒步、高尔夫、滑雪、潜水等活动，借此深入感受客户的诉求与喜好，更好地设计和研发出新品。同时，也向专业的五星级服务业学习。”

虽然杨炼谦虚地说威法一直在“打基础”，说做高端品牌不能急，要坚持长期主义，但靠着自己在高端定制的成功探索，威法正声名鹊起，现在客单价据说高达30万元。2016年它以衣柜开始进入全屋定制领域，2018年获得红星美凯龙的投资，2020年重金打造的智能制造基地在中山投入使用，成为行业的又一标杆之作。2021年它又启动了上市进程，期待能够成为“高端定制第一股”……

同样走高端路线的还有图森。图森成立于2008年，其母公司是服务房地产高端客户成立的木制品公司，2012年开始从工装转向家装，2017年成立图森家居公司，开启空间打造的探索之路，运营意大利奢侈品牌Tonino Lamborghini Casa、CG Nighttime等进口品牌家具和部分国产品牌家具。创始人王维扬说：“高定行业正因为难，才有图森的空间。……

我们要做就是难而正确的事情。”（《图森整体木作13年落子无悔　守正出奇领跑高定行业》，搜门网2021年8月20日）

图森立志打造国际知名、国内领先的高端定制家居品牌。因此，在产品设计上，图森一直与知名设计师戴昆、曾建龙、姚君等达成深度合作，更牵手意大利Formitalia集团共同打造全新系列Tonino Lamborghini Casa家具，联袂国际知名家居品牌Christopher Guy推出了CG Nighttime系列。同时，它在很早的时候就把数字化设计作为帮助品牌直达消费端的重要抓手，2014年，图森就携手酷家乐提前部署旗舰店运营的数字基础设施。迄今它仍然面临个性化太强、规模化不足的难题，着手从产品设计开始，逐步提高定制行业工业化的水平。

再说说木里木外，这个2016年才推出的品牌具有强烈的设计师色彩。创始人练峰2007年进入家装行业，很快就把工程订单做得风生水起。后来他觉得工程订单始终受制于人，没有意义，便从2015年开始潜心木里木外的品牌研发，期望做出与众不同的产品。这显然要有原创设计。练峰组建了30多人的设计师团队，同时与著名设计师梁志天、梁建国、安德·马丁等大咖，以及广州设计周、中国室内装饰协会等设计机构进行合作，耗资千万元，历时1年。产品和品牌在2016年7月的中国（广州）建博会上亮相，以其高端大气上档次、低调奢华有内涵惊艳了整个行业。2019年，木里木外出现在米兰国际家具展的主展馆，成为国内第一个走进米兰国际家具展的整装品牌，被意大利官方设计协会授予“世界的中国品牌”奖项。

木里木外讲的是木头里面的文化和故事，它深深扎根于东方文化。练峰有个情结，就是做中国原创品牌。在他看来，工艺与设计是产品的两大核心要素，也是木里木外一直坚持创新的两大脉络。据说，每年木里木外在研发设计上的投入达3000多万元。此外，设计师渠道是木里木外品牌推进的主要方式。这是它被视为设计师品牌的原因，同时也意味着它会在工业化和规模化方面面临挑战。显然，练峰已经意识到这一点。

对于定制家居的高定潮，优居总编辑张永志撰文指出："高定热潮的爆发，是家居消费市场渠道变化、消费升级、企业分层的综合产物。"他认为，对于中小型全屋定制企业来说，高定是一个正确的方向选择。

事实上，高定之所以成为风潮，与其说是因为这几个代表品牌的努力，不如说是消费者、经销商、企业和社会的呼唤。从消费者端来说，他们的审美持续提升，开始从过去的单品功能、全屋风格上升到个性彰显，部分人群需求提升、向往更美好生活；从经销商端来说，随着线下专卖店流量的锐减、租金和人工成本的抬升，他们迫切渴望做大单值，其中迈向高端是一种路径（其次是多元化经营，这需要极高的运营能力）；从企业层面来说，将产品卖出价格、卖到高价是其向往的境界，因为可以带来利润的上升和经营的可持续性，从而给企业带来正向循环；至于社会层面，至少对卖场的红星美凯龙、居然之家而言，只有高端品牌才能在它们的卖场生存——这也是红星美凯龙2020年启动高端战略，推出1号店、至尊Mall的重要原因。

高定的确是差异化经营的一个方向，而且存在市场空白，市场潜力不小。同时，它也是高质量经营升级的重要表现，意味着企业的经营从渠道向品牌转变，产品从性价比向高端转变——这些都意味着企业理念、战略、组织、产品、渠道和核心竞争力的全方位升维，也体现了企业努力向上攀登的追求。

高定风潮的劲吹，无疑有助于传统大众定制的产品提升。这也是近两年轻奢、极简等风格流行的内在逻辑。客观而言，定制家居被广为诟病的产品设计、风格等弱项（板材组合结构简单、表达有限）有一定改观。

但是，2020年的高定浪潮是否“过热”了？一些商家为自己利益的需求鼓噪着厂家披上高端定制的概念，会不会变成一种捧杀？这些问题也是需要相关企业警惕的。毕竟需求是一回事，在这一细分市场能否做好、获得消费者的认可则是另一回事。

事实也是如此，2021—2022年高定迅速从风潮走向分化，因为众多品牌发现，高定与潮流无关，只与自己的选择和定位有关。而且，高定的运作客观对企业上提出很高的要求，超出了企业自身的能力。这也是后来科凡家居推出“高定之下、大众之上”等轻高定位的背景所在。

整个2020年，高定成为众多厂家努力突围、获得业绩和利润的最新尝试。这一年，它们还尝试了大宗工程业务、直播电商营销，前者显然给不少企业带来可观的增长（有些在2021年开始出问题），后者是一种不得已的非常之举，但也体现了“Z世代”用户对家居行业的深度影响——既然互联网已是我们的注意力所在、生活场景，直播电商何尝不能是一次消费形式的升级，一种新零售的进一步营销探索？

从消费者来讲，疫情的持续影响正深度影响他们的消费观念。为定制家居提供中高档多层实木板的板材供应商平安树（上海德翔木业集团品牌）董事长崔海明认为，高净值人群已将健康、生活的品质放在优先的位置，赚钱从过去的第一位降到第三位。这一点在2022年以及未来三五年将会更加明显，这意味着中高端的定制品牌仍然具有较大潜力，并将迎来更好的发展。

这一年，值得一提的还有8月份爆发的“无醛大战”。

在此之前的四五月份，为普及健康环保的家居消费理念，索菲亚重磅上线“索菲亚康纯定制节第二季”，从4月20日至5月10日，以“环保升级，健康护家”为主题，宣布在22平方米19999元全屋套餐的基础上，给所有全屋客户加码优惠力度，免费升级其主推的无醛添加康纯板。8月7日，索菲亚在广州组织了一场“环保生态　人民共建——索菲亚健康家居环保论坛”。

8月8日，善于营销的欧派推出策划已久的“无醛健康家战略”，称将有步骤、有计划地推动无醛添加板材、无醛添加家装家居产品的普及化。时任副总裁的杨鑫更宣布，自8月8日起，欧派衣柜9~25毫米双饰板全部升级为无醛添加爱芯板，不限套餐、不限风格、不限花色、不限平方米数。无醛添加爱芯板产品的售价将采用“一降到底”的巨惠政策。终端消费者每平方米投影面积只需加价88元，便可享受18毫米双饰板升级为无醛添加爱芯板。

这样一来，无醛话题迅速演变成新一轮的价格大战，席卷更多品牌纷纷加入其中。8月15日，好莱客宣布开启“好莱客原态＋净醛中国行”，宣布“总裁放价”补贴优惠政策，加99元可以直接升级到净醛板，同时官宣了其原态系列的5.0——好莱客净醛原态板的问世。8月23日，尚品宅配在上海举行“绿色家居　无醛定制”——尚品宅配全屋无醛升级战略发布会，总经理李嘉聪宣布，与无醛板材企业万华禾香板业有限责任公司举行战略合作，推出“惠民战略”——自8月中旬到9月中旬期间，尚品宅配的消费者可以免费升级其2019年推出的高端环保基材康净板……

一个多月的时间里，这场由定制家居头部企业燃起的“无醛大战”吸引了百得胜、诗尼曼、伊恋、维意定制、卡诺亚、冠特、我乐家居、客来福等20余家主力品牌加入。它的积极意义在于，将消费者关切的绿色环保话题引向普及和深入，凸显出定制家居引领绿色浪潮的行业正面形象。

不过，“无醛大战”也标志着行业价格竞争的深化。受疫情影响，2020年上半年各个企业的业绩报表均不好看，如何在下半年加足马力，将丢掉的业绩抢回来成为各个企业面临的课题。自2017年以来行业竞争迅速激烈，价格竞争正成为行业加速洗牌的战略工具。因此，“无醛大战”表面上拉低了大多数品牌零醛添加板材的溢价空间，让行业基于更环保板材的竞争白热化，深层上则是头部企业正挟其规模化带来的采购定价优势，给大量二线品牌带来巨大冲击，后者只能在极小的空间内寻求差异化，这也和前面的高定热潮相辅相成，形成微妙的呼应。

【年度定制人物】
图森副董事长兼总裁王维扬：高处有绝景

转型之难，一在抛弃现在，对有体量的企业而言，殊为不易；二在拥抱陌生，一切都要从头再来。王维扬之难，还在于向高端定制的挺进，不追风，不盲动，笃定前行，坚决果敢。10年下来，终于傲立高定潮头。

他以自己的图森实践向世人证明，难易皆辩证，高处有绝景。你以为选择了容易之事，却可能踏上险途，人以为你踏上艰难之路，却不知因乏人竞争而成愉快之旅。正如他曾说的："向上的路并不拥挤，拥挤是因为有人选择了安逸。"

他把经销商当"女婿"，只有培训合格才能服务消费者；他把设计当先导，以差异化服务博得消费者的信赖。他认为高质量发展不只是概念，而是产品能否满足需求，发展中能赋予什么，上下游和利益第三方能得到什么。他最期待的是与国际品牌"拼刺刀"，而且是走到国外。

2021 剑指千亿

尽管遭遇美国各种名目的打压，尽管疫情造成了种种不便，中国2020年的GDP仍有2.3%的增长，并历史性地突破百万亿元大关，成为世界唯一正增长的大型经济体。

在疫情的笼罩下，国人又迎来一个春节。这个春节仍然倡导就地过年，不知不觉，新型冠状病毒竟然已经“陪伴”国人一年了。

对家居行业来说，房地产调控没有减弱的迹象，即使是在疫情最为严重的第一季度，“房子是用来住的，不是用来炒的”定位不变，下半年出台的“三根红线”更令企业如芒在背。受此影响，国家统计局的数据表示，2020年全国家具类零售额为1598亿元，同比下降7%；全国建筑及装潢材料零售额为1749亿元，同比下降2.8%。相比之下，至少从定制家居九大上市公司的报表中，人们发现这个原本深度依赖线下销售和服务的细分行业依然发展强劲，2020年九大上市公司的营业收入合计为422.44亿元，同比增长超6%。

其中，除了尚品宅配、好莱客和顶固外，其余6家企业竟然都能保持增长，欧派和索菲亚分别增长8.91%、8.67%；第二梯队的志邦家居和金牌厨柜竟然达到29.65%、24.20%（两家企业的利润增幅也在20%以上）；第三梯队的我乐家居、皮阿诺表现不错，分别增长了18.93%和1.51%。更令家居行业羡慕的是，除了尚品宅配、好莱客和顶固外，其他6家上市公司的利润增幅都超过了10%！

尚品宅配和好莱客下滑的共同原因是没有重视大宗工程业务。当然，尚品宅配从来不关心这一点，其业绩下滑的独特原因是：第一，自营店过多，导致业绩受到双重影响；第二，在整装方面研发投入较大。不过，这样惨淡的业绩依然出乎很多业内人士的意料。

进入2021年，尽管经历了2020年上半年疫情的冲击，但下半年的快速反弹给了行业很大的鼓舞。许多企业期望将过去丢失的一部分追回来。3月26—28日，延期一年的中国（广州）定制家居展览会盛大举行。在展览面积比上届增加近10万平方米的情况下，现场依然人满为患，许多展馆外面还排起了长队，火爆的人气预示着经济的强劲复苏。

本届展会主题为“定制升年”，提出了五大趋势：消费升级、设计升级、产品升级、服务升级和数字化升级，足见行业对未来的信心。这一年，高定的热潮开始降温，极简轻奢风开始劲吹；一些年轻化的品牌或系列——如索菲亚旗下的米兰纳、齐家和好莱客共创的Nola，诗尼曼的AI家居——开始崭露头角。与此同时，不锈钢定制这一细分赛道涌现出百能、万格丽、法迪奥等高速成长的品牌，跨界入局者又多了箭牌家居、雷士照明、楷模家具等新的身影……

这一年，如果你再看看九大定制家居上市公司的业绩，会发现除了我乐家居外，另外8家营业总收入均实现了高速增长：好莱客增幅最高，为54.40%，其次为顶固48.82%；志邦家居和金牌厨柜一如既往地坚挺和高速增长，分别为34.17%和30.61%；索菲亚摆脱了前两年的低速增长，实现了24.59%的高速增长，营业总收入终于突破了百亿元大关；皮阿诺、尚品宅配的增速则为22.10%和12.22%；至于上市后一直表现上佳的我乐家居，像是突然闪了一下腰，增速只有8.92%。

总体上看，定制家居上市公司的表现相当出色，基本弥补了2020年疫情带来的损失，预示这个行业依然增长强劲。

正是在这样的乐观情绪鼓舞下，广东省定制家居协会、博骏传媒基于西南市场广大的发展空间和当地的产业基础，策划举办了“成都定制家居展览会”，并于12月21—23日成功举行。包括索菲亚（米兰纳、华鹤、司米）、尚品宅配、掌上明珠、科凡家居、玛格、百得胜、诗尼曼、卡诺亚、皇朝家居、维意定制、亚丹、帝标家居、伊恋、比佐迪、丽维家、百年印象、简钻、鼎高、佰怡家、新标门窗、博仕门窗、美沃门窗等在内的定制家居企业以及图特、捷德韦尔、永特耐、展华、平安树在内的产业链上下游品牌共计300余家集体亮相大西南，显示出成都正成为中国定制家居的下一个中心。

事实上，以四川、重庆为中心的定制家居也以迅猛的姿态高速前进。这里既有玛格、帝安姆、伊恋、韩居丽格、德贝、倍特、益有、丽维家等橱柜和衣柜品牌，也有全友家居、掌上明珠、双虎、帝标家居这样的成品家居巨头跨界而来，同时成都更是除广州外，唯一一个同时拥有欧派、索菲亚、尚品宅配生产基地的城市……“西南派”已经崛起，成为定制家居不可忽视的品牌集群。

其中，在2020年年初躬身入局的成都帝标智能家居有限公司（以下简称“帝标家居”）是拥有18年历史的软体家居企业。虽然时间较晚，但它采用“小步快跑”的方式，成立了全屋定制事业部，升级了专业制造、搭建了专业平台、引进了专业人才，并以较大的面积参加了当年的两个定制家居展会（广州的与成都的）。

后发者也有优势，那就是快速地创新和升级。年底，帝标家居宣布启动高端全屋战略，发布了全新的品牌VI（视觉识别系统），将成品、定制进行有机结合，通过整合“产品+渠道”，全方位升级品牌的形象，对产品体系、店态体系进行优化处理。在与既有的成品家居进行整合的同时，帝标家居也快速赶上了当年高端定制的新浪潮。

为了遏制新型冠状病毒传播，隔离、保持社交距离等一些减少人类活动的措施促使消费者改变购物行为，因此，疫情的持续加剧了直播电商的火爆。

如果说，2020年面对全国直播狂潮，定制家居企业更多是小试牛刀、做做看看的话，那么进入2021年，直播已经变成常态化生存的一部分。原本最难触电的定制家居企业也开始纷纷批量化借助“直播+电商”形式，几乎到了“无直播，不营销”的地步。

自2019年起，欧派就开始尝试通过H5、小程序等方式进行线上直播，主要是为了品牌宣传；进入2020年春节后，欧派立即展开了直播方面的各种尝试，6月起，开始建立常态化运营，进行“种草”式直播，孵化企业自有MCN和“网红”直播团队，同时打造“总裁+大咖明星”

直播间，邀请了姚晨、童瑶、陆毅夫妇、孙红雷夫妇等明星开展了一系列活动，从内部打通了线上线下的渠道。

进入2021年，欧派明显强化了直播在营销中的地位：1月，欧派开始试水视频号大型直播，邀请时尚大使江疏影、北京卫视《暖暖的新家》主持人刘小溪助阵；3月，欧派再次策划了大型明星直播活动，3月12日、13日晚分别携手孙俪、贾乃亮接力直播，在无任何推广的情况下订单量超100单，业绩与部分已经运营了一年多的平台持平。

良好的转化效果也加深了欧派对于视频号渠道的信心，5月，其单场直播就产生了3万笔订单，约带动了线上及线下成交金额超10亿元。之后的欧派越战越勇：6月全国冠军联盟、8月家居脱口秀、11月品质岩选等活动屡掀高潮，王耀庆、景甜、田亮、张继科、柳岩等明星和王建国、赵晓卉等脱口秀新星空降直播间，轮番上阵。每一场直播均紧贴时下的流量热点，通过体验产品、畅聊生活方式，打造出从产品到品牌、从生活方式到文化的全场景直播空间，凭借明星广泛的知名度、较高的粉丝黏性及强流量聚合能力，有效引流。

在此过程中，欧派完成了“总部直播+区域直播+门店直播”的三级直播模式的构建。这种模式的特点是：在品牌自播常态化的基础上，结合品牌自播+明星主播的双轮驱动，既通过自播积累客户，为消费者答疑解惑，又通过明星主播释放惊喜福利，从而有效地促进线上成交和订单转化。

众所周知，定制家居是一个极其复杂的系统工程，流程长、重线下，用户不仅需要设计师量尺寸、做设计，还要与水电工、泥瓦工做好配合。这种特点决定了用户可以通过直播了解产品和品牌，但很难完成从下单、测量、设计到安装等一系列流程。这也是该行业偏重线下店面经营的主要原因。长期以来，线上只是定制家居用来品牌推广、“种草”或客户引流的地方。它们将线下获得的需求信息分发给相应的线下经销商，以提供复杂的服务。

2021年，大力发展直播的欧派开始了线上线下一体化营销的构建。

根据媒体报道，在1月和3月欧派的直播中，虽然请了明星，但品宣的成分相当浓厚，没有投放什么广告，其中3月份邀请了孙俪这样的一线明星，却只获得100多张订单的效果。之后，欧派“尝试在视频号进行更多投放和运营”，“围绕视频号创新直播玩法，并显著加大了直播频次，大型直播从最初的两个月一次调整为一个月一次，再加码到一个月多次”。

除了在前端搭好直播的台子，欧派更需要的是能够承接需求并进行后续服务的系统能力。

在推进过程中，欧派发现了视频号的天然优势：一是基于微信的庞大使用群，可以有效动员经销商和员工组织、运营其私域流量，同时容易引发社交圈裂变效应；二是可以与公众号和企业微信打通，一方面可以构建更丰富的内容，另一方面可以让视频号具备连接私域流量的能力；三是视频号加大了对商家的支持力度，私域的拓宽可以触发公域流量的支持。因此，欧派将直播的重心放在视频号上。

最重要的是，借助第三方的协助，用户观看直播与咨询终端店员的行为都可以在微信体系内自然完成，有效解决了线上线下体系割裂的历史问题。订单转化后的量房、设计、出图、安装等系列沟通，均可以在微信体系内完成，很好地衔接了欧派的服务体系。

这样一来，困扰过往电商的两大难题得到了有效解决：一是线下线下全流程连接，二是厂家和商家利益矛盾与能力问题——过去电商往往由总部控制，要么与线下经营体系有矛盾，要么经销商不愿或不能承接。在此基础上，欧派还获得了两大突破：一是流量的裂变所产生的倍增效应；二是销售与品牌的有机结合。

这归功于其对内容建设的重视，而不是仅仅是在直播间声嘶力竭地喊“全网最低价，买买买”。比如，在直播中，除了做好直播间准备外，欧派还会联动视频号内的创作达人做内容预热，让不同领域的创作者从多个角度解读欧派的产品、服务和理念，通过内容撬动更多的用户来关注。同时，他们还会和明星一起，聊更多元的话题，引发观众对其产品、品牌、倡导的生活方式的兴趣，既促进了销售，也达到了品牌宣传的效果。

此外，欧派也强化了对热门综艺和电视剧的年度合作，在《披荆斩棘的哥哥》《小舍得》《理想之城》《安家》等热门综艺与电视剧中，深度植入欧派产品和品牌理念，通过多触点的内容沟通，收割流量。同时，为应对消费审美升级，欧派还联合全国工商联家具装饰业商会打造铂伦斯全球设计奖，集结国内外设计精英力量，打造“七大城市海选分站+国际豪华评审团、顶级设计大咖总决赛”的活动，搭建起了一个集设计价值、设计交流和设计联动的多元素竞赛平台，引爆2021年设计创造圈……

这种基于战略推进的强大执行和迭代能力，是欧派直播电商和经营业绩迅速扶摇直上的秘密所在。在5月15日欧派爱家日的直播中，人气明星夫妻档“包贝尔 × 包文婧”及5位达人嘉宾亮相欧派爱家直播间暨欧派厨房全球好物节第二季超级直播夜。根据公布的数字，直播近4小时，全国橱柜订单数突破3万单，带动了线上及线下成交金额超10亿元，仅仅5天时间，视频播放量超600万次，整体曝光量超1300万次。

2021年，面对疫情和房地产受控的双重压力，欧派竟然逆势而上，以其巨大的规模体量实现了业绩的高速增长，营业总收入不但一举突破了200亿大关（204.42亿元），成为泛家居制造业的绝对老大，而且增长率达到了惊人的38.68%！归母净利润26.66亿元（利润率达到了13.04%），同比增长29.23%!

仅看这些数字，你不得不服气，欧派的的确确是定制家居的头号领军品牌。它以实实在在的业绩，扛起了定制家居“全村的希望”，不断刷新着行业的规模高度。如果照此速度发展，欧派业绩破千亿元似乎是2030年之前就会到来的事实。

这也是定制家居行业的特点和优势所在。尽管已有几十亿元甚至200亿元的规模，但这些企业仍然紧紧围绕着消费者的需求，保持着战略、战术和组织的敏捷性。它们具有强大的执行力，遇到紧急情况可以随时做出调整并在变化中取胜。即使像欧派这样规模的企业，也丝毫感受不到其组织的臃肿与僵化。

根据智研咨询的事后研究，2021年中国定制家居行业市场规模约为4189亿元，同比增长虽然只有9.9%，但已经比2016年扩容了一倍多。根据中国建筑装饰协会提供的数据，2021年家装行业的市场规模约为2.85万亿元，年增速约为18.89%。定制家居正向全屋整装挺进，一站式整装需求正在爆发。因此，未来定制家居的市场规模不能以常规判断，它的边界还在扩大，企业上升的速度可能超乎世人的想象。

不过，伴随着房地产的持续低迷、市场重心向存量房市场的转换以及众多企业入局带来的竞争加剧，行业洗牌加剧，马太效应呈现，许多中小企业开始遭遇成长瓶颈，甚至陷入困境。也就是说，过去跟着头部大佬的脚步就能赚钱的时代一去不复返了。中小企业开始面临拥有诸多优势的头部品牌、拥有强大资本和资源优势的跨界巨头以及拥有区域优势的家装企业、拥有互联网优势的整装企业的多维度市场争夺与残酷竞争。

2021年可谓中国深度战略调整、改革开放再出发的元年。随着全面建成小康社会目标的达成，已满100周岁的执政党通过了《中共中央关于党的百年奋斗重大成就和历史经验的决议》，认真总结过往、积极前瞻未来，开启了迈向更宏伟目标的伟大征程：中国空间站开始全面建设，中国航天迎来空间站时代；开始认真落实2020年提出的“双碳”目标，发布顶层设计文件《关于完整准确全面贯彻新发展理念做好碳达峰碳中和工作的实施意见》；着眼于长远的重大战略——构建以国内大循环为主体、国内国际双循环相互促进的新发展格局——正加快推进，对无序扩张的房地产、互联网和教培行业重拳整顿……

9月，恒大集团爆发债务危机。作为房地产行业第一匹被压垮的骆驼，恒大集团在过去几年的疯狂激进、快速扩张所带来的负债问题终于爆发。由于恒大集团的问题涉及众多金融机构，债、股等形式的各项投融资业务，波及投资者众多，且面临在建工程停工，波及购房人、建设工人等大批群体利益。

这一事件重创不少深度依赖房地产的建材家居企业，一些定制家居企业也未能幸免。几年前房地产有多风光，现在就有多痛苦。大宗业务客户的债务违约所带来的应收账款坏账，成为部分企业利润大幅下滑的主要原因。

2年前还是大热的整装也在2021年出现了戏剧性的转折。上半年整装市场还躁动无比：据不完全统计，先后有欧派、索菲亚、顶固、尚品宅配、金牌厨柜、诗尼曼、玛格、曲美家居等企业宣布加码投入整装，龙头装修企业、传统家居建材企业以及互联网巨头也是齐声呐喊。甚至在7月举行的中国（广州）建博会上，也有很多家居品牌发布了整装计划。没想到，定制家居企业的龙头欧派率先不玩了，推出了新的概念——整家定制。

9月24日，欧派提出"高颜整家定制"，强化了上年底提出的整家定制概念。为了显示重视，欧派将之上升为一种战略、一个模式。不过，看起来它更像是一种套餐计划：29800元高颜整家套餐包含具有26种轻奢花色可选的20平方米全屋柜类定制，包含沙发、茶几、餐桌椅等10件套布拉格家具，还包含25种花色任选的3平方米高端背景墙。

不过，细究之下，整家还是有其"创新"之处。当定制衣柜迭代到全屋定制之时，其核心是将以前衣柜之外不被重视的"配套"柜类提升，升级为全屋整体柜类定制。整家定制则是在柜类产品之外，开始整合成品和软装产品的配套。尽管它是大家居和整装的延续，但依然与之前的全屋定制相比有了深刻的变化：标志着定制家居企业喊了多年的大家居战略开始切实落地，行业从单一品类的制造销售向平台化方向进化。

平台战略是一个相当令人神往的词，它代表的不单是全新商业模式革命，更意味着实力的雄厚和无限的可能。但对于很多行业企业而言，平台化也意味着“不可承受之重”。仅就定制家居行业而言，自2013年开启的大家居战略、2016年的整装战略，都是其试图平台化的尝试，但绝大多数企业进展乏力。

这次欧派再度提出整家定制，究竟是战略的重构还是战术的调整？

作为行业领袖，欧派的一举一动自然备受关注。不过奇妙的是，5月从欧派跳槽到索菲亚任副总裁的杨鑫的神助力，直接带动了整家定制的大热。

11月，索菲亚官宣新logo（标志），并明确了索菲亚“衣柜 | 整家定制”的全新品牌定位，宣布进军整家定制，12月19日，索菲亚重磅发布整家定制战略，而且比欧派更积极地从设计、环保、品质和服务等六大维度给出定义，试图抢夺整家定制的主导权。

此举在事实上将原本刚刚潮起的整装的天平移向了整家一方。加之，2021年原本all in（“全力押注”之意）整装业务的尚品宅配业绩出现大幅下降，暂缓了整装的战略推进，定制三巨头齐齐放下了整装概念，导致整装热迅速遇冷，从年初的高潮进入低潮。

整家定制概念的出现一时令定制业界陷入迷茫，跟从、鼓噪者有之，观望和思考者也不少。有人称之为促销动作，有人认为它不过是全屋定制的翻版，有人认为它是个渠道策略或营销模式。不过，显而易见的是，定制家居企业进军整装方面遇到了强大的阻力，大大超出了众多定制企业的能力和水平。

整家定制的强烈目的性、现实性和兼容性，使它在泛家居行业和家装企业也更受欢迎，从而迅速演变成一种在共有概念下的行业促销运动、一剂纾解当时经营困局的良方。从某种程度上，它更适合一些成品家居企业、家装企业参与市场争夺。这一点在进入2022年后更为明显，2022年年初，顾家家居、敏华控股、曲美家居、大自然家居、全友家居、林氏木业、皇朝家居等家居龙头纷纷推出各自的整家套餐，价格不同、内容不一，展开激烈争夺。

业内资深人士、劳卡定制家居事业部总经理江辰的观点是："整家定制的出现对定制家居企业来说更友好，既方便服务又能完成一站式满足，同时又令它们不再急于扩充自己的产业链和销售品类。这样既明确了企业的招商目标，又能提升经销商的竞争力。"另外一个观察者、广州唐龙营销策划机构品牌策略官、《家居第六维》主编钟健明则认为："整家定制是定制家居在转型整装的能力构建过程，硬装部分难解决，但成品、软装、家电则相对好整合。整装能力的构建要分步走。"

全屋定制要转型到整装，一度等于与家装企业正面竞争，需要整合材料端的地板、水电等供应链，还需要打通从硬装到定制再到软装的全环节，全工艺的设计、施工、交付，这等于企业能力的打破和重塑。因此，整装的成本太高、难度太大。整家模式则是"轻装上阵"，还可以不断加换装备——与大家居企业展开自由合作。

无论整装还是整家，无论是进攻还是回调，都代表着定制家居企业努力破局、寻求成长的种种尝试。正如行业资深人士、卡诺亚副总裁兼营销总经理赖永精所言："从21世纪初期到现在，定制家居行业的产品名称一直在不断地迭代升级，从最初的壁柜门，慢慢发展为衣柜、定制家居、全屋定制及2022年最火的整家定制……在产品的进化过程之中，我们也可以窥见定制家居行业的服务内容一直在升级优化，为了应对广大用户对家居生活提出的新需求，定制家居行业表现出源源不断的创新力和活力。”

的确，尽管过程中伴随着策略和方法的不断调整，但这个行业自诞生以来，一直没有停止过扩张的脚步，不断地扮演着革命者的角色：先是淘汰了手工打制家具，与成品家具争夺市场，然后是对木门、阳台配套、门窗、床垫等建材家居和家电的渗透……

它像一个来自未来的新物种，能变幻出各种模样，让你分不清其面目，总能带来惊奇和想象；它打着“以顾客为中心”的旗号，任性地进行着冲入别家的地盘，施展着自己魔幻般的套路——要么征服对手，要么与之融为一体。总之，它理念先进、努力向上、创新刻苦、拥抱技术，同时又个性激进、不循规矩、似敌似友、难以捉摸……

不过，一些家居企业开始掌握定制的秘诀，开始成为定制家居的主要玩家，像成都的全友家居，据说其定制业务已经拥有数十亿元的销售业绩；杭州的顾家家居，仅用了5年时间，2021年营收已达6.6亿元，成为其战略性业务之一；还有东莞的慕思集团，自2012年姚吉庆加盟这家高端寝具品牌，10年后慕思不但成功上市、与欧派进行了战略合作，还开始大举进入定制家居市场……这些对手的出现，改变了定制家居单方面进攻跨界的局面，一方面标志着行业相互间的融合在加速、边界在消失，另一方面也预示着定制家居正遭遇来自不同行业巨头的直面竞争。

2021年，索菲亚迎来了上市10周年。这一年，索菲亚的营收历史性地突破100亿元（104.07亿元），10年前的它上市当年营收只有10.04亿元。时间真是一个魔法器，尽管身在其中，浑然不觉，但10年后蓦然回首，昔日那棵小树已成参天大树。

这一年，作为创始人的柯建生卸任了担任6年之久的总经理职务，将经营大权交给了加盟索菲亚7年、担任执行总裁近2年的王兵。论年龄，他和江淦钧都出生于1964年，似乎还不到退休的时候，但他们不像有些老一代企业家那样贪恋权力和地位，更愿意分权和分享。这种现象在定制家居行业并非孤例。

【年度定制人物】欧派家居董事长姚良松：让大象一直飞奔

他起跑最早，竟能一路保持领先；他善抓机会，百折不挠，勇往直前；他重视人才，外聘内培不拘一格；他直面问题，遇到危机总想逆转。内部赛马组织保障，外部竞争合作随缘；“树根”发达，企业繁茂，品牌有爱，家有温暖；执行有力战之即胜，战略领先方得王冠。

在规模上，欧派一直保持着绝对的王者地位，是定制家居行业率先突破100亿元、200亿元的企业，而且它既有规模，也有速度和质量，不但能迅猛飞奔，而且在组织能力、利润能力、技术能力、品牌力等诸多方面，都保持着全方位的优势。更令人印象深刻的是，面对困难和危机，姚良松所表现出来的进攻精神和战斗意志，即使行业面临寒冬，他总能让欧派化危为机，继续迅猛向前。

2022 大定制

2021年，我国GDP比上年增长8.1%，两年（2020年和2021年）平均增长5.1%，在全球主要经济体中名列前茅，疫情影响长期化反而凸显中国制造体系的优势，整个国家依然在风风雨雨中昂扬向前。还有一个让人欢喜的好消息是，2021年9月25日，在加拿大被无故扣押1028天的孟晚舟女士终于回家了！

进入2022年，世界依旧动荡不安。最新的例证是2月24日俄乌冲突爆发，它于中国而言像是提供了一面镜子……

在国内，疫情长期化趋势开始让企业界、社会各界感受到异乎寻常的疼痛，上半年以上海为中心的强力封控导致华东地区的供应链受到干扰，下半年此起彼伏的高传染性奥密克戎BF.7变异株导致不少大中城市轮流封控，一度干扰到经济生活血脉的交通物流和快递中断。加之对房地产、互联网等产业的调控整顿似乎遥遥无期，人们对经济前景的信心开始动摇。许多大中型企业不但停止招工，而且开始规模性地裁员，众多大学生面临毕业即失业的窘况……

5月，美的集团2021年业绩电话会的内容突然在网络上刷屏。其中谈到公司对未来的预测："未来三年是寒冬，会比2008年更难。"其领导人方洪波更在业绩电话会上直言："美的历史上经历过不同的周期，我们可以做到春江水暖鸭先知。我判断未来3年是我职业生涯最寒冷的3年，我个人研究过过去300年文明史、产业史，这次多重因素叠加在一起，无论什么样的刺激政策都不能改变。"这是国内相当优秀的大型企业前所未有的悲观流露。

8月，华为领导人任正非发出类似的预测："未来10年全球经济会持续衰退。"他说，"全世界经济在未来3~5年内都不可能转好"，因此，"2023年甚至到2025年，一定要把活下来作为最主要的纲领，有质量地活下来"。

即使如此，两家代表性企业仍然选择了进取的态度，只是关注的重点发生了变化，它们不再只是追求规模增长，而是选择高质量发展。美的的目标是提升盈利水平——这并不是减少投入，而是提高效率、优化产品结构——在研发等方面的投入还是会继续加大；同时，往中高端升级和To B业务转型。华为倒是一如既往地居安思危，"整个公司的经营方针要从追求规模转向追求利润和现金流"，但它的目标则依然是进取的——"聚焦核心业务，加大研发投入，减少盲目扩张"。

其实，寒气早已传导到定制家居行业。2022年1月21日，在欧派2021年总结大会暨2022年迎新春晚会上，姚良松并没有沉浸在企业突破

200亿元的喜悦中，而是危机感强烈。他说："家居和房地产本就同处一条河道，房地产在上游，我们在行业的下游。当上游河道开始结冰，我们也随即进入行业冰河。"

然而，面对冰河，姚良松却满腹豪情要做破冰者、进攻者。他说，战战兢兢、如履薄冰是欧派的基因，稳中求进、先稳后进是欧派的风格，以变应变是欧派人的绝技："我们会尽快适应新的冰河环境，然后在挫折中不断学习，在学习中不断创新。我们就要尽力激发全体欧派人的力量——营销、制造、行政各路大军的力量，心往一处想，劲往一处使，在各自的战壕，向着同一个方向，向着同一个彼岸，不断靠拢、逐步汇聚、相互借力，形成合力，共同演绎一场气势磅礴的欧派破冰之战。"

他把大家居战略落地作为核心主攻目标。4月，欧派宣布，将和经销商在各地成立欧派大家居合资公司，并在人才机制上大胆创新，向社会公开发出了招聘多名董事总经理的邀约，以保底百万年薪（税前）加上不封顶的业绩奖励以及一年后10%的股票认购权诚聘天下精英。总经理负责独立组建团队及运营，探索和推进"定制装修一体化"的大家居新模式。欧派依然认为，"一体化设计、一揽子搞定"是客户的迫切需求，也是大家居商业模式的发展趋势和努力方向。

10月，欧派整装大家居再度提出"新整装战略"，所谓"新"的定义，是"通过一体化设计、一站式产品整合、一揽子施工服务来满足消费者整体家人生活方式需求的零售服务模式"。欧派提出要将整装"做重"：提出"开店1+N"、产品自营、服务自营、团队自建、供应链做短、深耕本地的六大主张。显然，"新整装"带有明显的欧派特色。无论如何，这种冰河中的进取姿态依然惹人关注。

尚品宅配对这个“冬天”的感受尤其强烈。面临业绩继续下滑的困难局面，1月，尚品宅配忍痛将几乎堪称维意定制品牌创始人的欧阳熙“调回集团开展全新工作”（仍为尚品宅配副总裁），原总经理职位由广州尚品宅配家居用品有限公司副总经理张志芳接任。3月，在一封给全体员工的公开信上，李连柱董事长再次强调“坚持做有价值的人，做有价值的事，做有价值的企业”的理念，号召大家“开动脑筋，发挥集体智慧拿出冬仗的打法，找渠道找方法找客户，打造各种战斗力，笃信行动的力量，去想各种办法行动起来，打好寒冬苦仗战役”。

表面上，尚品宅配似乎“回心转意”了，也加入了全屋定制套餐大战。2022年以来，它陆续推出了“一口价全屋定制套餐”“全屋拎包套餐”“大师联名新品”系列套餐（即使是套餐，也力求玩出创新花样，满足消费者的个性化需求，11月又推出“随心选”套餐）；同时，上半年其整装业务似乎遭遇较大挫折，同比下滑了58.94%。

然而在骨子里，尚品宅配依旧坚持自己的观点和模式，认为“真正的整装应该是供应链整合，而不是简单的供应商整合”，在这个过程中需要解决三个核心问题：数字化能力、供应链整合以及施工标准化。

在投资者交流网站上，面对业绩方面的诘问，尚品宅配回复称：“我们很早发现泛家居行业的长期发展趋势蕴含着对于纯定制家居企业的巨大风险，为了公司长期可持续健康发展，我们率先实施整装转型战略。”它同时表示，“但每家企业的业务模块、自身优势都不相同，这就决定了每家公司具体实现整装的路径不太一样。在执行整装长期战略的同时，公司将继续努力做好各项经营管理工作，降本增效，强化核心竞争力。”显然，它认识到，要把整装真正做好并且能形成规模经济是一个行业难题，但依然将之作为“长期战略”。

6月，近年来增长迅猛的志邦家居推出了精心策划的“超级邦”战略。这一战略的焦点依然围绕整装业务展开，志在争取家装企业上与欧派、索菲亚等头部企业展开差异化竞争——更强调身段柔软的服务制胜。这一服务战略的核心在于以体系化的服务构建追求企业自身、家装企业和加盟商的共赢。

上市的当年，志邦家居营收刚破20亿元大关；近4年时间，它的规模快速上升，2021年一举达到51.53亿元，大有跻身“欧索尚”第一阵营之势，令人瞩目。据说，孙志勇十分关注团队建设，近年来更是将彼得·德鲁克的管理思想研究很深，显然，他更加注重人、制度和体系的组织建设。这就不难理解他推出“超级邦”的战略意图了，既然在整装方面与家装企业的合作势在必行，那么志邦家居就在服务态度、效率和体系上做足文章，这样可以让家装企业轻松上阵。

这是定制家居行业的“现实”又精妙之处。既然自己独力与家装企业博弈难以在整装方面取得突破进展，那么就拥抱对方，变竞争为合作。在定制家居企业没有行业界别，没有你死我活，更没有一直不变的理想路线……它们“兵无常势，水无常形”，一切都在服务消费者的前提下进行，既竞争又合作，既跨界又融合，既追求远方又脚踏实地……它们甚至在努力突破定制与家装企业的行业界线，实现新时代、新场景下的再融合与再扩张。

6月23日，在疫情严重影响上半年展会举行的背景下，第11届中国（广州）定制家居展览会率先打响第一枪。它以“定制整年”为主题，对整装、整家和行业整合等行业趋势做了一个高度概括。同时，展会开始整合智能家居、装修零售供应链，以协助定制家居企业扩大视野、构建良好的生态。2022中国广州定制整装智能家居展、2022装修零售供应链严选品牌博览会同步开幕。

“行业冬天确实是来了，”早早完成上市的百得胜董事长张健说，“我们现在再造冬衣的话，我认为来不及了。风起于青萍之末，岁寒然后知松柏之后凋也……虽然我们的体量及增长等综合实力许可，但只有当事人方知过中曲折，相信现在正在IPO冲刺之路上的友商更是感受到寒意了。”

在张健看来，寒冬来了要做减法，企业要节衣缩食，聚焦在自己擅长的领域；明确自身的优势，顺势而为。“我们将继续立足于健康家居的大方向，把百得胜的核心优势充分地发挥出来，耐心地等待春天的到来。”

过去10年，是家居行业的黄金时代，行业里甚至流传着这么一个说法：“如果一个家居品牌的年复合增长率低于30%，你都不好意思跟人家打招呼。”而从2018年以来，尤其是新型冠状病毒感染疫情发生以来，定制家居行业大幅增长的时光显然已经过去了。

事实上，寄希望于长期不变的高增长是不切实际的，定制家居企业应该早已明白这一点。在过去的20年中，第一个10年它们靠的是房地产和城镇化红利，第二个10年靠的是个性化设计红利，接下来的10年将靠什么？时间会给出答案。

面对行业如火如荼的“大定制”浪潮，建材家居行业最大的零售商华耐家居董事长贾锋保持着一贯的清醒与锐利。他认为，近年来定制家居行业的发展的确很快，但还存在很多痛点：一是消费者购买全屋定制时面临巨大的挑战，一次成功率很低；二是定制交付中工厂没有主导权，经销商、一线设计师对客户交付的影响很大；三是做品牌建设、规模化竞争时，前端消费者和设计师下单后，能否实现量化生产是个问题；四是运输过程中破损率高。

20多年前，华耐家居以代理经销瓷砖、卫浴产品起家，现在已成为以"多品牌运营、一体化服务、建材商贸中心、家居产业投资"为主的家居服务集团，近几年开始涉足定制家居产品的代理业务，仅在北京，一夜之间就开出五六家我乐旗舰店。显然，华耐家居对零售端的体验应该相当深刻。

尽管声音不一，看法迥异。但显然人们对定制家居的讨论正热烈，涉及面也迅速扩大。这不是一个衰落的故事，而更像是一个全新的开始。

尽管前途未明、路径不一，但这个行业有着天然的指针和强大的驱动，那就是旺盛的消费者需求、14亿人追求美好生活的愿望。正在迈向中等发达国家的中国将迎来真正的大消费时代，我们有理由坚信，依托技术、敢于原创、勇于领先的定制家居行业一定会迎来再一次的发展高潮。

近年来，来自家电业的美的、通信行业的华为成为无数建材家居行业企业的偶像。1968年成立的美的，静水流深、变革向前；1987年成立的华为，深谋远虑、警钟长鸣；而今年20岁的定制家居还像个活泼好动、憧憬未来的青年。

7月7日，由全国工商联家具装饰业商会和中国建博会联合主办的

2022中国家居业领军企业家（夏季）年会在广州隆重召开，近千位企业家汇聚一堂，讨论“大定制”主题。面对建材家居行业大融合的态势，与会企业家表示，建圈强链在大家居或者整屋定制是大方向。的确，许多企业都在忙于组织自己的供应链“圈子”，横向整合、纵向打通，定制正扩展成行业的大定制、大趋势。

对定制家居行业而言，它的边界正从木门、卫浴迈向门窗、阳台配套，人才也在向这个领域溢出，像TATA、梦天这样的木门领军品牌也在力推门墙柜一体化，往柜类进行反渗透，刚刚爆火的门窗和阳台配套成为定制家居蚕食的目标。无论是整装、整家还是大定制，都在以定制的名义，昭示和强化着定制家居的巨大影响力和号召力。

7月9日，在中国（广州）建博会期间，索菲亚举办了“窗”见未来——2022索菲亚门窗全国首发战略峰会，宣布进军门窗赛道。当然，就像进军木门与华鹤集团合作一样，它切入的方式还是索菲亚式的强者结合——与门窗行业多年的圣堡罗门窗合作。门窗行业近几年大热，而且市场潜力据说高达万亿元，尽管其耗材主要为铝合金、玻璃，与柜类所需的板材和五金相去甚远，但基于全屋场景下的重要细分，门窗似乎自然在定制家居的“势力范围”。

其实，诗尼曼是该行业最早的入局者，2014年起开始打造门窗生产线及运营体系，比其进入橱柜还早了3年。欧派喜欢自主创业式启动，2018年11月推出门窗品牌欧铂尼并自建生产基地。好莱客则对资本手段情有独钟，2019年通过收购浙江雷拓家居进军铝合金门窗市场。尽管诗尼曼有收缩迹象，表示“铝合金门窗与定制衣柜、橱柜等板式家具业务线缺少协同效应”，而进入门窗市场3年的欧铂尼，窗类产品似乎营收还未破亿，却丝毫阻挡不了定制家居行业的热情。

与之相似的还有阳台赛道。尽管有数据显示，2025年阳台整装行业的年产值预计只有219亿元，但欧派、索菲亚、好莱客、尚品宅配、金牌厨柜这些定制大佬丝毫不觉“肉”少，2022年均有所布局。

在此之前，经过数年耕耘，定制家居企业已经成功切入木门行业。尽管有江山欧派在商标品牌上的阻隔，但倔强的姚良松早在2011年就以独立品牌的方式切入木门赛道，10年过去，欧铂尼木门的规模逐渐壮大，2022年前三季度实现营收9.36亿元，已经与行业排名前三、2021年上市的梦天家居旗鼓相当（梦天家居2022年前三季度的营收为9.40亿元）。索菲亚与华鹤4年多的合作也带来不小的成果，2021年其木门销售4.58亿元，同比增长56.86%，进入了发展快车道。至于志邦家居在门业亦有斩获，2021年营收已到1.70亿元，同比增长291.53%。金牌厨柜门业营收约8398.33万元，同比增长242.17%。只有好莱客，原本想通过2年前对湖北千川木门的并购来个弯道超车，木门收入一度从2000多万元一下增长到2021年的8个多亿，但2022年因对方对赌失败放弃，当初7亿多元的投资只赚了1.88亿元的财务收益……

积极推进门墙柜一体化的木门行业和积极进军木门业务的定制家居行业“狭路相逢”，却并未爆发激烈的商战故事。相反，两者似乎正积极融合，成为“大定制”拼图的组成部分。据称，TATA木门的做法甚至更为“激进”，它选择了与数家定制家居企业合作，成为后者的供应商。

行业媒体《未来家居研究》曾分析了欧派姚良松和万科郁亮在2022年年初的两篇讲话——后者的主题是《敢拼就会赢》：“你会感受到郁

亮是个财务管理专家，对内杀气腾腾，活在当下；姚良松是个战略家，对外杀气腾腾，活在未来。”相比之下，万科对未来“充满悲观”，欧派对未来“充满乐观”。

其实，尽管2022年前三季度增长放缓，头部企业参差不齐，呈现分化迹象，然而整体上，定制家居企业对未来充满了乐观。这种乐观还表现在以下几个方面：

一是对高端定制的积极布局。2年前玛格创立了高级全案定制品牌玛格·极，聚焦高端人群的生活艺术呈现，2022年7月玛格·极首家旗舰店落地广州。1年前金牌厨柜推出了金牌G9高定品牌，以高端木皮和高端烤漆为主，石、金、皮革材质结合，已经推出了天境、天启、天墨等产品系列。顶固也发布了高端系统定制家居品牌Latop钠朴，以严选的进口主材、前沿的设计风格和变化多样的产品组合，建立了包括厨房、卧室、生活区在内的整体家居系统。5月，欧派全资收购意大利高端家居品牌FORMER，并于6月发布了全新高定家居品牌miform。好莱客也于7月份推出了其子品牌“HD吉吉”，定位为设计师精品品牌，与设计师共创，也与消费者共创……在如此艰难的市场环境下，定制家居主要企业展现出向上攀登的进取与勇敢。

二是智能制造的持续迭代。9月，索菲亚向近百家媒体开放了新近落成的华南4.0未来工厂。这已经是其过去7年间的第4次迭代。自2014年起，索菲亚就开始从信息化、数字化和智能化三个维度改造企业运营服务能力，将设计、生产、发货、配送安装等所有环节进行了数字化和工业化的高度融合，打通了从前端方案设计到后端制造生产的整个服务链条。面对消费者千人千面的个性定制，以及生成的海量数据，如今的索菲亚已实现脱胎换骨式的剧变，在5G网络、云计算、大数据、物联网等先进技术的配合下，通过设备互联互通，索菲亚未来工厂里实现了生产全流程质量、生产状况和进度的数据全流通。

权威机构对索菲亚大规模定制家居智能制造系统的科学成果鉴定证书显示，索菲亚智能生产线的生产效率对比德国一流智能产线提升了15%，加工准确率已经高达100%，板材利用率也提升了11%。智能制造解决了企业的生产效率和品控的问题，将平均交货周期缩短至7~12天，生产效率的提升同时也大大减少了消费者的等待成本，带来了企业与客户的双赢。

其实何止是索菲亚，对于定制家居行业而言，几乎所有的企业都认识到，信息化是生存的根本，数字化是发展的必须，而智能制造则是领先的根基。这种观念和能力甚至已经传导到上游的板材、五金等供应链行业，形成了大规模、生态化的“定制集群效应”，一场轰轰烈烈的数智革命正在行业展开。定制家居行业正在成为中国智能制造率先引入大数据和人工智能的产业先锋。

三是使命驱动与差异化经营。尽管遭遇业绩下滑和股价大跌的巨大压力，另类的尚品宅配并没有进军木门、阳台和门窗，更没有入局高端，而是坚守自己的使命——“让中国人民的美好家居生活的实现过程美好一点”“让少数人的定制走入大众化的生活”，强调“在危机时期，更要靠差异化的产品服务获得真正的内在生存能力”，以极大的热情推进与京东的战略合作。2021年6月，京东斥资5.34亿元战略入股尚品宅配的京尚超集体验店，双方供应链整合互补、线上线下融合，大幅度延展着行业的想象力；与此同时，尚品宅配也推出年轻化品牌“小橙店”，通过轻时尚、轻资产、重设计、快转化等突出优势，抢占“Z世代”消费市场。

科凡家居在创立之初就具有深厚的设计师风格。董事长林涛被业界认为是最懂设计的老板，他痴迷于设计，认为定制就是设计，大设计才有大未来，执着于产品设计的创新。因此，设计便成了科凡家居一直以来的发展核心。据悉，科凡家居是2015年艾特空间奖得主、2016年iF奖得主以及连续3届德国红点设计奖得主，甚至红点设计奖创始人也成了科凡家居的形象代言人……这也让其蒙上了浓重的设计师品牌色彩。

一直坚持差异化经营的百得胜秉持“把少数人的环保定制，变成多数人的品质生活”的使命，不断迭代升级产品环保，从基材无醛添加到面材环保无味，2021年发布水漆实木定制柜，开启面材环保新赛道，2022年凭借创新3底2面72道纯水漆工艺，没有八大重金属伤害的环保优势，令人眼前一亮。

在河南郑州，自2010年开始建设的大信博物馆聚落由厨房博物馆、明月家居博物馆、华彩博物馆、非洲木雕艺术博物馆、镜像艺术博物馆5个展馆构成，占地56亩，年接待游客20多万人次，构成其独一无二的博物馆式文化营销。这个聚落已成为家居的科学实验室、现代生活方式的研究中心。

已将日常经营交给下一代的创始人庞学元自诩是读书人创业、做学问的企业人，早早地放下公司俗务，专注于他的学问——如今的他是工信部聘请的专家、清华大学工业设计专业给研究生、博士生上课的客座教授、中国工业设计协会专家委员会的副主任委员。他还开通了视频号“博物馆里讲人生”，讲述“心系顾客，用心去做中华民族的好子孙”

的初心，讲述着创新与传承的关系……

四是积极上市谋求扩张。2021年10月，高端定制的代表品牌威法正式办理了辅导备案登记，启动上市进程；11月15日，广东卡诺亚家居股份有限公司举行创立大会，标志着卡诺亚上市进程进入新阶段。2022年诗尼曼、科凡家居、玛格以及收购了博洛尼的有屋智能正式提交申请。算下来，已有6家企业逆势踏上了上市之路，人们在关注，定制家居企业能否掀起继2017年“上市年”后的又一个小高潮。

尽管截至12月底，诗尼曼和有屋智能均未能过关，但从公开的数据中能看出这些“中生代”的力量：截至2021年年底，诗尼曼营收已达11.56亿元，玛格营收达10.10亿元，科凡家居则有6.26亿元（相比王飚加盟之前、2019年的4.16亿元，2年增长了50.48%），它们基本相当于10年前的索菲亚、尚品宅配，5年前的好莱客、皮阿诺和我乐，现在的顶固和百得胜……如果能插上资本的翅膀，这些企业未来同样不可限量。当然，还有更多的后来者，它们如星星之火，正在燎原。

11月7日，根据国家统计局发布的数据，我国前三季度GDP为870269亿元，同比增速为3.0%。

这个数字比起2020年前三季度的0.7%似乎还好一些，但人们的寒冬体感却更为强烈。主要是，进入12月1日，人们忽然发觉，距离武汉通报第一例不明原因肺炎（12月8日被确定为新型冠状病毒所致的肺炎）已经整整3年了。

1000多个日日夜夜之后，我国的天宫号空间站已经基本建成了；2022北京冬奥会再次惊艳世界；国产大型客机C919获颁生产许可证

（PC），商业运营和产业化加速；中国和印尼合作建设的雅万高铁正式运行，“复兴号”开始领跑世界；实现国产化的华为手机重新回到市场；中国企业成为卡塔尔世界杯的最大赞助力量；“二十大”胜利召开，中国正式开启全面建设社会主义现代化国家新征程……

其间问题也有不少：很多人两年没有回家过春节了，生活与工作受到很大的限制，造成诸多的不便，许多行业面临巨大的压力，遭遇前所未有的困境，甚至许多中小企业和个体户倒闭。14亿国人付出了巨大的牺牲，经济的日益低迷滋生出不少问题，中国和国外在防疫政策上的巨大落差开始造成部分人心理失衡……

进入下半年以来，国家在政策方面开始进行种种的调整和变化：对互联网乱象的整顿基本结束，世界互联网大会再度在乌镇举行；对房地产连续出台多项重大支持措施，尤其是11月28日打出房地产金融“组合拳”，恢复上市房企和涉房上市公司再融资引发建材家居市场强烈反应。

对于未来，高盛给出了“冬去春来”的预测，预计2023年“两会”之后，中国将迎来“强劲的消费反弹”，而2023年的GDP增长也将达到4.5%……

这无疑是3年来最振奋人心和企业信心的消息了。

至于家居产业，8月份工信部等四部门发布的《关于印发推进家居产业高质量发展行动方案的通知》（以下简称《通知》）也给出了强有力的指引，为行业的发展带来强大的助力。《通知》提出，到2025年，家居产业创新能力明显增强，高质量产品供给明显增加，初步形成供给创造需求、需求牵引供给的更高水平良性循环。在家用电器、照明电器等行业培育制造业创新中心、数字化转型促进中心等创新平台，重点行业两化融合水平达到65%，培育一批5G全连接工厂、智能制造示范工厂和优秀应用场景。反向定制、全屋定制、场景化集成定制等个性化定制比例稳步提高，绿色、智能、健康产品供给明显增加，智能家居等新业态加快发展。

在媒体的梳理中，这份《通知》有七大关键词，成为未来政策倾向和行业发展的方向——绿色、健康、创新、定制、高质量、数字化、智能。而这七大关键词，几乎是中国定制家居企业一直在探索、践行的全部内容。而“定制”的特别提出，预示着这个行业受到决策高层的特别关注，正在迎来更为广阔的未来。

下篇
数据智能

20世纪八九十年代，人们有一种重大担忧，这种担忧并非来自世纪末的灾难预言、人类灭绝说，而是信息界越发强调的“千年虫”危机：某些使用了计算机程序的智能系统（包括计算机系统、自动控制芯片等）中，在进行（或涉及）跨世纪的日期处理运算时（如多个日期之间的计算或比较等），会出现错误的结果，进而引发各种各样的系统功能紊乱甚至崩溃。

自著名未来学家阿尔文·托夫勒的大作《第三次浪潮》问世（1980年出版，1983年传入中国）以来，计算机加速小型化进入家庭，互联网加速普及进入人们的生活，新一轮波澜壮阔的经济全球化开始了。

这一轮全球化的特点是“新经济”（即以信息革命和全球化大市场为基础的经济）的崛起。正如托夫勒的预测分析，人类社会划分为三个阶段：第一次浪潮为农业阶段，从约1万年前开始；第二阶段为工业阶段，从17世纪末开始；现在，人们正进入第三阶段——信息革命阶段。

关于信息时代的界定，有人划分三个阶段：一是20世纪五六十年代计算机的出现；二是20世纪七八十年代个人电脑开始普及、手机出现；三是20世纪90年代之后互联网爆炸式进入家庭。

巧合的是，此时已经打开了国门的中国，没有错过这一波的科技浪潮。80年代联想（1984年）、中兴（1985年）、华为（1987年）等IT企业出现，90年前后诞生了用友（1989年）、东软（1991年）、金蝶（1993年）等软件公司——它们比美国英特尔（1968年）、SAP（1972年）、微软（1975年）、苹果公司（1976年）、甲骨文公司（1977年）晚了10多年时间，90年代末期中国已经出现互联网企业网易（1997年）、腾讯（1998年）、新浪（1998年）、搜狐（1998年）、阿里巴巴（1999年）——它们仅比美国亚马逊、雅虎晚了四五年时间。

但在心理上，当时的国人普遍认为，相比西方发达国家的差距有几十年甚至上百年之久，绝大多数人没有想到，仅仅在二三十年后，联想就收购了百年品牌IBM的PC业务，华为超过了诺基亚和爱立信，腾讯与阿里巴巴则可以和亚马逊一较上下……

2000年1月1日，随着新世纪的钟声敲响，从全国各地乃至全世界传来好消息：千年虫并没有大规模发作。人类就这样怀着复杂的欣喜心情迈进了21世纪——这才是经济学家眼中真正世界意义的信息化时代。

随着2001年12月11日中国与世界贸易组织签署协议，拿到了通往这轮经济一体化的通行证，从2002年起，中国改革开放的历史洪流插上了全球化和信息化两扇巨大的时代翅膀，经济开始迅速起飞并耀眼于世界。

『拦路虎』

据说庞学元在1999年创立大信家居的时候，自己足足闭关思考了15天。这些日子里，他手边放着已读数遍的《第三次浪潮》，同时思考企业的使命、大信的定位、企业的架构。

此前的他可谓人生得意：20多岁就已是开封百货大楼的总经理，29岁坚决辞职令人哗然，后来竟成为之后闻名天下的郑州亚细亚商场的顾问，他成立的装饰公司成为亚细亚指定设计装修单位，让他赚到了人生第一桶金，公司一度发展到500多人。

然而，在他的内心深处还存有一个工业梦想，他带着10多人到全世界调研，发现家居行业前景广阔，市场规模不亚于汽车。经过进一步研究，他发现了定制家居的旺盛需求，几乎每个家庭都会需要。并且，这一行还有个好处，就是顾客先交钱。所以定制家居是一个不缺钱的好行业，前途无限。唯一的难题是，定制是反工业化的，与工业化的标准化、规模化相矛盾，如果能解决这个矛盾，就会成功。

庞学元进而思考，解决这一矛盾的根本在于“用信息技术服务客户”。恰巧，他对信息化并不陌生。当年自己获得国家商业部三等奖的研究生毕业论文题目就是《运用信息系统，重新勾画我国商品流通体系的设想》，庞学元认为，福特汽车发明流水线技术将汽车制造成本降低50%，也一定有新的生产方式可以将定制家居制造成本降低50%。

由于上学时学过绘画的关系，庞学元的手绘能力很强，后来评上了国家级的设计师，这种专长对他进入橱柜行业发挥了重要作用。显然，相比之前的装修设计，这种家庭里的橱柜设计属于小儿科，但庞学元苦苦探究的是，如何将之信息化。

在这方面，即使行业的龙头品牌也没有更好的解决办法，所以他采取了笨办法：

1. 研究人体工学。“比如人有多高？站起来能够多高？蹲下来有多高？胳膊有多长？柜子需要做多深？然后，我们又对所有器皿进行研究，比如放在柜子里的所有物品的大小、形状、高度、空间面积等，全部研究一遍，从中找到规律。把这些研究一遍以后还不行，我们又对房子和家具的关系，以及各种家具的材质、尺寸等进行透彻研究。最后，还得研究人的生活习惯和生活方式。”

2. 将大信家居为每个家庭设计的方案全部收集起来，5年收集了10万套整体厨房解决方案，并将其进行比对、分析，从而总结出了4000多个解决方案。

怎样才能把这些方案变成模块任意组合？他们跑了很多图书馆，请教了许多专家，最后发现还得从过往的生活方式上找、从文化上找。庞学元从汉字里受到了启发，归类总结出满足“十方兼容”的385个标准模块单元（后经过9次升级，现在拥有2326个）。根据这些“笔画”，2005年年底，大信家居的设计软件和ERP系统第一版成形，初步实现了云设计和订单的云计算，形成了大信家居原创的“十方兼容”工业设计理论体系。以此为核心，大信家居完成了自身“易简”大规模个性化定制系统的初步构建：通过标准模块单元批量化生产打通设计、生产、品控以及物流等各个环节，解决了大规模个性化智能设计、大规模个性化智能制造的难题，并且成为行业中首先且目前为止唯一一家实现无人拆单的企业。

尤其是生产上，大信家居不但抛弃了传统的流水线生产模式，建立了“双分布双模块智能制造系统”，破解了定制过程成本高、周期长、质量差以及规模生产难这四大世界性难题，而且整个生产过程中没有拆单员、没有试装车间、没有二维码、没有包装用的泡沫……大信家居走出了与所有定制家居企业迥然不同的信息化道路。

网易家居对此载文评论说：“纵观我国定制家居行业，绝大多数厂商用大量资金购买国外设备（如德国豪迈），建立装饰设计师队伍满足客户需要，建立专业工程师队伍进行复杂拆单作业，配置大量专业的装饰设计师维持门店运营，成本支出巨大。大信家居依靠‘模块化’找到了不完全依赖国外设备的独特玩法。”

据称，后来大信家居智能制造系统通过数次升级，能够实现最慢4天出货，且材料使用率达到94%，定制产品的错误率为3‰（世界先进水平为6‰，国内先进水平为8‰）。

相比之下，定制衣柜的开创者索菲亚反而在这方面进展缓慢。据媒体报道，虽然自2005年起索菲亚就组建IT部门，但主要的工作还是“将生产流程和质量控制逐步电子化”。

据内部人士总结，在2007年以前，索菲亚处于单个订单逐个生产阶段，面临高成本、低效率等问题。据其总工程师张挺回忆早期的数字化之痛：“旺季的时候，工厂交不了货。记得有一年12月份，工厂所有生产出来的订单摆满了整个院子，就是不敢发货。”

其中的原因在于产品经常出现差错。比如，这个订单差一块板，那个订单差两块板，这个订单做错了，那个订单左边门打成右边门……由于生产全靠人工操作，一旦旺季来临，订单多就容易出错，而产品不合格就不能交付。

这些问题直到2007年才得到初步解决。这一年，索菲亚引进欧洲先进生产设备，采用“标准件+非标件”相结合的柔性生产模式，算是部分解决了个性化定制需求和规模化生产之间的矛盾：应用条码系统，实现后台数据追踪；应用生产管理系统，实现系统计料，缩短了生产周期，成本有所降低。但这时索菲亚的出品还是以“标准件”为主，仍旧面临库存压力大、板材利用率低等问题。

直到2012年，也就是上市后的第二年，索菲亚才确立自己的信息化战略，重金投入，得以后来居上。

在重庆创业的唐斌很快就不安分于只做衣柜，2005年将业务延伸至橱柜和整体家具，并且进军实木家具。当时，市面上主流的定制家居是“标准柜”，但不安分的唐斌选择了“非标定制”，想通过柜型与同行拉开差距。但同行不做“非标定制”也是有原因的，因为非标太难了。

当时，行业里还没有现代化的信息化系统，没有先进的智能制造装备，没有柔性制造系统。做异形柜，基本是手工作坊式，行业人叫作“推台锯时代”。画图用的是CAD（辅助制图软件系统），裁板用的是推台锯，钻孔用的是台钻跟排钻。非标定制对人工的要求非常高。唐斌隐约感到，要做好定制必须依赖于信息化系统，打通设计、拆单、生产的堵点问题，如果实现了信息化管理，玛格将能实现质的飞跃。

2006年，他先后找到广州的多家软件公司开发软件系统，但都以失败告终。最后他在成都找到一家10多人的小软件公司，与之联合开发定制家居行业设计制造信息化管理系统。

面对产品与交付屡屡出现问题造成经营与资金上双重困难的情况，为了加快信息系统开发与上线，唐斌直接搬到工厂宿舍，白天和软件公司员工们一起摸索系统开发，晚上和他们睡一个宿舍通宵达旦搞测试，一次连续15天待在办公室熬夜，每天都是凌晨四五点睡觉……一年下来，正是这种坚持和认真，玛格的信息一体化智造管理系统1.0版本在2007年9月成功开发完成。从此，玛格的拆单和画图，都可以由软件完成，重庆市场形成了“做异形柜找玛格”的口碑。

到2009年时，玛格的信息化建设已初显成效，生产体系完成从“完全非标定制”往“大规模非标定制”的过渡，而与之合作的造易软件公司也因此在定制家居界声名鹊起。比如，这一年，刚刚创业不久的广州高端定制家居品牌威法就找到了它，与之展开了合作。

这中间看似容易，实则惊险万分。据说，唐斌在公司内部一共吃了3次散伙饭。但即便在所有人怀疑“非标定制”的方向时，他依然顽强地坚持了下来。

劳卡也不例外，由于前端订单的爆炸式增长，后端的生产交付能力难以支撑。2010年劳卡决心进行信息化建设。它引入豪迈、加拿大2020系统等先进的设备和软件，启动智能化生产基地；联合德国舒乐公司打造全球先进的德系精工生产线，聘请德国制造专家卡劳斯为厂长，这个工厂也成为德国舒乐公司在定制衣柜领域的第一个标杆工厂。

劳卡全屋定制家居事业部总经理江辰回忆："劳卡几乎是把前几年赚到的钱全都投入到智能生产基地和企业信息化建设中了。"然而，此举也救了劳卡的命，2011年劳卡第一代智能制造基地投产，彻底解决了产品交付问题，从此发展走上快车道，而很多没能冲破这一关的企业渐渐落伍和凋零了。

圆方的『牺牲』

设计系统是定制家居信息化的第一道门槛。现在的定制家居界，提起设计软件必称酷家乐、三维家。然而这两家分别诞生于2011年和2013年，基本错过了定制家居早期发展的10年。那么，在这10年中，谁在服务定制家居行业呢？就是尚品宅配的前身、目前旗下子公司圆方。其中三维家的创始人蔡志森在2012年创业之前，一直在圆方供职，2006年至2008年，还曾任圆方副总裁。因此，有人曾将圆方称为“行业的开山鼻祖”。

圆方成立于1994年，恰好这一年欧派刚刚出现。在CAD软件行业，圆方算是国内最早的软件企业之一。

两位华南理工大学的教师——一位是教机械制造的李连柱，一位是教计算机软件的周淑毅——联合创立了圆方。刚开始，他们推出的是机械的CAD和设计的CAD，后来很快发现装修软件的市场更好，就转向了家居行业设计软件及信息化整体解决方案的设计、研发和技术服务，推出了家具的CAD——“圆方室内设计软件”。

圆方室内设计软件是一款专业的家居设计辅助工具，它具有直观的用户界面，采用傻瓜式的用户操作，帮助用户设计出漂亮、大方的房间，用户可以通过圆方室内设计软件制作出专业的效果图、平面图、立体全景图等。为了增强服务，圆方室内设计软件里增添了三维图库，设计师在设计的时候，可以直接调取家具、沙发、瓷砖的成品模型免费使用，大大方便了设计师与企业。

李连柱擅长用计算机做故障诊断，周淑毅的专业是计算机图形学。后来，李连柱发现自己的一位学生彭劲雄在计算机设计方面具有天赋——能用AutoCAD、3DS MAX软件绘制所有的图纸，于是就盛邀其加盟，这样形成了圆方以及后来尚品宅配的创业“铁三角”，合作至今，传为佳话。

这也造就了圆方乃至后来的尚品宅配很强的技术基因。在拥抱信息化方面，尚品宅配无疑拥有先发优势——创立之前就已经拥有了较为成熟的家具设计系统和较为庞大的家装图库资源，同时拥有意识的自觉和能力上的支撑，遇到问题，他们会自觉从信息技术上进行思考并且能够快速调配资源予以支持。

李连柱虽然工科出身，但点子多、善于推陈出新，因此，圆方市场不断扩大。圆方是国内首批获得国家“双软”认证（指软件产品评估和软件企业评估；企业申请双软认证除了获得软件企业和软件产品的认证资质，同时也是对企业知识产权的一种保护方式，更可以让企业享受国家提供给软件行业的税收优惠政策）的企业之一。

凭借强大的科研开发实力，圆方公司曾经获得了科技部“科技型中小企业技术创新基金”、广东省“科技兴贸专项资金”等多项国家与地方政府的资金扶持，获得了信息产业部颁发的“行业信息技术应用推广服务示范企业”称号……这些奖项虽然有些是靠尚品宅配赢得的，但圆方的技术实力可见一斑。

尽管如此，圆方在推广市场的时候仍然面临诸多困难：首先是卖设计的观念还没有出现，家具企业的观念需要“教育”；其次是盗版现象防不胜防，一套软件要一两万元，许多小企业觉得太贵，就会采取盗版的方式。

后者虽然让人郁闷但毕竟市场还在，前者就让李连柱他们不服气了。当时，橱柜行业通行的做法是，消费者找到店面画张产品图，需要预交500元，如果之后买了橱柜，这500元就可抵货款，否则就是设计费。他们就想：我们自己做一个橱柜店，用自己的软件给顾客免费出设计图，而且还是三维的、彩色的，不是更有说服力和示范效应吗?

就这样，2004年尚品宅配一出手就不同凡响：利用自己开发的橱柜销售设计系统、衣柜销售设计系统，率先推出“免费服务”——即免费上门量尺、免费设计方案、免费出图和数码定制等，再利用软件平台向消费者销售个性化定制家居，受到消费者的欢迎，很快月销售额达50万元。

李连柱深知数据的重要性，他希望除了设计软件外，还能有足够的“样板间”（设计样式）让消费者挑选。尽管过去圆方已经积累了丰富的设计数据库，但他觉得远远不够，率领团队通过各种方式收集数千个楼盘、数万种房型的数据建立“房型库”，组织设计师给这些房型穿上不同的“套装”——不同设计风格的家居。这样，顾客买家具就像买衣服一样方便了。

2005年，尚品宅配着手建造自己的工厂。尽管圆方的筹备人员都是没有工厂经验的“书生”，但他们有着自己独特的思维和能力。柔性化生产势在必行，一开始他们就放弃了引入国外全自动板式家具柔性生产线的想法，理由是太贵，他们必须要在生产工艺上采取全新的流程，并开发一系列软件“指挥”机器，在此过程中将订单部件化（通过建模），然后实现多订单同步……

时任技术总监的周淑毅亲自负责工厂的信息化流程改造，并抽调技术骨干转为工厂人员，以便创新适时进行，很快就研发出一套“后端生产软件系统”。在此过程中，他们采用了相当成熟的二维码技术方案，给生产的产品贴上“身份证”，用于生产、仓储、物流和安装。

2006年年底，随着第一条全电脑控制排产生产线正式启用，尚品宅配完成了全流程信息化改造，支撑起个性化定制的商业模式。经过技术改造，它完全可以将不同订单不同尺寸的部件混合在一起，在同一块板材上进行切割生产，然后借助快速计算和信息化系统，将一天内订单中的相同部件集合起来，瞬间转化成生产指令，指挥机器和人进行加工。

比较起来真是奇妙：大信家居的易简大规模个性化定制系统2005年年底基本成型，玛格的信息一体化智造管理系统1.0版本2007年9月出炉。几家在信息化方面表现出色的企业，都在几乎相同的时间节点完成了自己的设计系统和制造系统的信息化构建，而且各有特点。这究竟是一种偶然还是一种必然？

由于圆方系统的强大设计实力，21世纪的前10年里，它几乎扮演着定制家居行业信息化“赋能”的角色，这种角色随着尚品宅配的成功运作更具有号召力。网络上一篇名为《中国家居设计软件江湖拼杀25年》的文章中说：“很长一段时间，圆方软件一直都是‘独舞’”，“2004年，（圆方）切入定制家居领域，处于无敌寂寞的状态，因为这条赛道并没有什么对手”。

据诗尼曼董事长辛福民回忆，创业之初他们就是用圆方软件进行设计的，直到2011年酷家乐出现才改弦更张。

不过，随着尚品宅配对信息化的需求日益增多，以及对人才的大量渴求，越来越多的圆方员工被抽调，不得不减少对外部包括同行的服务，加之尚品宅配的成长开始让定制家居同行有所忌惮，2009年，随着风险投资机构的入局，圆方正式成为尚品宅配旗下的子公司。渐渐地，它隐居于越来越大的尚品宅配的幕后，以至在定制家居界消失了踪影。

有人甚至遗憾，假如圆方现在还独立地运行，可能连酷家乐、三维家都要靠边站吧。现在国家越来越重视数字产业，是否其带来的市场估值更超乎想象？但是，历史不能假设，只能回顾。也许，它为尚品宅配的荣光做出了“牺牲”，人们也看到，正因为它的存在，尚品宅配以其天生的数字化基因不但为行业贡献诸多创新，市值也曾长时间高出同行。

大规模个性化模式

定制家居固然有着非常棒的商业模式——先收款后交货，但也有着比起家具行业更复杂的运作流程。这足以让人望而生畏。

家具同行开个店、设立一个促销员就可以展开销售；定制家居开店只是开始，它的销售包括上门量尺、设计绘图、沟通确认等几个环节，甚至后面两个还要反复几次。这一块就需要销售设计系统，否则如果每个订单都是单独设计，那是以前家装公司的做派，缺乏信息化工具和标准流程运营体系，因此也很难做大。

这里面存在一个个性定制和规模化生产之间的矛盾。

曾任欧派营销总裁的姚吉庆在其著作的《赢家——第一品牌方法论》（2014年2月南方日报出版社出版）一书中，曾记录了欧派在这方面的探索。

欧派早在刚开始做橱柜的时候，就在探讨如何解决这两者之间的矛盾。他们把个性化需求分成几个层面：第一，最基本的功能需求，比如不同的厨房、不同的搭配等；第二，满足人体工程学的要求，使操作更为方便、更为人性化，比如柜子高低——以前是一样高，后来他们推出炉台柜，比洗涤柜矮一点。

在2010年前后，欧派采取的解决思路跟索菲亚相同，即采用模组化的生产方式，既满足个性化的要求，又要方便规模化生产。这要得益于终端的集成设计软件和订单软件。“通过这两个软件，每家每户的个性化需求可以实现升级，汇总到总部，总部再把它们分开，合并同类项，然后标准化、规模化生产。”

姚吉庆写道：“说得简单一点就是，欧派采用‘模组化生产方式’，通过几百个产品模块，组合出成千上万种柜子。模组化适合规模化生产，而不同组合则满足了个性化需求。由于实现了模组化，零件就可以根据其在订单中出现的频次组织生产。频次高的，就进行标准化生产，通过流水线预先批量生产出来；对于频次低的非标准零件，就采用个性化方式及时生产。对于那些复杂的非标产品，欧派创造性地实现96道以上的精细分工，每一道工序执行统一的产品和质控标准。”

在进入工厂之前，每个订单还需要完成一个关键的拆单、核单环节（郑州大信家居奇妙地跳过了这一环节）。这曾是长时间困扰定制家居企业的难题。

比如2013年出版的《尚品宅配凭什么？》一书中写道，2012年的尚品宅配仍然“有100多人负责拆单”。堪称技术实力最强者尚且如此，其他企业更不用说。据说，有头部企业的拆单部门人员一度达四五百人。即便如此，定制家居业的差错率仍然居高不下（它们首先是因为设计或拆单环节出了问题，其次是包装和配送环节），导致消费者的不满。因此，有业内人士开玩笑地说："定制家居行业其实是被消费者骂大的。"

据说，一键拆单的难题首先是尚品宅配解决的。时间是2015年前后。而直到2019年，其他大多数企业的拆单部门依然强大。2019年以后，有企业称，虽然大大提升了拆单的速度，但仍然保持相当数量的核单人员。

接下来就是进入工厂排产了。早期的定制家居工厂也如传统家具一样，是开料机、封边机、钻孔机三大件。后来为了提高效率和准确性，工厂开始为这些机器配上电脑或指令软件，完成了从"人指挥机器"到"机器指挥机器"的转变，大大降低了对技术工人的依赖，同时提高了材料利用率。据《尚品宅配凭什么？》记载，2007年，尚品宅配就完成了对台湾数据钻孔设备、中外开料设备的软件技术攻关，初步完成了"大规模定制生产"模式的构建。相比之下，没有完成这一技术改造的企业只能通过降低非标定制的比例应付难关。

即使解决了三大件的信息化控制问题，也只是阶段性的，一旦订单增多到一定程度，就必须再度升级，将它们连线并实现全流程信息打通（比如整个生产过程中的板材识别），同时在总体的排产上实现系统化的安排，以追求更高的效率。至此，制造环节的大规模个性化生产才得以完成。而只有解决这一"反工业"的世界难题，企业才有做大的可能，产品才能有机会进入寻常百姓家。很多企业之所以创立较早但在规模上裹足不前，甚至逐渐在市场中消失，就是因为没有解决这一难题。

在其他行业，信息化只是协助管理的重要课题，并非燃眉之急，而且落后似乎也不影响其发展壮大。但定制家居就迥然不同，信息化对它们而言是生存与死亡的课题，是成长必须打通的命脉。这也导致定制家居企业在引入信息化方面有着强烈的自觉与进取，从而构成其在泛家居行业强大的先进性。

在生产完成后，企业还将面对更大的挑战：如何分包、如何存储并提高准确率和利用率、在物流中如何避免出错、安装如何有“证”可循等。这些环节如果没有信息化的支持，都将面临巨大的麻烦。

所以，一方面，定制家居围绕顾客的服务链条相当之长（因而具有服务业的强烈特征，被称为服务型制造业），与消费者的沟通互动次数大大增加，从而困难度增加；另一方面，这些服务必须用信息化一以贯通，大规模个性化的商业模式才能跑通——信息化就意味着全流程的运作必须规范化、标准化、流程化。这就将服务现代化了，因而，定制家居也就具有现代服务业的典型特征。

2009年3月，广东省政策研究室专门派人到尚品宅配工厂调研，写出一份报告《依靠信息技术应对金融危机逆势而上》，称其靠创新性发展理念实现了从家具制造业向服务业转型，创新性商业模式扩大和创造了新的市场需求，创新性信息技术提升了企业的核心竞争力。他们认为“尚品宅配最大的奥妙就在于对家具制造流程进行的信息化改造”。

这份报告引起了时任广东省委书记汪洋的重视，被他当作传统产业转型升级的典型，向前来广州视察的时任总理温家宝汇报，后来，汪洋书记专程前往尚品宅配参观，听取汇报，甚至一度做它的义务“宣传员”。

尚品宅配不但在广东省政府部门引发关注，而且在家具业声名鹊起，2009年获得创投基金的7000万元投资，震动了中国家居界。2010年，在全国“两化融合”推进大会上，广东省信息产业厅把尚品宅配推举为典型案例。

相形之下，没有任何技术背景的唐斌在玛格上的探索就难能可贵了。他和造易软件合作选择的路线基本和尚品宅配一致——用二维码技术实现全流程识别，以实现个性化非标定制为目标。只不过他面对的难点是首先要把销售设计软件完成，然后再与制造系统打通。这几乎相当于尚品宅配两倍的难度（其设计系统早已完成）。再加上，玛格此时的实力单薄、规模也就千万元级别——不像尚品宅配还有圆方支撑，难怪前进的过程中要吃3次散伙饭了。信息化对较具规模的公司都是一个“不上等死，上了找死”的项目，玛格唐斌不自量力，这不是“找死”是什么?

然而，唐斌奇迹般地坚持了下来。据媒体报道：2007年玛格整体家具首度参展中国（广州）建博会，发现自己与其他同行的“巨大差异”：当时，定制家居（衣柜）的大部分品牌都是学习广东（索菲亚）模式，采用“标准柜+非标柜”的结构做产品生产、销售，玛格则凭着信息化系统实现了非标定制生产，“完全非标定制”成了玛格的符号和商家加盟的兴奋点，甚至一些同行也找上门来寻求合作——标准柜他们自己做，异形柜则找玛格定做。这并不是同行大方，而是因为确实只有玛格能做好。

当然，尚品宅配一直推崇自己的数码特色。2005年，尚品宅配就在广州举行的第七届国际建材展期间打出了“中国首家数码化定制家居连锁机构”的旗号。

据媒体报道：“2009年，玛格的信息化建设已初显成效，生产体系完成从‘完全非标定制’往‘大规模非标定制’的过渡。”即使如此，由于规模的限制，加上玛格很快踏上了实木定制的高端路线，因此它对制造系统的要求并不太高。

2011年玛格将其全新的现代化工厂设在广东佛山并建成时，依然在定制家居行业的大本营引起强烈关注，数十家过来参观学习，甚至包括几家头部企业。不过，此时它的工厂里闪亮的明星还是德国豪迈CNC、重型全自动封边机、电子开料锯等国内外先进的机械加工设备。生产线升级改造后涉及的工艺流程也让人颇受启发，主要包括：裁板、封边、钻孔、型材铣型、质检、清料、包装、入库等。

令人印象深刻的还有玛格对卫生防护的执着：新建生产车间合理配置中央吸尘器等配套设施，车间实现无尘地坪漆全覆盖，根据施工作业环境需要，厂区为员工配备了防尘口罩、防护眼罩、耳塞、手套等卫生防护用品，确保各作业工段人员的生产安全和人身安全……

2011年7月，在第五次参展中国（广州）建博会时，玛格别出心裁地将“玛格智造”系统和独立的“智造馆”展示在行业同仁面前，推广其广东智能化样板工厂与玛格智能化制造系统，令人印象深刻。

在展厅现场，9个时尚广告机将“玛格智造”系统分解为9个流程，以多媒体形式逐一展示。这种展示方式直观、清晰，既无须过多的讲解，也使得与会来宾获得强烈的感受，大大强化了玛格定制的技术形象。

当时，广东定制家居虽然企业众多，但大多还是靠营销驱动，以第三方的设计软件为抓手，着力推进经销商的招商加盟，以求规模和速度领先。除尚品宅配外，在生产制造上的信息化一直处于能免则免、修修补补阶段。因此，当一个从重庆内地杀入广东的玛格以如此形象出现时，还是让人眼前一亮，提振了不少企业加快生产线信息化改造的决心。

在传统的工业观念中，企业和用户是一对矛盾，用户想要的是个性化定制，但企业很难做到大规模定制下的统一，否则利润就得不到保证。就像引用泰勒科学管理思想的福特这样说："你可以要任何颜色的汽车，只要它是黑色的。"

这是10多年来海尔集团领导人张瑞敏一直以来的苦苦思索。他最后得出的结论是，只有在物联网时代，才会驱动个性化定制的发展。在这方面，海尔进行了艰苦卓绝的创新努力，在全球家电范围内率先提出"大规模定制"的观念。

2015年12月，在第二届世界互联网大会上，张瑞敏提出，解决供给侧改革问题，关键是企业要从大规模制造变成大规模定制，这些产业应该跟互联网联系起来。他说："互联网带来的是什么？零距离，让企业和用户之间零距离，让用户参与设计、制造全过程，创造用户体验，不断迭代。产品并不是说做得无懈可击才推出去，只要满足用户需求就可以推出去，然后再不断迭代。实际上这跟我们过去的传统产业不一样，我们自己在家里设计的东西，最后推出去了就这么样了。对供给侧改革，我个人理解，用一句话来说就是要从大规模制造变成大规模定制。"（陈键：《张瑞敏：用好互联网 从大规模制造变成大规模定制》，人民网2015年12月18日）

如果照此而论，那么定制家居行业就是来自未来互联网或物联网世界的超级物种。20年前，它穿越时空，进入21世纪初的中国大地生根发芽。就像当初火车刚刚出现的时候比马车还慢，对这个又笨又大的铁东西冷眼比赞扬多。如今，定制家居正在日益显示火车般的威力，带领着曾经脏乱差的建材家居行业朝着新时代飞奔。

基础设施来了

21世纪初，当定制家居顺着房地产和城镇化的飓风腾空而起时，全球信息革命正迅速升级和深化。

如果说，2003年的SARS疫情短暂而有力地推动了阿里巴巴、腾讯等互联网企业的生长，从而让这些企业摆脱了2000年前后全球互联网泡沫带来的阴影的话，2008年世界性的金融危机则给中国企业泼了一盆冰凉的清醒之水，促使很多外贸型企业转向国内市场，内销型企业开始拥抱电子商务，包括定制家居企业在内的部分建材家居企业也纷纷布局。以淘宝、天猫为主力，京东诞生，苏宁电器开始向苏宁云商转型……中国电子商务迎来自己的黄金年代。

互联网技术革命不断深化，成为信息化浪潮的排头兵，日新月异的新技术、产品和服务开始颠覆传统的购物、交流和娱乐方式。2009年，以苹果为代表的智能手机开始迅速在全球风行；2010年，中国进入3G社会；2013年，随着中国

4G网络商用牌照全面下发，智能手机开始普及，中国迅速进入移动互联网时代。移动电子商务迅速崛起，信息化进入无线时代。

早在2008年，中国企业虽然对信息化的认识普遍提高，但应用层次偏低。据《2008年我国中小企业信息化发展趋势探析》的一份报告分析：虽然高达80%的企业有了接入互联网的能力，但用于业务的只占44.2%，14%的企业拥有自己的网站门户，52.3%的企业拥有不同层次的信息化应用，但核心业务应用低于10%。只有9%的企业实施了电子商务，4.8%的企业应用了ERP。造成信息化应用落后的原因主要是缺乏资金、技术实力弱、长远的预见性差、实施能力差等。

在信息化应用较为领先的3家定制家居企业中，尚品宅配既有钱有人又有实施能力，更不乏预见性，因此这方面领先是必然的；大信家居则是有钱、有长远的预见性，技术实力可以外聘，但实施上会有一个艰难的过程；至于玛格，资金实力不强，技术团队到处找，虽然有实施上的决心，但必须要经历一番生生死死的过程，吃上3次散伙饭已经算是十分幸运的了——这个合作团队也要相对靠谱才行。

不过，随着时间的推移，先进系统和设备的应用开始给行业带来巨大转机。

在诺维家董事长周伟明看来，2009年德国豪迈木工设备（即电子开料锯）的出现改写了整个行业的命运，掀起了一场行业技术革命，催生了“板件合并优化”生产模式。他说：“豪迈公司用一个叫CutRite的软件，把这些订单所有的板件全部合并在一起，当订单足够多的时候，它会找出相同的尺寸或者是某一个方向相同尺寸的板件，利用电脑技术自动优化排单，这一点人工很难做到。”

这是一次革命性的技术变革，标志着衣柜行业从推台锯时代进入了电子技术时代。据说，2010年，索菲亚率先引进豪迈生产线并进行了改造，其自动化程度让参观的同行目瞪口呆。

那段时间，中小企业对ERP动辄上百万元的价钱心存恐惧，加上信息化实施的成功率不高（据说不到30%），更让企业主们胆战心惊，便有了“企业不上信息化等死，上了信息化找死”的说法。他们普遍担心花费了巨额的投入后却没有得到相应的回报，因此企业信息化停滞不前、难尽如人意的现状也不足为奇。

比如，定制家居的头部企业索菲亚是在2011年上市之后，利用募来的巨额资金开启了信息化战略的；而欧派则更晚，到2015年才启动所谓“欧派制造2025”战略，开始“计划”通过以MTDS终端设计营销服务管理系统等五大系统为核心，实现由“从人指挥机器”向“机器指挥机器”的跨越。

综合分析来看，直到2018年，欧派的信息化水平与索菲亚、尚品宅配也存在相当差距。仅以交货周期为例，尚品宅配早在2012年就将交货周期从原来的30天缩减到10天，而根据财报，欧派衣柜的生产周期（指确图下单到工厂货物生产完毕可以交付物流的时间）是28天，索菲亚的平均交付周期则是7~12天。这一年，大信家居交货周期仅为4天。甚至过去一直名不见经传的诺维家花费3年研发的智能互联工厂，声称以“T+3模式”实现了3天交货的记录！可见，小企业推动创新，而大企业引领流行。

不过，至少在2012年以前（甚至直到2018年前），大多数的定制家居企业依然是营销导向。对信息化技术的投入还是局部应用、修修补补阶段。这是因为，直到2017年5家定制家居企业集中上市，这一行业才引起社会面的广泛关注与重视。这个时候，行业的基础设施也开始变得便利、完整和现代，进入门槛才大大降低。而在此之前，只有橱柜和衣柜之间的跨界容易取得成功，成品家具、泛家居、家电企业即使拥有雄厚的财力，想要进入这一行当都不得其法，经常乘兴而来败兴而归，有的甚至探索10多年、数次反复，业绩都无法取得突破。

行业的重大转机始于2013年。这一年，3位毕业于美国伊利诺伊大学计算机专业的学霸黄晓煌、陈航、朱皓创立的杭州群核信息技术有限公司正式推出在线设计平台“酷家乐”，而从圆方软件辞职的蔡志森则创办了广东三维家信息科技有限公司，同样将初衷定为打造行业基础信息平台，它当年推出的第一个产品是将3D设计软件云端化。这让过去看来高科技的设计实现了“傻瓜式”操作：不用安装，直接用网页就能打开，而且可以快速画图、报价、下单，相当于让门店拥有一个“超级设计师”。

当时，市面上大多传统设计软件都需要安装光盘、加密狗，用户体验不佳，以3DS MAX绘制的效果图为例，一则对使用者专业要求高、学习门槛高，二则出来的效果图成本不菲。酷家乐和三维家的出现，一方面提高了渲染效果，另一方面大大提高了效率。更低的学习和使用成本，使它们不但受到设计师们的青睐，更受到定制家居企业的欢迎。这等于定制家居企业不必再像尚品宅配、大信家居和玛格那样投资拥有自己的销售设计软件，就能以较低的成本享受到更好的设计服务。

诗尼曼董事长辛福民至今还记得，2011年，当酷家乐的几位年轻人拿着快速渲染效果图的设计来访时，给他带来了眼前一亮的感觉。他从家居需求的角度热情给出了很多建议，并且很快成为酷家乐的首批客户，从此开启了与酷家乐长达10年的长期合作：2017年3月，双方以设计为基础，结为战略联盟，大大提升了诗尼曼的整体设计水平；2021年，诗尼曼家居与酷家乐、豪迈中国携手，在三方通力合作下顺利落地“设计智造一体化”。

相比之下，虽然不约而同地聚焦于设计这个技术赛道，但酷家乐有着更明显的互联网基因，更强调界面和操作的友好性；三维家则具有更强的产业基因，精于各种定制参数，在后端制造领域更有发言权。不过，它们的出现在21世纪10年代上半期解决了设计环节的行业痛点，让设计营销开始在定制家居大行其道，从而让其成为强有力的门店销售工具。

21世纪10年代后半期，随着定制家居行业进入完全崭新的阶段，云设计软件在全屋定制行业已经得到基本普及，效果图和真实产品并不能对应的矛盾开始凸显，因为，从效果图到下单、拆单、生产，还需要一系列复杂的转换，从设计到生产的一体化打通就成为关键。这也是大信家居和玛格一出手就将两者共同解决的原因。

2016年7月，三维家率先打造出领先行业的前后端智能系统——“易系统”，构建家居前端营销、后端生产的IT服务体系，实现前后端全流程化。这标志着三维家在与酷家乐短暂“交汇”之后，迈向了更深的产业互联、行业信息化基础的方向。2018年9月，三维家再度推出整装供应链平台至爱智家，希望通过S2B[1]模式来打造开放的、有数据连接的整装生态。它沿着自己熟悉的定制家居产业方向进行纵深布局，试图打造

[1]　S2B，Supply chain platform to Business，S指一个大的供应链的平台，B指的是大平台对应万级、10万级甚至更高万级的企业端（其中包括大中小各种规模的企业）。两者的关系并不是简单地加盟，而是“赋能”。其过程是B端通过与用户的沟通，了解客户的需求和痛点，然后通过S端所提供的对整个供应链的整合能力，来满足用户的定制化需求。

出基于大家居整装的产业互联网平台，解决家居定制从设计销售到生产制造的整体痛点，为会员企业提供营销、量尺、设计、订单、配送、安装、售后等一系列服务。

而在面向未来的布局上，酷家乐依然紧紧围绕“云设计”这一核心，试图“以设计为入口，联结业主、设计师和家居企业，打造连接行业各个环节的生态平台”，并且，以家居为基点，探索从家居向全空间领域的升级。也就是说，紧紧围绕设计原点，不断打通生态与场景。但同时，酷家乐并非对行业拆单、生产、施工的需求不闻不问，而是倡导开放互联，采取联合伙伴的方式共同解决客户的难题。

如果说，2018年，酷家乐曾携手豪迈中国落地定制家居企业首例设计生产一体化项目，开启了其“智造通”1.0版本的话，那么2021年，联合豪迈中国、纬纶科技、商川科技发布的2.0版本标志着其生态战略的进一步成熟。他宣称，“智造通能为客户提供从设计到拆单、从拆单到生产的全链路解决方案，解决企业梳理产品体系难、搭建优质信息化系统难和建模人员匮乏的前后端打通的三大难题，使前后端对接再也不是中小企业可望而不可即的高配”。

也就是说，进入20世纪20年代，随着生态系统的成熟，围绕定制家居信息化的痛点、堵点正一一得到解决，信息化不再是少数先锋企业的专利。全行业普遍步入全面信息化、数字化、智能化的历史新阶段。这也是近几年来尽管竞争加剧，但定制家居企业数量却急剧增加的重要基础。

半个软件企业

定制家居分为两大流派：一是做橱柜出身的，二是先做衣柜的（当然诸如尚品宅配、玛格很早就打通了橱柜、衣柜，因而没有派别之分）。除欧派于2007年进入衣柜，两个流派的合流在2015年前后。

从应用信息化的角度看，橱柜虽然部件种类繁多，要求的工艺更复杂，但纯就板材而言，其标准化程度反而相对较高。因此，虽然橱柜企业也属个性定制，但与衣柜企业率先倡导的大规模个性化定制有着明显区别，往往在信息化应用上并没有衣柜企业那么紧迫、必要，显得相对滞后。

在衣柜行业，索菲亚是当之无愧的老大，一方面因为它创立最早、相当长时间内规模最大、运作相对显得规范（创始人是国企出身），另一方面则因为它对行业建设的关注、分享与贡献——它是全国工商联家具装饰业商会定制衣柜专委会第一任会长单位，是广东省衣柜行业协会、广东省定制家居协会的核心发起方。

索菲亚把自己的信息化建设计划为三个阶段：2009年前是起步建设阶段，2009—2014年是单项应用阶段，2015年起是综合集成阶段。它将生产模式也划分了三个阶段：2001—2007年是逐个订单逐个生产阶段，成本高、效率低；2008—2011年是“标准件+非标件”阶段，应用了条码系统，虽然缩短了生产周期、降低了成本，但库存压力大、材料利用率低；2012年至今则是全柔性化生产阶段。

也有不少报道指向2014年这个时间节点，这一年，索菲亚完善了由信息与数字化中心、宁基智能和极点三维组成的发展新引擎，实现“三驾马车”共同发力，推动索菲亚步入智能智造阶段。

无论如何划分，均可以看出，至少在2007年以前，索菲亚的信息化能力是相当孱弱的，设计软件用的是别人的，生产则是有一单接一单，核心设备就是通行的锯料、封边、打孔三大件。公开资料显示，2008年索菲亚的年营收只有2.02亿元，即使是2007年引进了欧洲先进制造设备，实现了柔性生产模式，这个柔性也是成品与非标的结合，是制造设备和营销模式的一次升级。不过，这次升级还包括重要的信息系统因素——应用条码系统实现后台数据追踪，应用生产管理系统实现系统计料，缩短了生产周期的同时成本有所降低，带来了巨大的后续效应（同期还运用CAD制图软件代替传统手工画图）。索菲亚上市的2011年营收就已突破10亿元大关。

正如媒体评论的：“标准样柜的提出是行业首创，奠定了定制衣柜行业标准化生产、工业化的基础，为同行提供了宝贵的发展思路，但标准样柜的提出只是缓解了高出错率的问题，并未缓解行业高成本的现

状。”（谢小华：《十七年　索菲亚成了行业风潮制造者》，全屋定制衣柜网2018年4月16日）

也有人认为：“早期的定制家居行业所提出的定制家居概念更像是半定制成品，90%以上都是标准模块，只有不到10%的非标定制能达到长度与高度的定制，这并不是能满足客户想法和需求的定制。”

无论如何，软硬件结合带来的生产力提升和规模增长如此之大，让索菲亚高层大为震动。于是他们决心进行更大的投入。从2009年也就是股改上市的那一年起，索菲亚提出了“全流程数字化转型”目标，就ERP系统中核心的进销存系统开始了与甲骨文公司的谈判。2011年索菲亚上市。当时在募资用途一栏，它将大量资金投入了“定制衣柜的技术升级改造”，索菲亚在信息化、数字化、工业化等方面的发展开始突飞猛进。

据媒体报道：“2012年，索菲亚引进亚洲领先的柔性生产线，实现产品制造的自动化、信息化和精细化。”该生产线号称“带领定制行业进入‘全柔性化生产’模式”，不过具体情况大都语焉不详，仔细翻阅网络文章，只看到一篇文章有这样的介绍：“是把多台可以调整的机床连接起来，配以自动运送装置组成的生产线。它依靠计算机管理，并将多种生产模式结合，从而能够减少生产成本，做到物尽其用。”它相当于以数字化的方式把整个流程串起来，结束了过去各个环节的机器单独作战的痛苦。

索菲亚内部将此称为“数据拉通”，有一段时间，公司内部有一个口头禅，就是做什么事情先问第一句话：“拉通”了没有？其中“拉通”指的就是数据拉通。比如，公司计划有一批新品上市，内部首先会各环节问：这批产品在内部的数据拉通了没有？模型建好了没有？工艺拉通了没有？（郑小琳、彭飞：《索菲亚张挺：定制家居行业也有数字化基因》，界面新闻2021年8月23日）

定制家居就是这样一个特殊的行业：从设计到报价，从采购到供应链，再到生产、物流和安装，整个订单流程如工厂流水线般环环相扣。上一个流程走完后，才能转到下一个流程，否则就会混乱、出错，造成危机。这是定制家居所有流程都要靠信息系统及需要进行数据处理的原因。难怪界面新闻采访后感慨："没有数字化的驱动，就没有整个定制家居行业。"

事实上，2012年索菲亚就遭遇了一场由于信息化导入造成的危机。这一年，甲骨文ERP中的进销存系统上线，原本它的目的是将设计数据和需求数据归入平台，重点解决与经销商的有效沟通和成本统计等问题，却没想到数据出错造成前所未有的混乱，结果公司停产两个月，公司所有的人都被派去找货。后来公司MES（制造执行系统）2018年上线之时，索菲亚创始人柯建生开玩笑地说，现在他一听说信息化上线就紧张，2012年那次之后有心理阴影了。

信息化是一个高度统合的过程，不但是软件系统的再设计，还有工作制度化、流程化、标准化甚至数字化的问题，更有上线之后的执行问题——需要员工行为习惯的巨大切换，因此，它不但是个一把手工程，还是需要付出巨大心力（制度、流程均需要反复讨论）和管理成本的系统变革。更何况，甲骨文固然是世界500强的软件企业，但它对定制家居企业的独特运作机制缺乏熟悉和可参考案例，而此时的索菲亚IT部门实力不强，与这么强的软件公司对接，肯定存在问题。

重大的转机是2014年1月王兵的加入。这位1999年毕业的硕士生（后读了工商管理博士）先后任职于广州高露洁棕榄有限公司、中国惠普、埃森哲（Accenture，一家跨国IT服务和咨询公司）等，具有丰富的IT从业经历和经验。他被任命为集团IT总监兼制造中心副总经理和新成立的信息与数字化中心（IDC）总经理，开始了信息化部门以及信息化系统的强力构建。

这一年，索菲亚按照欧洲工业4.0标准，全套引进了司米橱柜智能生产线。它号称“目前亚洲乃至全球生产效率最高、生产设备最先进的橱柜生产基地之一”，智能物流系统涵盖了信息系统、仓储技术装备、自动化设备。按照内部人士的说法，这条生产线实现了“机机对话”——过去都是人指挥机器，现在是机器指挥机器了。

此时的IDC大肆招兵买马、大兴“土木”，其背后是索菲亚高层对信息化的高度重视和舍得投入的决心。

一批资深IT经理人的加盟迅速扩充了索菲亚的数字视野、对接与自研能力，自此，索菲亚的数字化战略终于成形并快速落地，开始演绎一段近乎开挂的数字化进程。

“2010年至2017年是定制家居的增长红利期，市场的需求处于井喷式爆发，行业普遍面临前后端数字流打通、柔性化制造能力提升、渠道管理的幅度和难度增长三大挑战。”王兵曾这样回忆这段时期，他一直把索菲亚的数智化视为一种公司战略，“如果只是把数智化简单地定义成要上一套系统，做一个工具，或者是IT部门的事情，那一定搞不成，所以必须要把它定义成战略的高度。”

战略既是一种目标，更是一种决心和姿态，但在执行上绝不能理想主义，而是必须紧紧围绕企业的痛点和需求分步骤实施。

与尚品宅配、大信家居强调自研所不同的是，即使建立起强大的IDC部门，索菲亚依然不愿推进自力更生路线，反而采用购买引进、第三方合作+适度自研的开放融合路线，如果市场上有成熟的套件就加以引、再次开发，如果暂时不太成熟就自行研发。

像2012年的司米橱柜生产系统、2016年的极点三维系统、宁基智能系统就是购买引进的例子，它们与IDC构成了索菲亚信息化和数字化战略推进的“三架马车”。

IDC、宁基智能和极点三维的分工是：IDC主要负责索菲亚数字化的设计、研发和优化，从而搭建出一个融合信息化、智能化、工业化的全方位的数字化体系；宁基智能主要围绕制造，辅助索菲亚打造工业4.0智能制造技术，将传统制造孤岛连接为一条智能化生产线，实现人效成倍提升；极点三维则负责辅助3D和VR的设计、研发和落地工作，实现消费者自主设计、终端门店专业化设计、工厂端订单3D图纸数据自动化集成、车间设备端无缝集成等前后端一体化。

如果从2011年公司上市开始计算，2012—2021年索菲亚营收10年间增长了10倍，即使只计算信息化战略启动后的2014—2021年，8年的营收也增长5.8倍。如果说这全是信息化带来的功劳，肯定不会有人相信，但如果没有信息化的强力支撑，想要取得这样的战绩几无可能。

在“三驾马车”共同发力的数智化背景下，索菲亚果断选择信息化、数字化、智能化三轨道并行的转型升级之路，进入全新的发展阶段。且看他们近年来的推进速度：

随着互联网技术的飞速发展，数据量剧增，使用自己的数据中心无法满足短期内高存储、高计算的需求，2015年，索菲亚与阿里云合作，部分应用开始上云：比如社群的运营、产品相关渲染设计图片与视频等。

这一年4月，索菲亚宣布携手SAP新一代大数据计算平台SAPHANA进一步推动数字化转型进程，并于同年8月顺利实施上线。这是一个大数据分析平台，通过打通内部数据系统，每晚可快速地提取、整理和分析各个系统的数据，管理层第二天就能看到整个集团的最新数据，提升决策的效率和可靠性。

12月，索菲亚集团业务流程管理平台BPM建立，率先在定制家居行业启动了“两化融合”体系贯标认证。

2017年，分别上线了核心系统高可用［即HA（High Availability），指的是通过尽量缩短因日常维护操作（计划）和突发的系统崩溃（非计划）所导致的停机时间，以提高系统和应用的可用性。它也被认为与不间断操作的容错技术有所不同。HA系统是企业防止核心计算机系统因故障停机的最有效手段］、集团预算管理系统（ERP系统的重要组成部分，旨在帮助企业建立、完善、优化预算管理体制，在企业管理的基础上引入全面预算、责任中心、责任控制等管理理念、机制和方法，搭建企业管理控制、计划实施和业绩考核的平台，全面提升企业管理水平）、主数据管理系统MDM（是一个连通性、灵活性和可扩展的平台，可有效管理主数据，并为业务关键数据提供单点事实。它通过确认、连接并整合产品、客户、店面、员工、供应商、数字资产等信息来支持业务计划）。

2018年是索菲亚数字化、智能化建设的爆发期。3月，打通下单到工厂全流程数据的DIYHome系统上线，7月，制造执行系统MES启动实施，10月，智能物流系统TMS上线……这一年，以德国工业4.0标准进行规划设计及落地实施、拥有自主知识产权的黄冈未来工厂建成，让整个行业从业人员眼前为之一亮。

现在，索菲亚内部的信息化科技人员就有七八百人。在过去数年间，他们成功组建了研发、营销、智能制造、服务四大平台，打造智能设计系统DIYHome、营销协同系统X-Plan、智能计料系统MCS、智能报价系统QPLF、企业资源管理系统ERP、制造执行系统MES、智能仓储系统WMS、智能物流系统TMS、客户服务系统CSP、产品生命周期管理系统PLM十大系统，开创了行业极富特色和实力的全流程数字化运营体系，使自己的信息化、数字化和智能化水平一跃成为行业领先水平。公司在被评为“国家高新技术企业”之后，又被评为“国家重点软件企业”。难怪王兵笑称：“在外人看来索菲亚是一个家具企业，实际上索菲亚还是半个软件科技企业！”

谁更先进

因为写《尚品宅配凭什么？》搜集过不少资料，加上尚品宅配是软件公司出身，有崇尚创新的氛围，我一直认为尚品宅配应该是定制家居行业信息化能力最强的。当然，这里面可能有先入为主的因素。

部分业内人士声称，事实上，现在的索菲亚在信息化能力上已经实现了赶超尚品宅配，尤其是在数字化方面。

在头部3家企业中，尚品宅配的自研能力最强，数字化进程是最早和最快的，对行业早期的贡献应该毋庸置疑。欧派、索菲亚均经历了从外协数字化系统到自主研发的过程，而且更多是2014年以后集中发力。据说，欧派、索菲亚等其他同梯队大牌的数字化系统中都能找到尚品宅配系统的影子。这可能是有所借鉴，也可能是殊途同归。

显然，王兵的到来和被重用大大强化了索菲亚的数字化能力，甚至说重组了索菲亚的基因也并不为过。他从2014年担任IT总监兼制造中心副总经理，2019年担任营销副总裁，2020年任执行总裁，2021年则被任命为总裁，在长达8年的高管经历中，索菲亚显然强烈打上了他的烙印，在信息化、数字化乃至智能化的持续战略投入方面收到了巨大效果，大有与尚品宅配并驾齐驱乃至后来赶超之势。

现在，尚品宅配和索菲亚堪称定制家居头部企业的“数字双雄”。

两者比较之下，谁更占优呢？笔者虽然外行，在这里试图给出一些分析。

首先，尚品宅配强调自研，而索菲亚强调购买、合作、自研三管齐下。前者固然值得肯定，但会不会造成某种程度的自闭和自傲？一个企业无论如何优秀，保持开放都是重要的心态基础，因为你不可能在所有技术领域都擅长。相反，索菲亚既开放又有独立性，显然在整合世界范围内的优秀技术成果方面更具优势。至少，近几年索菲亚的数字能力是发展最快的，甚至在外部印象中似乎正在赶超尚品宅配。

其次，尚品宅配偏重行业和业务端，索菲亚强调系统整体，前者更为锋利，直指创新目标，后者更为厚重，注重系统构建和数字化本质。比如，在面向定制家居行业的业务端技术创新能力上，尚品宅配敢想敢拼，先后推出整装云、BIM系统、K20技术，显示出其对行业的深入理解，以及卓越的创新能力，堪称定制家居行业的“科学家”“创新实验室”。但它过于偏向业务端。这一点可以从其条块化的事业部结构侧面看出，甚至有一段时间，圆方也成为一个独立的经营事业部被推向了市场前端。

索菲亚恰恰与之相反，在前端的技术——诸如BIM、整装云服务，甚至在生产系统中板材利用率这一指标上也逊色不少，但它更强调以数据中台为核心的整体数字系统构建，因而在视野上更宏大、在推进上更整体。也就是说，尚品宅配似乎关注的是局部最强，而索菲亚强调的是整体最优。

尚品宅配更强调人的作用，而索菲亚对于设备、技术和人都很重视。这一方面可以解释为什么索菲亚的智能制造工厂看起来更为先进，毕竟它有着世界先进的制造设备、世界领先的软件应用。虽然我们不能迷信外国设备和技术，但毕竟也不能轻视。尚品宅配虽然有周淑毅、彭劲雄这样的明星技术大拿，但术业有专攻，想要在多技术领域推进研发并做到世界领先水平并不容易，因此，相对而言，索菲亚的兼收并蓄似乎更能显现效果，且有持续性。

近几年，尚品宅配把主要兵力放在BIM系统的研发上，不但因太过超前影响了业绩，也大大占用了圆方的技术团队精力。加之圆方一度承担起经营指标，团队在技术的推进上产生消极心态。索菲亚则在清晰的数字化战略指引下，大举投入、有序推进。因此，尚品宅配拥有先发和创新优势，但近几年略显摇摆；索菲亚则拥有后发优势，近几年重兵压入，显得进展迅速、咄咄逼人。

那么，欧派的信息化能力究竟如何呢？

尽管2015年以来，姚良松疾呼："传统企业没有信息化，就犹如冷兵器！""所有传统企业，不用现代信息化武装自己，都将成破铜烂铁！"欧派近年也在信息化方面频频发力，而且在2014年推出大家居战略的同时也提出了信息化战略（在这一时间点上倒与索菲亚一致），2015年提出"欧派制造2025"战略，将数字化、智能化作为主要发力点，但似乎在进步速度上不如索菲亚。

2015年9月，姚良松在接受某媒体采访时表示，欧派信息化战略体系已经基本形成，主要包括三个方面：一是O2O+C2B等电商营销新模式，以及在传统媒体日趋萎缩、新媒体日渐蓬勃的全新的媒体环境下，企业围绕粉丝经济进行的品牌推广改革；二是现代信息化的软件设计体系，通过“易量尺”“易沟通”“易设计”以及“设计岛”等一体化设计软件系统，真正做到快速定制的个性化、一体化和互动化；三是现代信息化的管理体系——包括制造体系、营销体系以及行政管理体系的全方位信息化系统。

在2017年的年报中，欧派表示：“欧派通过与IBM、西门子、Oracle（甲骨文）等国际先进信息技术公司的合作，在生产和服务的各个环节提高自动化、智能化水平，提高产品质量，缩短生产周期；引进MCTS物流管理系统，打通线上线下，使得板材利用率达到了90%以上。”

表面上看，欧派与索菲亚的路线一致，也与名牌大厂合作，在板材利用率上似乎高于索菲亚（索菲亚公布的利用率为87%），但在生产周期上，截至2018年，欧派衣柜的28天却远远多于索菲亚的7天。对此，姚良松在接受媒体采访时坦言：“相比部分同行，欧派在信息化的脚步上稍慢了一些。”（《欧派家居：两次“家居革命”造就行业龙头》，证券之星2018年5月30日）

这一年，姚良松关注的是首要任务将“信息化大桥”搭建完成：“将用户下单信息化、设计图纸信息化、生产制造信息化、物流信息化、售后服务信息化全流程打通。”

此外，欧派尽管历史悠久，但散落的报道呈现的是，20世纪90年代后配备电脑，培训学习，并成立信息部，2003年投入资金开发“橱柜软件设计系统”（似乎有尚品宅配的功劳）、“订单管理系统”，其他乏善可陈。一直以来，应对个性化和大规模的矛盾方面，欧派采取的是“模组化生产方式”——基于几百个产品模块，组合出成千上万种柜子。在这一点上，欧派似乎与大信家居路线有着相似之处。

2021年9月，《家居邦》的一篇分析文章《欧派、索菲亚、尚品宅配数字化底层逻辑》指出，近年来，欧派的主要动作是补课，将前端获客、中端成交（主要是设计系统）、后端生产管理（制造管理系统）拉通，它的主要合作伙伴有MTDS（销售全流程业务一体化）、CAXA设计软件、造易（致力于解决定制家居与规模化生产之间的瓶颈）、三维家、WCC（家具拆单设计软件）等，用MTDS系统负责前端工作（包括获客、客资管理、订单管理等），用CAXA、造易、三维家等提供中端的设计服务，而WCC完成后端的生产保障。这几个系统，除了CAXA是欧派有投资的数字化系统研发公司外，在此之前使用的造易、三维家、WCC等系统都是第三方服务商。

造易就是玛格定制一早开始合作的软件公司，如今的它竟然成为定制家居头部企业的核心供应商，这里面值得细品的意味很多。

不过，企业应用信息化的目的显然不是盲目追求先进，而是解决前进过程中的痛点和需求。2021年欧派营收突破200亿元，同比增长38.68%（2020年增长8.91%），规模在定制家居界一骑绝尘，而且增长速度不但没有放缓，反而又进入一个高速增长期，同时这一年欧派衣柜的营收历史性地超过了一直称王的索菲亚。这至少说明，信息化或数字化方面欧派固然并非先进，但也绝不能说落后太多。

姚良松显然对信息化有着战略上的警觉，2019年他在接受媒体采访时说：10年后，所有还能够存活的企业一定是信息化一流的企业，但信息化一流的企业未必就能在10年后存活，即一流的信息化只是企业生存的必要条件之一。

目前，在对外宣传中，欧派将其工厂包装为“独有的AI智造体系”。简单来说，这个体系这样运转：“全球订单24小时内传送到总部AI智能受理进行审图，经智能秒级排序后，24小时内又传送到欧派全国五大生产基地，而AI工厂凭借全流程协同、自动化与智能化的创新营销和制造模式，从消费者下单到收货最快2~3天就能实现。如此超高效率的数字化、智能化生产，不仅提高了产品质量，更加快了从接单到出货的整体流程。”这种宣传在定制家居行业已是“共识”，它更像是对外部和公众宣传的口径。其中下单到收货的“2~3天”应该是最快速度，而不是平均速度。

不过，谁也没有想到，在距离欧派不远的广州白云区（欧派在花都区），一度移居美国、长达2年时间对公司不闻不问的诺维家董事长周伟明爆发出惊人的创造力。2009—2014年，回国后的他把大部分时间放在工厂里，前后花了5年时间研发出“T+3极速定制模式”，产品交货期平均为4天（工厂预留3天作为机动调节，实际交货期不超过7天），刷新了行业纪录——该模式被诺维家写进经销商的加盟合同中，意味着极速交货并非空口白话，也体现了对自己生产速度的自信，引来全国不少定制家居企业（其中不乏一、二线品牌）纷纷过来参观。

尽管周伟明的专业是工业设计，但他对技术有着深入的钻研和理解。一方面，他肯定先进设备带来的价值；另一方面，他把对方是否开放接口作为合作的门槛，这样保证了诺维家的信息数据畅通，并将订单、工艺、生产数据控制在自己手里。2009年开始做信息化改造，诺维家将销售端和生产端无缝连接，实现前后端打通，机器直接由后端电脑控制。他将从超市买单系统中所得的启发，适当运用到诺维家的车间生产管理中，在每一道生产工序之间的交接处设置关卡，按生产批次层层扫描，实现生产溯源，减少了订单的出错率。

在周伟明看来，定制家居行业曾经历三次技术革命：一是2009年豪迈木工设备（即电子开料锯）的应用；二是互联网技术及ERP的应用，将前端销售和后端生产数据实现打通，形成云数据中心；三是CRM大数据系统的应用，标志着定制家居行业进入大数据营销时代。他认为，正是2014年10月CRM终端客户管理系统上线，才最终令诺维家“T+3”极速定制模式诞生。据悉，诺维家的工业4.0工厂整合了7种ERP软件，对传统的PMC生产计划进行精简和创新，将企业的人力资源、采购、机器设备、生产、质检、包装、财务、物料、终端、服务等整合在一个物联网的大平台上。

在接下来的时间里，诺维家继续迭代和完善自己的信息化、数据化和智能化：2016年完成软件驱动业务、IT一致性变革；2017年大数据、移动化、智能制造驱动效率提升；2018年数据驱动C2M客户定制（数字营销、数字企划、柔性制造）；2019年全面数字驱动、全价值链卓越运营……这个规模不大的企业竟然成为定制家居智能制造领域的一面旗帜。

数智时代

2013年前后，以苹果为代表的智能手机得到迅速普及，移动互联网时代到来，微信取代QQ和微博成为新时代社交媒体的新宠；自媒体开始盛行，进一步加剧了媒体碎片化的进程。

电商以前所未有的速度崛起。每年的“双十一”，人们惊叹并津津乐道于淘宝/天猫创下的销售额数字和增长速度：2009—2012年它的销售额数字是0.5亿元、9.36亿元、33.6亿元、191亿元，以数倍的速度上涨；2013—2020年它的销售额数字则是352亿元、571亿元、912亿元、1207亿元、1683亿元、2135亿元、2684亿元、4982亿元……最低的增速是2018年的25.7%。

2014年，专注于电商的京东商城营收历史性地超越了老牌零售企业苏宁云商（2018年改成苏宁易购），并在2017年GMV首度突破万亿，成为电商领域迅猛崛起的力量。2017—

2020年，其“618购物节”一天带来的销售额迅速迫近淘宝/天猫的销售额，分别为：1199亿元、1592亿元、2015亿元、2692亿元，尽管距离仍然不小，但它与淘宝/天猫显然共同推进了电商产业的高度繁荣。

与此同时，电商也在不断切换、细分出新的赛道：内容电商（自媒体）、社交电商（以拼多多为代表，2021年拼多多年GMV为24410亿元），以及2020年因新冠疫情而快速兴起的直播电商（以抖音为代表）。据有关数据，2021年抖音电商GMV8000亿元，2022年7.4万亿元，抖音创下互联网平台GMV破万亿最快的纪录——要知道，京东为此用了14年，淘宝/天猫则用了10年，追求下沉市场的拼多多也用了4年，而抖音仅用了2年！

2019年前后，当看到农村老头老太太都用上了智能手机的时候，人们才惊讶地发现，这个改革开放40余年、拥有14亿人口的古老而现代化的国家，已经集体跑入数字与智能时代。

在拥抱互联网方面，大多数建材家居企业向来后知后觉，这一方面是因为，至少在2018年以前，它们均一直受益于房地产市场的繁荣（尽管过程中伴随着阶段性的宏观调控），形成了以专卖店为特色的渠道模式；再加上它的消费低频、日常关注度低且伴随着服务个性化的特征，一旦形成了固定的线下经销商模式，就不容易发生改变。

定制家居更是如此，它如此个性化、服务链条如此之长、消费者相当关注服务体验等决定了线上营销顶多也就起到引流的作用。

当然，这里面也有一个因素，就是线上运营也是相当专业的工作。一旦投入就不是小数目，而且许多企业在相当长时间内，往往是赔钱赚吆喝。有的企业甚至每年在此损失上千万。

因此，除非后来创业者或者锐意创新者，大多数定制家居企业虽然也积极尝试，试图拥抱，但往往效果不彰。

其中，尚品宅配算是罕见的成效显著的企业之一，互联网行业的每个风口，它基本上都没有落下。

2008年，尚品宅配将早年创建的72home.com改名新居网，转型成为家居用品团购网站，2009年，又将之变更为公司旗下的自有品牌垂直电商平台。

2014年，李连柱就全力支持公司微信公众号建设，并在人力物力方面大力投入。1年后公众号粉丝就达1000万，在2015年企业自媒体峰会发布的“中国企业微信财富榜”上，尚品宅配微信公众号贡献的品牌价值达到了53亿元，排名中国第一。

2017年年底，尚品宅配悄悄布局短视频媒体，组建了上百人的内容制作和运营团队；到2018年年底，短视频账号的全网粉丝量已突破1亿，超过百万粉丝的IP账号达到20个以上，这也使新居网MCN机构一跃成为国内最大的内容孵化平台和超级媒体之一。

面对变化迅速的互联网，尚品宅配有着惊人的敏锐、果敢的进取和超强的执行力，一旦瞅准时机就果断重兵杀入，短期成效惊人，令人望而生畏。

这种互联网的超能力催生出其在渠道变革时的超强自信。

2014年，当所有家居建材企业都在批发卖场苦苦等候时，尚品宅配率先走入商场，掀起了第一波行业渠道变革，艺高人胆大的它甚至将专卖店开进了写字楼，这种店面如果没有线上强有力的引流能力，经营是极难想象的。当众多企业纷纷进驻商场，尚品宅配又把触角伸向了新的领域。从购物中心垂直客流的SM店，到利用强大线上实力导流客源的O店，乃至首创家居“超集”生活体验的C店——2022年又与京东合作超集家居体验店……尚品宅配能够一直敢于全渠道的布局，皆源于其背后数字力量的有力支撑。

尚品宅配可称是率先实现了定制家居C2B模式向互联网打通的企业。早在2011年，它就因其独特的C2B+O2O定制模式获得阿里巴巴“全球十佳网商”奖项。这时的它，信息化和大数据已经无可争议地成了企业发展最重要的两根支柱。2017年它又推出HOMKOO整装云平台，通过数据智能、服务集成、资源的集中采购和SaaS工具赋能中小家装企业，2021年成功推出BIM整装系统，通过可视化技术提前模拟、优化装修全流程，装修过程中的隐蔽工程、泥瓦工程、木作工程、瓷砖铺贴、天花安装等流程均通过数字化展示，实现“无纸化”施工……

当然，还有一项重大基础技术革新的影响也不容忽视：2019年6月，工业和信息化部出人意料地宣布，向中国移动、中国电信、中国联通和中国广电发布第五代移动通信技术（即“5G”）商用牌照，比人们的预期提前了半年。自此，中国正式进入5G商用元年。如果说，2013年4G牌照的下发引发中国大数据革命的话，那么5G商用标志着中国开始进入智能时代。

据悉，4G最大的数据传输速率超过100Mbit/s，是移动电话数据传输速率的1万倍，而5G网速的峰值至少要比以前的4G快10倍以上。因此，有人说“4G改变生活，5G改变社会”，5G将从原来4G面向消费者应用，扩展到面向产业应用。没有了传统网络的时延、网速的桎梏，5G将彻底解放智能终端设备，让应用5G的硬件设备之间的连接更加紧密，联动也更智能，真正进入AIoT万物智联时代。

从某种程度上讲，定制家居的出现有赖于信息化技术，而其发展和繁荣，则根本上建基于数字化、网络化和移动通信技术等新一代信息技术革命。没有信息化就无法出现工业化的个性定制；没有信息技术革命的持续升级，定制家居行业不可能像现在这样攻城略地、引领风骚。

因此，一方面，定制家居行业随着时代和技术的发展才应运而生；另一方面，面对信息化的技术革命，定制家居行业同样表现出持续应用和升级的自觉，这也是其越战越勇、持续汹涌澎湃的强大力量源泉。也就是说，这个行业本质上就是数智化的、高新技术的，代表着持续的创新精神和先进的生产力。

目前，信息化、数字化、智能化已经成为定制家居领域的热门词，但很少有人细品三者的区别——其实它们代表着定制家居应用信息的三个阶段。信息化将真实的业务流程在信息系统中进行规范和固化，进而利用计算机高效的信息传递和处理的特点，提高企业各岗位、各部门的协作效率。定制家居早期的C2B模式的全流程信息贯通就是首先实施内部的信息化，因此那时的企业强调“两化融合”。

数字化强调利用数字化技术（如大数据、云计算、物联网、5G、人工智能等）将企业生产经营管理场景数字化，将以往孤立的信息联动起来，形成庞大、联合的数据群体，最终形成数字资产，驱动产业新的商业机会和商业逻辑，以及实现从单一技术的应用发展到整个产业结构的重构。

智能化是对智能技术的应用，特别是人工智能技术的应用，是信息化和数字化的最终目标。当前，定制家居的智能化主要体现在制造工厂的升级改造上，一些企业开始由原来的“机器指挥人”到“机器指挥机器”的智能化转变。

比如，索菲亚依托自己旗下的极点三维和宁基智能，不断推进和升级智能工厂的建设，从2018年到2022年，先后在湖北黄冈、四川成都、广东广州花都、广东广州增城建成了工业4.0A、4.0B、4.0C和4.0D未来工厂，其中于2022年广州增城完工的智能制造工厂4.0D，实现了“解放双手”“降耗减排”“创新驱动”“智慧协同”四大目标，集合整线集成智能仓储、智能装备、智能物流设备及智能质量检测设备等于一体，实现全智能化生产。

据悉，4.0D未来工厂由自动材料库、智能上料开料、实时在线检测、智能钻孔、智能封边、智能分拣、自动包装，以及车间缓存、车间物流输送、车间协同控制、设备封装/感知/决策/执行、自动数据采集与实时看板、光伏绿色能源等部分组成。其流程为：制造执行系统（MES）准备所有工段生产数据，并下发给车间每个工段的每台设备；立体仓储接收到MES备料数据后，开始按照生产顺序依次进行备料、拣选；在生产过程中，各个工段通过感应器扫码触发开始生产，结束生产后，可编程逻辑控制器（PLC）请求线控系统获取加工数据线控系统通过WinCC／OPC实时监控PLC请求，当检测到PLC请求后，线控系统自动从设备数据库中获取生产数据进行计算分析，计算分析完成后通过WinCC／OPC反馈给PLC，PLC再根据线控反馈结果，控制产品加工。标准设备生产实时数据、设备实时状态通过网络、数据库方式实时采集。

索菲亚定制家居智能制造系统由四个层级组成：一是前端数据提供层，把客户的订单转换数字化数据；二是车间执行层，根据客户的出货计划进行排产，对整个生产过程进行管控；三是工业控制边缘层，是上层系统和设备层之间的桥梁，起着信息化通道的作用；四是设备层，是执行机构，由各自的CNC加工设备、配套的物流输送设备、各种信息采集设备、现场看板组成。它集成ERP、MES、仓储管理系统WMS、仓储控制系统WCS、智能物流系统TMS等，各个系统无缝衔接，覆盖了从销售前端的设计画图、报价、下单，再到后端生产的计料、排单、开料、包装、库存等，完整覆盖整个销售生产流程。

该系统应用了近20项核心技术，有以下六大创新点：一是基于RAMI4.0[1]组件封装技术、知识框架技术研发，构造了定制家居智能制造的框架模式，实现了生产设备数据驱动下的互联互通、面向智慧工厂纵向集成的柔性动态配置网络化制造，提高了板材利用率和产能；二是基于自主知识产权达尔文全平台通讯及监控，构建定制家居多类型设备协同模式，实现了企业资源计划系统、制造执行系统与智能设备PLC/控制系统接口之间的连通；三是采用领先视觉检测技术，实现高速的在线系统检测；四是基于订单流程构建的柔性化智能生产线动态均衡模式，实现设备数据驱动下的互联互通，面向智慧工厂纵向集成的柔性动态配置网络化，信息的实时反馈及优化处理、实时调节；五是基于机器人协同的货架式定制家居板件分拣模式，更大程度实现柔性化生产；六是创新智慧清洁能源技术及应用，全程绿色生产。

索菲亚认为，数字化业务要想高速增长，必须自建从消费端到设备

[1]　RAMI4.0（Reference Architecture Model Industrie 4.0）即工业4.0参考架构模型，是从产品生命周期/价值链、层级和架构等级三个维度，分别对工业4.0进行多角度描述的一个框架模型。

端涵盖整个产品生命周期的管理，以及实现订单流和信息流的传递。索菲亚在发展的转折阶段，果断地切入了信息化、数字化、智能化三轨道并行的转型之路，从企业的“大脑”入手，组建了由信息与数字化中心、宁基智能和极点三维组成的发展新引擎，信息化、数字化、智能化“三驾马车”共同发力，推动索菲亚步入新的阶段。

2018年，一位职业经理人谈道：“信息化水平的高低可能是区别一家定制家居企业是一般还是优秀的一个分水岭，而数据分析能力的高低可能是区别一家定制家居企业是优秀还是卓越的又一个分水岭。我们这个行业正是因为它的复杂性，所以它对整个信息系统、对体系的依赖程度非常高，实际上全流程、全领域都必须要通过系统来解决复杂的问题。”（《好莱客总裁周懿：后定制时代　品牌的背后是心智的战略》，全屋定制衣柜网2018年6月15日）

在大信家居董事长庞学元看来，定制家居行业水浅泥深，很多人把定制家居设计想得太简单了。其实，它的背后是产业的不断革命，每次产业的革命都是经过了基础研究而厚积薄发的。他说：“首先，这个行业要彻底解决的问题是‘大规模个性化设计’。它要求既要高质量，又要低成本；不是苟且地解决软件问题，而是需要将3DS MAX和CAD等整合创新出一个新软件。其次要解决‘大规模个性化定制’生产问题，即用模块化解决个性化定制的成本、效率和质量问题，这需要彻底利用信息系统打通柔性化生产这一世界难题。第三就是大规模个性化服务，核心要解决全案落地的体验性问题，即如何全流程地解决一站式消费体验的成本、品质和效率问题。这些更需要数字化、智能化作为企业和产业的基础。”

随着通信网络技术的成熟和配套企业的成长，加之2018年以来市场低迷带来的竞争加剧，越来越多的企业认识到智能制造是打造全屋定制品牌竞争优势的核心要素之一，开始升级自己的数字化能力和智造工厂。

比较突出的是顶固2021年投产的4.0智造工厂。这是与酷家乐、豪迈战略合作的结晶。酷家乐通过智能设计、智能生产“双智”战略，横向覆盖定制产品生命全周期，纵向从设计深入生产信息化转型，根据企业个性化需求搭建大数据平台。顶固可以一键拆单，无缝对接后端生产软件豪迈，实现数字化管理订单全流程，建立和完善参数化板件体系和模型库，实现柔性生产。该系统的亮点之一是应用了豪迈最新推出的脉云2.0与新的SaaS软件模式，深入挖掘数据价值，通过算法的各种分析比对，发现问题并快速有效地提供解决方案。

至于玛格，自主研发的智造系统以C2B2F（C指顾客、B指企业、F指农田或工厂）大规模、个性化柔性智能制造为核心，协同化管理重庆、佛山（大塘）、佛山（海洋）三大智能制造基地，其 MDMS数字化营销系统、U秀AI智能设计系统、SAP/ERP管理系统、AMS智能制造执行系统、CRM客户管理系统、数字化门店云屏互动体验系统六大模块构成了自身信息化、智能化的企业核心竞争力，它的智造工厂已是行业内的标杆工厂之一。

总部位于安徽合肥的志邦家居出身于橱柜，2015—2021年的6年间衣柜业务增长迅猛，复合增速为106.88%，2021年公司定制衣柜收入达17.60亿元，营收占比达34.15%。近几年，该公司也在大力推行数字化转型，发力智能制造，其位于安徽双凤的智能工厂“全车间采用德国进口设备，自动化、精细化、信息化、柔性化生产”；智能原材料立体仓由自动化配料机器人和仓库物流管理系统（WMS/APS/WCS）组成，可以实现无人化自动精准运送；智能上料采用德国库卡六轴驱动机器人，可以精准抓取、搬运不同尺寸板件……这些均显示，志邦家居采取的是类似欧派的路线——先进设备与成熟技术的结合。2022年4月，志邦家居宣布将在安徽新建“4.0智能工厂”项目，项目计划总投资14.86亿元，其中固定资产投资14.68亿元。6月，志邦家居凭借领先的“数智实力”登陆央视1套、13套《朝闻天下》栏目。

显然，定制家居企业正在争先恐后，跑步进入数智时代，成为整个中国推进工业4.0不可忽视的一股“新势力”。2016年，尚品宅配入选工信部评选的2016智能制造试点示范企业，成为全国64家企业中家具行业的唯一入选企业（2021年入选第三批服务型制造示范平台、全屋家具智能制造示范工厂）。2017年大信家居入选首批国家级服务型制造示范企业，之后又入选国家级智能制造试点示范企业、国家级工业互联网试点示范项目。2018年索菲亚率先获得了由工信部电子第五研究所颁发的“两化融合管理体系评定证书”。2021年，欧派也入选了第三批服务型制造示范平台名单……

与此同时，定制家居的渠道也在继续升级。2018年，新兴渠道的拓展成了定制企业的新常态。除了线下自营店、加盟店外，各个定制家居品牌展示出强大的开放性，纷纷与线上线下流通巨头进行合作：一方面，在线上形成了多元化矩阵，除了淘宝/天猫平台，很多家居品牌都借助京东、苏宁易购、亚马逊、唯品会、拼多多等平台引流并进行价值转化和品牌升值；而另一方面，在线下与商超、家电卖场巨头合作，欧派购物超市店模式也在十几个城市全面开始试点推进，尚品店开进了苏宁。从天猫到拼多多，从居然之家到百货商场，再到家电卖场，定制家居店面的身影，无孔不入地切入了每一个中国人的消费场景。

不仅是渠道上的整合升级，2018年里，定制行业的头部品牌已完成了新零售的场景升级，把新零售“人、货、场”的构想变成了现实的“智慧门店”：在天猫的合作下，欧派1500多家智慧门店已完成软件的升级；索菲亚全屋定制与阿里巴巴达成新零售智慧门店战略合作，索菲亚的智慧门店于2018年4月在居然之家北京北四环店开业；尚品宅配则在上海、北京开设多个“生活方式”超集店，在店内设置有花艺、轻食、咖啡、无人零售、图书和亲子互动等多种业态，将高频次的业态与低频属性的家居进行了融合。

家居终结者？

从诞生之日起，定制家居就像个在家具、家装业边缘地带耦合而成的“异形”。据说，在2016年广东省定制家居协会申请成立时，主管部门一度为定制家居划分到哪个行业而发愁。

从21世纪初的橱柜、衣柜以及两者的融合，到2007年进入全屋定制，然后2013年升级到大家居，继而整装、整家……定制家居表现出异乎寻常的扩张“侵略”能力，行业边界一再被打破。甚至，在2017年定制家居迎来一个发展的高潮——这一年5家企业上市——之后，它依然保持着旺盛的进取热情、强烈的扩张动力，像电影《终结者》中的液态机器人。如同《失控》描述的那样：不断颠覆、流动、重混，然后不断形成……它成功地影响甚至控制了成品家具企业的思维（向其靠拢），不断在家居这个场景下延伸着产品和服务，疯长着自己的欲望和“野心”。

传统的定位理论在此失效了，传统的行业划分在此也没了章法。它似乎是一个天生的破坏者，也可能来自遥远的未来，来自迥异于现在的异度空间，因为它带着天然的客户中心视角——其他行业很难企及的战略，这里已是基因和日常。

如果说向全屋的升维还算顺理成章的话，那么，自2013年起，定制家居向大家居、整装的挺进昭示着其称王称霸的勃勃雄心——一旦实现，意味着整个泛家居行业都在其深度影响、整合之列。

是的，这个行业就是如此特别，它没有成形的标准——都在演化的进程当中。当很多小企业还在为信息化的建设、打通竭尽全力的时候，一些勇于创新的定制家居企业就已经将目光放向长远的未来。这是一种大雅，也是一种大俗，因为这些前进和思考都是一线的消费者需求直接推动的，换句话说，是他们拿着钞票提出要求的。

2014年，欧派提出“大家居战略”，宣布要从产品经营者转变为“一体化家居解决方案提供者”，未来三五年至10年内，将在国内大家居领域市场展开重大的产业整合。同期的索菲亚、志邦家居等也提出过类似战略。但欧派更多将之聚焦在营销模式上，而索菲亚将更多聚焦在品类扩张（橱柜、门等）上，2020年甚至一度定位为“柜类定制专家”。

2017年上市后的尚品宅配却思考得更为深远，它认为整装才是行业的未来，毅然进入整装赛道，成为“第一个吃螃蟹的人”。即使是在房地产大宗业务火热的2018年至2020年，公司依旧将战略重点放在“整装”的研发和探索上。

2018年，欧派在大家居前面冠以“整装”二字，声称这一年是整装大家居元年。在喜欢炒作和跟随概念的定制家居业，“整装”概念迅速成为不少企业的口头禅：跟进者有东易日盛、诗尼曼、顶固、顾家家居、曲美家居、东鹏陶瓷……

然而知易行难，真正杀入整装赛道，企业发现，这是一个巨大无比的“坑”——理想很丰满，现实却很骨感。

尚品宅配在进军整装方面可谓做到了ll in，它不像欧派将之做成一门生意，而是将之视为一种模式创新，正正规规地从本质和规律着手，如同当年进入定制家居一样展开了新一轮行业探索。

要知道，做好整装必须解决三大核心难题：一要解决传统家装面对的标准化、流程化、信息化问题。针对不同户型、不同消费者更大范围、品类的个性化诉求，如何高效实现非标设计、非标生产、标准化交付是整装的首要难关。二是需要强大的供应链整合能力，既能做好硬装施工，也要提供定制家居服务，还要整合软装企业。三是还要拥有覆盖家装全流程的施工能力和智能化工地管理能力。这样看来，进军整装的难度比起重建一个定制家居企业难度至少高上数倍。

这本质上是掀起家装行业的一场革命。原本这场革命的挑起者应该是家装企业本身，因为它们最早提出整装并且占据先天优势——它在第二、三点上占据明显优势，只需要在第一点上打通即可。相比之下，定制家居企业在上述三点上大部分存在短板，只有少数头部企业拥有第一、二点的较强能力。

这就可以解释，为什么欧派的整装大家居后来迅速简化为“整家战略”——整装战略的1.0版，尚品宅配成了挺进这一领域的“孤勇者”，为此付出了丧失超越索菲亚的良机、业绩一度徘徊的巨大代价。

仅就核心的数字化系统能力构建而言，尚品宅配无疑取得了巨大的成功。2017年该公司发布了HOMKOO整装云，通过数据智能、服务集成、共同的品质保证、资源的集中采购以及SaaS化工具等，帮助中小型装修企业拓展全屋整装业务能力。这是国内首家S2B2C式的整装赋能平台，试图以一己之力培养出无数最好的整装公司。2022年，HOMKOO整装云推出3.0版（中间曾加入自研的系统化整体装修空间解决方案——“K系统空间”、K20整装设计系统、硬软一体BIM数字化整装系统等），完全实现了一体化整装全流程解决方案：通过设计一体化、产品多样化、试装可视化（工地数字化）、加工工厂化、施工装配化、工人产业化、管理数字化，把“以人为驱动”升级为“以系统为驱动”。

在这里，你会看到，尚品宅配就是一家被家居耽误的数字智能公司，它不但具有数字呈现能力，更有将之具体化为样板的超级能力。

最值得一提的是BIM整装技术，原本，BIM（建筑信息模型，Building Information Modeling）是建筑学、工程学及土木工程的新工具，是数字可视化技术在建筑工程中的应用，却被尚品宅配革命性地运用到家装领域，实现了五大功能：一是把每一个客户的家庭空间数字化，通过“所见即所得”的设计，实现家居全品类的一站式配齐；二是提前预演装修全流程，规避风险、提升效率，精准统计用量，减少材料浪费；三是通过中央塔台式计划调度系统与5G数字工地，让大规模、多环节的施工有序进行，从而有效保障交付时间与交付品质；四是可提前发现及规避在装修中可能存在的施工问题，输出精准的材料订单、全套施工图纸、调度指令、5G施工模型，不再完全依赖于施工人员的个人能力，从而有效规避出错、提高效率、降低成本；五是可以从设计、出施工图、算量清单到后端施工交付，形成一个全数字化协同管理的服务流程，根本性提升家装企业管理水平和项目协同能力。

相形之下，欧派于2021年发布整家定制战略，两者虽然有一字之差，但标志着欧派从整装上暂时退却，当然，其所谓的整家，表现形式则为推出“29800高颜整家套餐”，看上去更像一个战术动作，竟也惹来索菲亚、顾家家居、卡诺亚、曲美家居、志邦家居等众多定制家居及非定制家居品牌的先后跟进。

似乎是为了缓解人们的疑虑，欧派声称，整装固然是长远趋势，而整家则是整装的1.0版本。2022年9月，欧派推出所谓整家定制2.0，将之概括为“1个核心、2大标志、3项能力、4步流程”：通过空间整体解决方案1个核心，空间维度与品类维度两大标志，整家空间布局能力、整家功能规划能力、整家效果配搭能力3项能力，整家需求规划、整家设计出图、菜单式计价和一体化交付4步流程，实现全面升级，真正满足用户的整家消费需求。

在业绩的压力下，2022年，尚品宅配也从之前的全面推动整装战略上后退，将经营的重心投入在全屋定制上。

因此，从本质上看，整家的出现，标志着定制家居企业的行业扩张和创新发展正陷入低潮。当然，它也许只是下一场高潮前的阶段调整，因为迄今为止，这个行业发展和创新的激情依旧澎湃。

事情的发展向来不是一帆风顺的，定制家居行业显然也不例外。

从2020年到2022年，在新冠疫情和中美贸易摩擦的严重影响之下，雄心勃勃的中国依然坚决切换了观念、产业和模式赛道，不但提出了

“高质量发展”的理念，还对房地产、互联网、教育培训等行业进行了深度调整，对电子信息技术、生物与新医药技术、资源与环境技术等八大高新技术领域予以重点支持。

虽然与其他建材家居行业同属于后房地产经济且其高新技术特性并不在国家重点关注之列，但创立仅有20余年的定制家居行业，依托充分竞争的市场经济，早已走出了“独立行情”。它不但诞生出建材家居行业率先突破200亿元的品牌企业，而且在近3年的经济寒冬中依然“风景这边独好”。

目前，尽管行业的发展陷入瓶颈，许多企业将重点放在业绩保持和增长上，但有关行业未来的思考、讨论和探索仍在继续。

致力于成为大家居全案设计平台和生态解决方案提供商的酷家乐，2018年设立BIM研发团队，同年6月和8月分别上线了施工图设计、水电工具；2019年6月正式发布了BIM 1.0版本，从高频、简单的水暖电系统切入，打通效果图到算料清单和施工图的路径。此后并没有继续推出家居空间的2.0版，显示企业对于家庭整装的需求在减弱，2021年12月，酷家乐宣布推出针对公装领域的酷空间2.0解决方案，转战大商装领域，围绕品牌零售、餐饮、办公、会展这四大行业场景开展服务。

一位木门行业企业家对定制家居不断横向拓宽表示担忧，认为这从企业经营角度是不对的，会导致企业核心的模糊与丢失。他认为，家具和整装本质上是两个行业，大家都往宽处经营，一方面不可能专业——毕竟术业有专攻；另一方面成本也不低，表面看起来似乎带来业绩增长，但这些产品不会带来口碑，经营也太宽泛，不够核心，在差异化品牌战略上会有相当大的难度。

业内资深人士、科凡家居总裁王飚认为，目前，家装业也在介入定制家居业务，定制家居企业也成了家装企业的服务产品供应商，因此，在定制家居企业、家装企业，甚至卫浴、陶瓷等建材家居企业看来，家装会变成家居的终极形态——所有的需求都来源于家装，所有的家居——包括整装——都是家装的一部分。

"因此，定制家居的业务延伸都是围绕这一本质需求展开的，它的行业特性就是消费者视角——消费者决定一切。每个企业都想把业务做大——这和贪婪无关，只要消费者持续认可，模式就成立，否则企业再延伸、再造概念也是白搭。"王飚如是说。在他看来，目前，大多数定制家居企业依然守着柜类定制的内核，延伸的只是服务（包括围绕一站式购物需求整合销售更多家居产品）而已。

玛格董事长唐斌是行业难得的思考者之一。2017年他在一次演讲中总结了定制家居发展的几个阶段：2000年到2005年是定制家居的第一阶段，定制衣柜。2005年到2010年，是定制家居的第二阶段，定制家居。2010年到2015年是第三阶段，全屋定制。

他认为："这个行业往下面走，我们认为未来还有两个真正核心的阶段，当走到第四、第五阶段的时候，这个行业会更加成熟，万亿级的市场潜力开始凸显。"

在他看来，2015—2020年是第四个阶段，即集成智能定制家居：一个家里面，各个空间都是定制家居的产品。随着VR技术、智能制造技术进一步的成熟，消费者可以实现所见即所得。而2020—2025年将进入第五个阶段，即家装工业化和住宅产业化，那将是这个行业发展最好的5年。

唐斌认为，展望未来，家装工业化一定是定制家居企业前进的方向。

2020年12月，在酷家乐举办的全球泛家居数字化生态大会上，他再次谈到全屋定制与整装未来趋势："全屋定制家居企业从开始的衣柜、木门，到现在的厨房、全屋定制等，家居品类不断地迭代、集成，当我们真正把全屋定制做好了，其实离整装的未来可能只是一步之遥。"

他认为，全屋定制和整装二者是殊途同归的，全屋定制的发展终究要与整装并肩前行，全屋定制与整装的关系，应该是"全屋定制＋基础装修＝整装，定制+整装=定制整装"，没有全屋定制的整装不是好整装。两条轨道并行前进，才能更好地开创未来更多的可能。但真正的定制整装不是简单的全屋定制加整装这么简单，一定需要强大的技术系统支撑、信息化的设计系统支撑、数字化的智能智造支撑。

按照唐斌的说法，如果未来定制家居往整装赛道上挺进，两者合二为一，并且整合装配式家装和智能家居，想象起来就令人神往和期待。

难怪他也说未来诞生千亿级的家居品牌指日可待了。定制家居现在工业信息化的思维，往信息化、数字化、智能化的不断推进，将不断推动中国家居产业链的迭代与发展，有朝一日，定制家居有可能成为家居大消费市场的终结者啊！

甚至某种程度上，它已不是家居产业，而是正变成数据智能行业，只不过披了一件家居的外衣罢了。这恐怕才是美国《时代周刊》预测的"改变未来的十大科技"中，将"个性定制"放在首位的真正原因？

postscript

后记

五大“中国原创”的“液态”商业

“魔幻”世界

2023年3月30日，是为期4天的2023年第12届广州定制家居展的最后一天。

本届定制家居展主题为“定制甦年”，寓示因疫情而蛰伏3年的行业开始复苏。事实也的确如此，和往届相比，本届展会面积约7万平方米，参展商逾700家、过万件新品登场、举办30+场专业主题论坛活动、专业观众人流总数预计达30万人次……现场人气之火爆，几乎将过去笼罩在天空的阴霾一扫而空。

想想真是魔幻。4个月前，全国因新冠疫情封控到处一片紧张，各个城市全民排队核酸检测已经到了相当夸张的程度。2022年12月7日，国家发布了“新十条”，突然放开新冠疫情防控。在经历近1个月的强力冲击波后，国人终于过上了期待已久的、可以返乡访友的春节。然后，就似乎没有然后了，病毒奇迹般地“消失”了，各大城市重新开始出现拥堵现象，各地政府也开始助力各个产业全力“拼经济”。中国这头经济巨象又跳起了轻盈的舞步，让世界为之瞩目和振奋……

更魔幻的还有：3月，中国开启了让人眼花缭乱的大国外交，令世界震撼：3月6日至10日，沙特和伊朗在北京历经5天的对话后实现历史性和解；3月15日，国家领导人在出席中国共产党与世界政党高层对话会期间提出全球文明倡议；3月20日至22日中俄两国领导人会晤，致力于和平解决乌克兰危机；4月5日至7日法国总统访华，与中国领导人高山流水会知音……中国没有如很多人想象的那样陷入孤立，反而成了世界的明星与希望。

这世界变化真快。对于专注实务的企业家而言，这样的感慨只是一闪而逝。重要的是一切终于恢复正常，他们只想把往昔丢掉的时光抢回来，争分夺秒。

翻开定制家居主要企业的经营数据，你会发现，即使在比2020年更艰难的2022年，主要企业依然保持增长态势，其中欧派一如既往地向前突进，营收预计增长5%~15%，行业第二的索菲亚营收预增5%~10%，利润大涨6~8倍，完全摆脱了2021年因房地产带来的阴影。志邦家居和金牌厨柜的营收也在增长。此外，好莱客、我乐、皮阿诺、顶固虽然还没有公布营收状况，但在净利润上都有大幅度改观。

这样的数字，在普遍低迷的建材家居行业，已经算是相当亮眼了。何况，2020—2021年的经验表明，定制家居企业有着很强的跨年业绩修复能力，2022年的业绩个位数增长，2023年可能被它们以更迅猛的增长弥补回来。

这种乐观情绪正在行业间传递。3月30日晚上，在“中国定制原创20年”暨金定奖2022—2023年度颁奖典礼上，博骏传媒创始人、广东省定制家居协会和广东衣柜行业协会秘书长曾勇信心满满地宣布：2023成都定制家居展将在10月20日至22日举行。

2020年10月，在疫情笼罩的时刻，他依然成功开办了成都定制家居展。现在，在行业发展热情的推动下，雄心勃勃的他要将“双展会”大旗高高地举起，使之成为行业进一步发展繁荣的风向标和加速器。

定制家居行业已经高速发展了20年。其间，它成功地抵御了经济危机、阶段性房地产周期乃至房地产行业冬天带来的一次次冲击，不断发展壮大，现在成为建材家居行业的领航者，甚至是一个“现象级的存在”。这究竟是为什么？定制家居凭什么成为众多行业垂涎觊觎、纷纷抢夺的香饽饽？

这个问题，或者值得继续深入追问。

五大“中国原创”

10年前，我曾有一个机缘，穿越某个定制家居企业的历史，算是对这个企业有了初步的了解；如今再续前缘，我得以深入探究整个行业20年的发展历程。

这一次深入穿行整个行业，我看到了更多企业家和企业的“面孔”：一方面，他们富有知识、倔强前行，关注价值、锐意创新；另一方面，他们曾在边缘地带长时间苦苦挣扎、艰难求索，甚至番号不一、“军容”不整，曾为“定制家居”属于什么行业一再疑虑，也为行业太小而信心不足。幸运的是，这个富有“原创”精神的行业恰好踏上了中国腾飞的时代洋流，在城镇化、网络化、现代化的进程中有了肥沃的土壤、怡人的环境；值得赞赏的是，他们并没有在此过程中选择“躺赢”，反而跟着消费者和整个时代继续创新和扩张，终于在20年后的今天，从昔日的“边缘人”变成“弄潮儿”。

置身20年的时空隧道中，当你细细打量其中的诸多人物和企业，可能会“失望”地发现，这个行业与其他行业并没有什么根本差异：思想未必有多先进，规模不如其他制造业庞大，速度也不如房地产、互联网、新能源汽车那般狂飙，甚至品牌和营销上的竞争也没有像家电、日化、IT行业那么高级……他们中的很多人也自认，这个行业没有什么了不起。

是的，建渠道、扩品类、强终端、抓执行、用信息化工具……这些是所有行业经历过的成长路线；渠道为王、终端制胜、强于执行……似乎仍然是这个行业的主旋律。而且，相对而言，竞争并不激烈的定制家居行业似乎进化更慢，研发占比相比其他行业也并不突出，竞争水平并不那么先进（在我看来甚至有些落后）——这可能也是你在本书中可能读到的印象。你可能会觉得，这个行业里大部分企业所经历的日常都相当“普通”，与其他行业也没什么两样。

然而，如果你因此忽略甚至小觑这个行业，就大错特错了！

3月30日，在“中国定制原创20年”暨金定奖2022—2023年度颁奖典礼上，我谈到了对定制家居行业的观感：“别的行业求之不得的理想，是这个行业普普通通的日常。”

在我看来，这个行业有着其他制造行业乃至全球制造产业所没有的几大“中国原创”：

中国独具：用户是检验“真理”的唯一标准。在工业化的早中期，企业是以自己为中心的，消费者只是被动接受的角色；只是近几十年因为竞争激烈，企业开始关注消费者，努力向以市场为导向、以用户（客户）为中心靠近。中国最领先的企业中，华为是以客户为中心、海尔是以用户为中心，可以看到它们都在不断往这方面进化。由此可见，以用户为中心是这些领先企业苦苦追求的理念。但在定制家居行业，以用户为中心是天然的，以用户为标准是本能的。每个企业都是如此，用户是检验“真理”的唯一标准。

中国独创：大规模个性化制造。工业化的最大特点是标准化、大规模生产，是反个性化的；而个性化与规模化构成一种天然的矛盾，大规模个性化生产一直是世界级制造难题。工业化强国德国虽然有柔性制造，但也只是局部的、模块化的，日本虽然有“丰田模式”，但主要立足于精益生产和全员改善。中国定制家居行业，不但彻底解决了这一世界难题，而且是行业级别的解决。这在世界上是独一无二的创造。

中国独有：率先实现最具影响力的C2B商业模式。阿里巴巴的参谋长曾鸣教授曾提出：未来智能商业的核心模式一定是C2B。消费者主动参与产品设计、生产和定价，产品、价格等彰显消费者的个性化需求，生产企业进行定制化生产。原本，人们以为C2B是“互联网经济时代新的商业模式”，是“未来最主流、最具影响力的商业模式”，现在我们看到的是，互联网产业还没有实现（阿里巴巴后来整出了过渡版的S2B2C），非互联网的中国定制家居却率先实现了。这在世界范围内是独有的、领先的。

中国率先：现代化的服务型制造业。服务型制造业是以制造为基础推动制造和服务融合的产物，是高度体现产业融合创新的新型产业形态，目前已成为中国推动制造业升级和新兴产业培育的重要方向。在2020年工信部、发改委等15部门联合出台的文件中，重点提出了发展工业设计服务、定制化服务、供应链管理、共享制造、检验检测认证服务、全生命周期管理、总集成总承包、节能环保服务、生产性金融服务九大模式。其中，以定制家居为代表的定制化服务正成为服务型制造业的主力军，其先进性在于，定制家居的服务链条是面向C端消费者的，而且是贯穿了信息技术的现代服务业，是一种完全工业化的定制。相比之下，其他八大模式则更多面向B端进行，因而在行业规模和现代性上无法与定制家居相提并论。

中国罕见：全链条生态化的数智产业。许多制造业企业为了信息化、数据化、互联网化孜孜以求，到现在为止也只是解决了信息化、数字化，也只有极少数企业实现了完全打通；这个行业用了20年的时间，基本实现了全行业性的信息化、数字化，相当于一个全链条的数智产业，这在其他制造业中是极为罕见的。定制家居行业有很强大的技术内核，它之所以能在整个家居产业发展中后来居上，而且至今汹涌澎湃，是因为掌握了先进的生产力，而且这种生产力正呈现出生态化的特征。

可以看出，消费者标准、个性化规模制造、C2B模式、工业化定制、数智化驱动……它们之间是相互联系、环环相扣的。这些在其他制造业看起来相当前沿、苦追而难至的东西竟然是定制家居行业每天经历的日常，想想就已经不可思议！

毫不夸张地说，定制家居行业代表着先进理念、先进模式、先进技术、先进制造……它代表着先进的生产力，甚至它是从未来进入现在的某个“超级物种”——虽然它披着一件“家居”的普通外衣。随着时间的推移，人们会越来越多地感受并发现它的非凡与魔力。

“液态”商业的创新基因

创新是近年来最时髦的词，也是被企业家们近乎用烂的词。

很多企业家只是将之挂在嘴上、贴在墙上作为粉饰、宣传之用，在企业经营实践中则相当审慎，甚至持拒绝态度：一来原来市场太好，根本不需要创新；二来很多企业习惯了抄袭、模仿这种低成本的生存发展方式。

他们不愿意将资金投入到创新研究上的原因有很多，最根本的原因是创新的回报率不高，而且充满了风险。有句话是这样说的，“不创新是等死，但创新则是找死”，说的就是创新的风险异常之大。这也是众多企业家裹足不前的重要原因。

这是国家2006年提出“建设创新型国家”战略的重大背景所在。

尽管10多年来，中国在创新方面取得了长足的进步：研发投入大幅度攀升、专利申请位居世界前列、重大项目成就不断涌现、高新企业数量激增……仍有很多企业习惯于过去的发展模式。2017年国家首次提出“高质量发展”，并在党的二十大上将其确立为“全面建设社会主义现代化国家的首要任务”。

其中，创新是“高质量发展”的首个关键词。可见，在相当长的时期内，创新依旧是中国企业普遍面临的紧迫任务。大中型企业本应成为创新的先锋和实力担当，许多思维僵化者却耽于守成，成为创新的阻碍甚至敌人。

在这样的视野下审视定制家居，你更能发现它的卓然不群——拥抱变化是其日常，创新迭代为其基因。在消费者需求的驱使下，它不断发展扩张、自我完善、创新求变……在时间的流淌中，你可以清晰地看到它从“移门—衣柜—家具—全屋—大家居—整装—整家—家装工业化/工业互联网”的不断扩张和进化，也可以看到生产经营从“半手工制造—三大件的自动化—设计信息化—大规模个性化生产—O2O—智能制造”的不断升级。这个行业，初看像家具业，细看像家装服务业、渠道流通业，深思之下竟也像是数智产业！综观其中，制造业、流通业、服务业、信息科技业……都能在它身上找到印记。

尤其令人惊讶的是，这个才发展了二三十年的行业，迄今为止产品形态还在持续发生变化和扩张。它不仅实现了大规模个性化定制、大规模个性化生产，更要实现大规模个性化服务——如果从服务的角度，定制家居理论上可以提供家庭所需要的一切产品和服务！

如果从工业时代的视角看，定制家居甚至不能算是一个行业——即使在观念相对开明的广东，批准广东省定制家居协会成立的时候，依然没有加上“行业”二字。早期它像家具业，但又介于家具和家装之间；中期它像家装业，给家安装上各种各样的板式拼接用品；现在它更像服务业，努力去满足消费者家居空间所需要的一切，不断打破行业的界线，促进了家居建材行业的融合：家具、软体、木门、阳台、门窗甚至卫浴、厨电、大家电……它像个纵横在大家居和家电领域的“破壁者”，打破着一个又一个行业的界线，又与之深度融合。

它是流动的，迄今无法固定边界、画出其清晰的行业轮廓；它是液态的，可以随着外界的变化生成新的形状，似乎随时“因需而变”。它像水一样，“水善利万物而不争，处众人之所恶，故几于道（水善于滋润万物而不与万物相争，停留在众人都不喜欢的地方，所以最接近于道）”。

显然，它是一种“液态”商业，本质上，它应诞生于智业商业时代——后互联网时期，是工业社会的革命者、后工业化的引领者。因此，它不属于工业化的当代，而是来自后工业世界的未来。

2000年，世界著名社会家与哲学家齐格蒙特·鲍曼（Zygmunt Bauman）提出“液态社会”的著名主张。他声称“液态化”是现代社会的最大特征，人们对瞬时与快速的追求取代了对连续持久的期待；流动性与速度成为社会分层的决定性因素；既有的规则与标准正快速液化，不再存有稳固的单一权威。他很少用“后现代性”这个词，而是用自己独创的“液态的现代性”加以定义。

如果将之套用到定制家居业，你会发现极其恰切——它没有规则，产品和标准在快速液化；没有稳固的权威，每个企业个体都可以创造范式。它试图对变化保持足够的弹性和适应能力，同时，头部企业和尾部企业有着天壤之别，分化相当明显……正如专家所指出的，“液态”商业最关注的是消费者。现在的生产过程不再是从工厂到商场，而是从消费者的需求推动生产，再从生产者的工厂把物品或者服务送给消费者手中。因此，商业的本质变化在于从生产者主导的商业变成了消费者主导的商业。瞧，这不是在说定制家居吗？！

是的，它来自后现代社会，而中国此刻正行走在通向现代化的道路上。这意味着，定制家居可能真的来自未来。它仿佛是《终结者》中的液态机器人T-1000，一个根本无法杀死的升级版的创新“终结者”，可以变幻出任何形状，迅速融化成液体，然后重组自身。或者，它可能是来自未来世界的“超级物种”，只是不小心在世纪之交来到中国，“投胎”于家居行业罢了。

或者，在很多建材家居其他行业或更多制造业看来，我对定制家居的描绘有些过誉了——不就是信息化稍稍领先吗，你怎么就断定这只丑小鸭是白天鹅呢？甚至，有些定制家居企业也会不以为然：我们有你说得这么神乎吗？其实这些都是平常不过的事情；况且，我们还面临着这么多问题……

是的，企业会不断遇到问题，行业也会经历不同阶段。定制家居的头部企业也就一二百亿元规模，更多的则是中小企业，甚至最近几年又诞生出数万个新品牌。如果从竞争角度来看，大部分企业的竞争层次还无法与互联网、3C（计算机、通信和消费电子产品）、快销等行业比拟；如果从品牌角度看，大部分企业品牌还处于渠道品牌阶段，没有与大众建立起直接联系；如果从产业（企业）规模而言，这个行业只有几千亿规模、最大的企业只有200多亿元的规模，还未在社会上彰显出强劲的影响力……

有企业家说，未来几年内，定制家居将会“消亡”。所谓的消亡，是指它又变成了一个和早年成品家具一样的状态——产品同质化。也有企业家说，定制家居未来注定迈向家装工业化。关于未来，业界有着种种预测，但谁也无法确定终极形态，也无法确定通往未来的清晰路线图。大部分企业要做的就是“活在当下”，因为路在消费者那里，在市场中，路在脚下。这很“现实”，也很短视，但对定制家居行业，却很本质。

这个行业在不断扩容，当然也在模糊与其他行业的边界。它似乎始终处于某种混沌或模糊状态，一切都在演绎变化之中：兵无常势，水无常形。这是它的“恐怖”之处，也是迷人之处。它对科技、行业和产品似乎有着强大的吞噬消化能力，不断采取新兴科技、不断扩充产品品类、进入新的行业，同时对市场上的对手灵活多变，将竞合理念演绎得淋漓尽致——打得赢就打，打不赢就合作；或者在竞争中积极合作。

一切似乎毫无章法，但其根本的原则似乎就是服务消费者、满足需求。仅靠这一点企业可能无法从优秀到卓越，但至少已立于不死之地。

致谢他们

不知不觉，已经写了这么多了——原本计划写上10多万字的书籍，竟然一再拉长到20多万字！

尽管想要表达的还有很多，遗憾也有不少；尽管细研每个企业的历史，都可能延展出一两本专门的书籍。

每本书都有结尾，企业也必须面对前方的路。这注定了，每本书都是遗憾的艺术，每个企业都可能成为企业家精心雕就的艺术品。作为阶段性项目研究的成果，我必须要画上句号；但对这个行业的关注，未来将会继续。

最后，请允许我感谢对这本书做出贡献的他们——

后　记

感谢广东省定制家居协会和广东衣柜行业协会秘书长、博骏传媒董事长曾勇和广州唐龙营销策划有限公司总经理包晓峰，一起策划了“中国定制　原创20年”系列项目和活动，才让我有这样的机缘，开启对定制家居行业的深入研究。

感谢一批企业家专门接受我们的访问或为本书内容提供建议。他们分别是：索菲亚董事长江淦钧，尚品宅配董事长李连柱、总裁周淑毅，TATA木门董事长纵瑞原，大信家居董事长庞学元，玛格定制董事长唐斌，百得胜董事长张健，顶固董事长林新达，威法高端定制董事长杨炼及总经理王超，科凡家居董事长林涛、总裁王飚，卡诺亚家居董事长程国标，联邦高登董事长林怡学，霍尔茨总经理赵崇联，劳卡家居事业部总经理江辰……由于疫情等多种原因，更多的企业家无法当面采访，但透过互联网上传递的多种资讯，我们试图立体地感知每一位企业家，不遗漏每一个书写历史的重要企业，客观记录所发生的重大事件。

感谢在广东省定制家居协会、广东衣柜行业协会的指导下，博骏传媒团队付出的巨大努力，他们组织了近10场的主题研讨会、邀请了几十位企业家和高管，向我们团队展示了中国定制家居行业20年历史的重要细节、分享了重要的思想观点。尤其感谢广东省定制家居协会张挺会长和广东衣柜行业协会林涛会长对研讨活动的躬身参与。

感谢广东省定制家居协会和广东衣柜行业协会秘书长、博骏传媒董事长曾勇为采访和活动积极联系业内企业家和嘉宾，感谢蒙辉副秘书长对本书提出的有价值的建议和资料，感谢博骏传媒整合营销总监李果及其团队的大力付出和积极传播，也感谢广东省定制家居协会副秘书长罗子勤、杨金胜，博骏传媒主编夏木为本书的价值贡献。

感谢广州唐龙营销策划有限公司总经理包晓峰、富有才华的策划总监钟健明和唐龙团队成员对“中国定制　原创20年”项目的大力贡献。他们强有力的策划与执行不但为项目增色不少，而且对本书的资料丰富、主题发掘付出甚多。

感谢我的团队成员、运营总监温漫谊的采访与活动组织，美术总监王有滢的主题设计，编辑部同事彭烨茵、杨碧泓的行业资料收集与整理。

尤其要感谢本书的联合作者，一位优秀的资深媒体人、《21世纪商业评论》前编委柴文静女士，她的参与创作令本书的视野更为开阔，让本书增添不少精彩。

我还要感谢我的两个儿子：大儿子段皓晨已经大学毕业，靠着自己的努力进入普华永道会计师事务所，起步就超越了当年我大学毕业的境界，未来不可限量。他是让我操心最少的（未来期待操心更多些）、胸有大志的孩子，期待他身体健康、继续奔赴梦想。小儿子段昊朗虽然只有8岁，但相当机灵开朗、善解人意。每当我伏案敲键的时刻，平日里喜欢缠着我的他总是默默离开案前，不来打扰。作为一个文字工作者，我的创作过程其实相当辛苦，但在小儿子的眼里，父亲似乎成了他的骄傲。这也是我在创作路上不断前进的重要动力。

最后，我要着重感谢蓝狮子出版人、著名财经作家吴晓波先生，在接到我书稿信息的时刻，立即安排蓝狮子主编对接出版事宜。在此之前，在他的帮助下，我曾经在蓝狮子出版过《苏宁：连锁的力量》《尚品宅配凭什么？》等书。他的这份欣赏和信任、平和与亲切令我感动。

当然，我也要感谢对接出版事宜的蓝狮子图书主编陶英琪女士，她高效、专业地对接详细出版事宜，并对此书稿进行了精心细致的编辑与校订，保障了本书在高质量的前提下如期出版。

于我而言，每一本书都是一次生命探险，是对自我的一种极致学习和升华。在短时间内密集与这么多人对话，整理占据数十年、上百万字的行业资料，我试图在行文中打通时间、人物、事件和行业、时代之间的联系，尽可能兼顾行业内外读者的不同背景、需求和好奇心，力求做到既深入又浅出，既通俗又深刻，既有趣味又有价值，同时还要做到每个观点都有材料和逻辑的支撑、每个细节都有来源出处……在创作时间内，我试图搜集最全面的资料，力求展示多元、客观的视角，最大化兼顾各个层次、不同读者的需要。在此过程中，时空高度浓缩、思想火花四溅，宛如穿行于另一个宇宙时空，我时而废寝忘食、奋力敲键，时而思想短路、抓耳挠腮，时而如痴如狂，时而如坐针砧……

当思路涌来，我经常一坐就是几个小时。这对身体亦是极大的考验。好在近3年来，我开始跑步和健身，储存了不少对抗辛劳的资本。因此，如果还要感谢的话，也要感谢不断在各方面努力精进、不甘落后的自己吧。

我常常想，生活在这样一个伟大的时代，亲身经历并见证一个古老而庞大国家的复兴进程，我们是何其幸运和幸福！仅仅用了几十年时间，一个原本处在世界低谷的贫穷积弱、受尽列强欺侮的国家在全国人民的共同努力下摇身一变，已经成为世界第二大经济体，而且还在蒸蒸日上、快马加鞭，这是何等的现世传奇！在这样的大时代下，我们一定要做些什么，才能不负韶华、不愧盛世。作为一名财经作家，尽可能用文字记录和解构商业及企业的成长，是我的表达和参与方式。未来，我将继续在这条道路上奋然前行。

期待在前方的道路上，与同样踔厉奋发的你，再度相见。

段传敏

2023年4月19日于广州